What is Life?

생명이란 무엇인가

생명이란 무엇인가

1판 1쇄 발행 2016년 5월 2일
1판 4쇄 발행 2024년 6월 14일

지은이 린 마굴리스 도리언 세이건   옮긴이 김영
펴낸이 김현정   펴낸곳 도서출판리수

기획 및 책임편집 박종무

등록 제4−389호(2000년 1월 13일)
주소 서울시 성동구 행당로 76 한진노변상가 110호
전화 2299−3703   팩스 2282−3152
홈페이지 www. risu. co. kr   이메일 risubook@hanmail. net

ⓒ 2016, 도서출판리수
ISBN 979-11-86274-07-1 93400

A Peter N. Nevraumont Book,WHAT IS LIFE?
Copyright ⓒ 1995 by Lynn Margulis and Dorian Sagan.
Foreword copyright ⓒ 1995 by Niles Eldredge
Glossary copyright ⓒ 2000 by Lynn Margulis and Dorian Sagan
All rights reserved.
The Korean translation rights arranged with Nevraumont Publishing Co., Inc, New York, U.S.A
through Agency-One, Seoul, Korea

※ 이 도서의 국립중앙도서관 출판시도서목록(CIP)은 서지정보유통지원시스템 홈페이지(http://seoji.nl.go.kr)와
   국가자료공동목록시스템(http://www.nl.go.kr/kolisnet)에서 이용하실 수 있습니다.
   (CIP제어번호 : CIP2016010315)

What is Life?
생명이란 무엇인가

린 마굴리스 · 도리언 세이건

김영 옮김

리수

꿈에도 생각지 못한 철학

　지각할 줄 아는 종이 왜 진화되었을까? 우리의 의식, 우리 존재에 대한 지각은 왜 진화했을까? 의식의 목적은 무엇일까? 자신의 내부를 들여다볼 수 있게 되면서 우리 선조들은 자신의 배우자와 자손, 그리고 사회 집단의 다른 구성원들의 마음을 통찰할 수 있게 되었다는 행동주의 심리학자 니콜라스 험프리의 추측에 나는 동감한다. 자신을 아는 것이 다른 사람을 아는 최선의 방법이며, 복잡한 사회생활을 하루하루 헤쳐나가는 데도 도움이 된다.

　우리 인간은 물론 동물이다. 예전부터 나는 살아 숨 쉬는 동물이 무엇을 의미하는지 통찰에 이르는 최선의 길은 바로 우리 자신을 고찰하는 것이라고 생각했다. 인지적, 문화적 능력 덕분에 지역 생태계의 전통적인 위치에서 우리가 아무리 멀어졌다 할지라고 우리는 여전히 발생하고 성장하고 육체적 존재를 유지하는 데 필요한 에너지를 얻기 위해 음식을 먹는다. 또한 우리들 중 많은 사람은(어쩌면 너무 많은 사람들이) 자손의 번식에 관여한다. 린 마굴리스와 도리언 세이거이 이 책에서 말하고 있듯이, 육체적 존재를 지속하고 자손을 번식하는 일은 본질적인 활동이며, 생명체임을 보증하는 표시다. 하나의 생물인 자신을 아는 것은 모든 생물계의 기초를 상당 부분 확인하는 것이다.

그러나 인간이 생물계 전체를 대표하는 것은 아니다. 우리는 현재 지구 위에 살고 있는 수천만 종들 가운데 하나일 뿐이다. 또한 단순히 우리 자신의 내부를 고찰하는 것만으로 생명의 수수께끼, 살아 있음의 미묘한 의미를 모두 꿰뚫어볼 수 있을 거라고 기대할 수 없다. 세계를 알기 위해 너 자신을 알라는 금언적인 원칙에는 어쩔 수 없는 한계가 있다. 진화 생물학의 전문가라 할 수 있는 나조차도 이 책 〈생명이란 무엇인가〉에서 린 마굴리스와 도리언 세이건이 우리에게 보여주는 광범위한 생명 스펙트럼을 완전히 파악하지 못했다. 이 책에서 우리는 우리와 너무나 다른 생물들을 만나게 될 것이다. 그리고 단순한 자기 성찰만으로는 결코 발견하지 못할 생명관도 만나게 될 것이다.

〈생명이란 무엇인가〉는 생물학적, 지적 다양성의 향연이다. 여기서 우리는 산소가 독이 되는 미생물(현미경으로만 볼 수 있는 생물)과 황화합물을 "호흡하는" 미생물들을 만난다. 또한 태양에너지도 이용하지 않고 다른 생물도 잡아먹지 않으면서 수소와 이산화탄소만 먹고 살아가는 종류도 있다. 진화상 수십억 년 전에 갈라진 다른 종과 일상적으로 유전 물질을 교환하는 세균과도 마주친다. 지구의 외피가 하나의 엄청나게 거대한 생명체로 설득력 있게 묘사되는 것도 본다. 그리고 이처럼 경이로운 집단을 만들어낸 진화 과정이 별개의 단순한 생물이 한 번 이상 융합하여 훨씬 복잡한 자손 종을 만들어내는 놀라운 방식으로 이루어졌다는 것도 알게 된다. 그리고 그 한가운데에 지적 추구와 필사적인 용기로 이어진 너무나 흥미진진한 무용담이 있다.

다윈은 모든 생물이 하나의 공통 조상에서 유래했다고 가르쳐 주었다. 그러나 마굴리스와 세이건은 우리 포유류의 진핵세포가 태곳적 세균에서 유래한 자손일 뿐만 아니라 사실상 여러 종류 세균들의 혼합물이라는 놀라운 사실을 이야기한다. 얼마나 놀라운가! 어떤 허구보다도 더 기이하지 않은가! 이는 린 마굴리스가 25년 전에 연구를 시작할 때만 하더라도 전통적인 생명 철학에서는 꿈도 꾸지 못했던 발상이다.

린 마굴리스는 모든 과학자들이 꿈꾸지만 거의 이루지 못하는 일을 해냈다. 그녀는 그야말로 교과서를 다시 썼다. 마굴리스는 누구나 인정하는 분명한 사실에 대해 논리적이면서도 대담한 설명을 시도했다. 사람의 세포는 다른 모든 동물, 유칼립투스 나무, 버섯의 세포와 마찬가지로 핵 속에 자신의 DNA 대부분(그러나 전부가 아니다)을 지니고 있고, 핵막을 경계로 전형적인 세포질에 점점이 박혀 있는 다양한 세포소기관과 깔끔하게 분리되어 있다. 그녀의 관심을 끈 것은 바로 이 "전부가 아닌" 점이었다. 핵 밖에 있는 세포소기관들 중 일부, 특히 모든 동식물 세포의 발전소인 "미토콘드리아"도 자신의 DNA를 가진다는 사실 또한 알려져 있었다. 식물의 경우, 미토콘드리아와 광합성 장소인 엽록체 둘 다 자신의 DNA를 가지고 있다. 그녀가 직시한 것은 "왜 그런가?"라는 간단한 질문이었다. "정상적인" 유전 물질이 핵막 안의 염색체 쌍에 들어 있는데, 왜 이들 세포소기관에 독립적인 유전자가 존재하는가?

지금의 생물 구조는 태곳적부터 진행되어 온 진화 사건의 자취다. 우리의 다섯 손가락은 약 100만 년 전에 아프리카 사바나에서 새롭게 진화한 것이라기보다는 오히려 약 3억 7천만 년 전에 진화한 최초의 육상 척추동물(네발동물)의 앞발에 원래 있었던 다섯 발가락의 유물로 보아야 할 것이다.

미토콘드리아 DNA 역시 진화의 유물이자 흔적이다. 그러나 이것은 진화 역사에 나타난 어떤 사건과도 달랐다. 린 마굴리스는 독립된 DNA 여분이 최소한 두 종류의 다른 생물(각기 자신의 DNA를 가지고 있는)이 융합되어 하나의 복잡한 "진핵세포"를 형성했다는 사실을 깨달았다. 그녀의 업적으로 길이 남을 이 멋진 생각은 처음에 이단으로 비난받았지만 너무나 설득력이 있었기 때문에 생물학계도 벌써 오래 전에 이 생각을 받아들였다. 세포 "하나" 안에 별개의 DNA가 존재한다는 사실에 대해 이보다 더 그럴싸하게 설명할 수는 없다.

〈생명이란 무엇인가〉에서 린 마굴리스와 도리건 세이건은 정확히 어떤 종류의 세균들이 융합하여 최초의 진핵세포(즉 우리 세포)를 형성했는지 말해 준다. 그러나 이것은 이야기의 극히 일부에 지나지 않는다. 지칠 줄 모르는 마굴리스의 정신은 계속해서 한계를 초월했다. 이 책에서 그녀는 진화의 초기 단계에서 세균 종이 서로 융합한 사례도 보여준다. 마굴리스는 공생을 통하여 새로운 생물형태가 등장하는 '공생발생' 이, 진화 과정에서 협력보다 경쟁을 훨씬 더 강조하는 다윈 전통에 깊이 물든 진화생물학자들이 이제껏 상상했던 것보다 훨씬 더 보편적이었음을 확신했다. 공생발생은 마굴리스가 크게 공헌한 부분이며, 미생물계의 역사 속에 숨어 있는 중대한 암시를 밝히려는 그녀의 노력 덕분에 진화 논의는 더욱 풍성해졌다.

그러나 마굴리스와 세이건의 글에는 지극히 새롭고 여태까지 전혀 꿈꾸지 못했던 철학보다 더한 무언가가 있다. 지칠 줄 모르는 미생물계의 챔피언인 이 두 저자들은 엄청나게 다양한 미생물들의 존재를 알리기 위해 대단한 노력을 기울였다. 미생물이 (이를테면, 우리 복잡한 다세포 생물들이 다음 대량 멸종기의 희생물이 되어 사라질 경우에) 지구를 물려받을 것이기 때문만은 아니다. 미생물이 우리보다 훨씬 먼저 이곳에 왔으며, 가장 현실적인 의미에서 지구 시스템을 "소유" 하고 가장 확실히 "경영" 하고 있기 때문이다. 질소, 탄소 등의 필수 원소들을 고정하고 순환시켜 우리 몸이 이용할 수 있도록 해 주고, 산소와 천연가스(메탄) 등을 생산하는 것도 미생물이다. 미생물 세계가 없었다면 우리가 경험하는 생명은 도저히 존재하지 못했을 것이다.

이 모든 것들이 마굴리스의 시선을 현미경 수준에서 지구 전체 차원으로 끌어올린다. 참으로 이 지구는 생물과 물리적인 "무생물" 세계의 혼합물이며, 전체가 힘차게 고동치고 있는 하나의 생명체다. 더 깊은 의미에서 보면 지구를 "가이아"라고 부르기로 하건 말건, 여느 생물보다 더 살아 있다고 단언하든 하지 않든 사실 별로 중요하지 않다. 이 책을 읽다 보면 생명과 물질 영역이 결합된 범지구적 시스템이 정말로 존재하며, 반대의 정황과 항의에도 불구하고 우리 인간은 여전히 그 시스템의 한 부분임을 간단명료하게 알게 될 것이다.

그리고 우리 자신의 존재 인식이라는 궁극적인 가치의 문제로 돌아가게 될 것이다. 〈생명이란 무엇인가〉를 읽는 동안 우리는 생명의 풍부한 다양성과 진화의 충일(充溢)을 생각하고, 범지구적인 시스템과 모든 생명이, 결국은 바로 우리 인류의 존재가 다름 아닌 우리 자신 때문에 크게 위협받고 있음을 깨닫게 될 것이다. 이 책은 소설보다 더 기이한 생물계의 실체들에 지적인 힘을 결합시켜 전혀 뜻밖의 새로운 철학을 밝힌다. 이 책은 새로운 천 년을 맞이하는 동안 우리 인류가 지구 생태계에 야기했고 또 늘어만 가는 위험에 대처하기 위해 절박하게 필요한 지식을 알려 줄 것이다. 아는 것이 힘이다. 우리는 이 책을 통해 전 세계의 생태계와 더불어 살아남기 위해 절실히 요구되는 생물 세계에 대한 지식으로 무장하게 될 것이다.

닐스 엘드리지
미국 자연사박물관에서

차례

1장

생명이라는 영원한 수수께끼

생명은 먹을 수 있고 사랑스러우며
치명적인 그 무엇이다.
제임스 E. 러브록*

생명은 열과 마찬가지로 사물이나 유체(流體)가 아니다.
우리가 목격하는 것은 성장하고, 번식하고, 에너지를 다루는 특별한 방식 등
유별난 특성으로 인해 주변 세계로부터 구별되는 물체들의 예사롭지 않은 집합이다.
이들을 우리는 '생물'이라고 부르기로 한다.
로버트 모리슨**

* James E. Lovelock, *The Ages of Gaia* (New York: W.W. Norton, 1988), p. 16.
** Robert Morison, "Death: Process or Event," *Science*, 20 August 1970, pp. 694–698.

슈뢰딩거에게 경배

아직 DNA가 발견되지 않았던 반세기 전, 오스트리아의 물리학자이자 철학자인 에르빈 슈뢰딩거는 "생명이란 무엇인가"라는 영원한 철학적 문제를 과학적 표현으로 바꿔 말함으로써 당대의 과학자들에게 영감을 주었다(그림 1). 1944년에 출간된 그의 명저 〈생명이란 무엇인가〉에서 슈뢰딩거는 생명을 정의할 수 없음이 분명함에도 불구하고 결국 생명을 물리화학적으로 설명할 수 있다고 주장했다. 슈뢰딩거가 생각한 생물은 결정(신비한 "비주기성 결정")처럼 자라면서 자신의 구조를 반복하는 물질이다. 그러나 생물은 어떤 광물 결정보다 매혹적이며 예측 불가능하다.

(주기성 결정체와 비주기성 결정체가 나타내는) 구조상의 차이는 동일한 무늬가 주기적으로 계속 반복되는 보통의 벽지와 뛰어난 자수품, 이를테면 라파엘의 벽걸이 융단처럼 지루한 반복 없이 정교하고 치밀하며 의미 있는 도안을 보여주는 대가의 자수 걸작을 비교하는 것과도 같다.[1]

1.
Erwin Schrödinger,
My View of the World, (Cambridge: Cambridge University press, 1967), p. 5.

노벨 물리학상 수상자인 슈뢰딩거는 생명이 지닌 놀라운 복잡성을 숭배했다. 실제로 파동 방정식을 만들어 양자 역학에 확고한 수학적 기반을 부여한 과학자였지만 생명을 단순히 기계적 현상이라고는 결코 생각지 않았다.

과학성을 조금도 손상시키지 않으면서 생명의 전체 모습을 멋지게 다룬 이 책은 슈뢰딩거의 책 제목을 따왔을 뿐만 아니라 그의 정신까지 재현할 것이다. 나와 내 아들은 생명이라는 주제를 생물학 영역으로 되돌려놓고자 애썼다.

"생명이란 무엇인가"라는 물음은 분명 인류의 가장 오래된 수수께끼 중 하나다. 우리는 살아간다. 사람과 새들, 꽃식물, 밤바다에서 빛을 발하는 바닷말까지 우리 생물은 강철이나 바위 같은 무생물과 다르다.

우리는 살아 있다. 그러나 살아간다는 것, 살아 있다는 것, 피부 한 겹을 사이에 두고 한때 자신의 일부였던 세계로부터 분리된 존재가 된 다는 것이 도대체 무엇을 의미할까? 정녕 생명이란 무엇인가?

토마스 만은 그의 소설 〈마(魔)의 산〉에서 비록 문학적이긴 하지만 감탄할 만한 해답을 제시해주었다.

> 생명이란 무엇인가? 아무도 몰랐다. 생명은 생명으로 된 순간부터 자신을 의식하고 있음이 틀림없지만 자신이 무엇인지 알지 못했다… 생명은 물질도 아니고 정신도 아니었다. 둘 사이의 무엇이며 폭포에 걸린 무지개처럼 또는 불꽃처럼 물질을 통해 전달되는 한 현상이다. 그런데 왜 생명은 물질이 아닌가? 욕망과 혐오를 느낄 정도로 민감하고 자신을 감지할 수 있게 된 물질은 뻔뻔스럽고 자제할 수 없는 존재가 되었다. 또한 생명은 만물의 얼어붙은 순결을 비밀스럽게 휘젓는 열정이며, 먹고 마시고 배설하는 관능적인 불결함이며, 어떻게 생겨나고 만들어지는지도 확실치 않은 불순물과 이산화탄소 가스를 내보내는 호흡이었다.[2]

우리 조상들은 영혼과 신이 천지만물 어디에나 깃들어 있다는 물활론을 믿어 의심치 않았다. 나무들이 살아 있듯이 사바나 평원을 휘감아 도는 바람 역시 살아 있다고 생각했다. 플라톤은 그의 대화편 〈법률론〉에서 완전한 존재인 행성들이 자발적으로 원 궤도를 그리며 지구 주위를 돈다고 말했다. 중세 유럽인들은 소우주(인간이라는 작은 우주)가

2
토마스 만의 "생물학과 미"는 다음 책에 인용되어 있음. *Incorporations*, Jonathan Crary · Sanford Kwinter 엮음, (New York: Zone Books, 1992), p. 406.

▶ 그림 1
에르빈 슈뢰딩거.
물리학자로 생명의 물리
화학적 특성을 강조하여
DNA의 발견과 분자생
물학 혁명에 크게 기여
했다.

대우주(우주)의 축소판이며, 둘 다 물질과 영혼으로 이루어져 있다고 믿었다. 이러한 고대의 관점은 황도 12궁의 여러 동물, 그리고 천체가 지상의 삶에 영향을 미친다는 점성술의 개념으로 여전히 살아남아 있다.

17세기에 독일의 점성술가이자 천문학자인 요하네스 케플러(1571-1630)는 태양 주위를 도는 행성들의 타원 궤도를 계산해냈다. 그럼에도 불구하고 케플러(그는 최초의 과학 소설을 썼으며 그의 어머니는 마녀로 체포되었다)는 별들이 태양계 저편 너머 두께 3킬로미터의 껍질 속에서 살고 있다고 믿었다. 그는 지구를 숨 쉬고 기억하고 여러 습관을 지니는 괴물로 여겼다. 지구가 살아 있다고 믿은 케플러의 생각이 오늘날 우스꽝스러워 보일지도 모르지만, 그는 우리에게 과학이 점근적이라는 사실을, 다시 말해 궁극적인 지식이라는 최종 목적지에 결코 도달하는 법 없이 단지 근접해갈 뿐임을 일깨워준다. 역사의 흐름 속에서 점성술은 천문학에 자리를 내주었고 연금술은 화학으로 발전했다. 한 시대의 과학이 다음 시대에는 신화가 된다. 미래의 사상가들은 우리 시대의 생각을 어떻게 평가할까? 자신과 주변 세계에 대해 의문을 품는 생물

의 생각이 이렇게 변해왔다는 것은 살아 있다는 것의 의미가 무엇인가
라는 오래된 질문의 핵심에 있다.

세균부터 생물권에 이르기까지 생물은 자신을 더 많이 만들어냄으로
써 존속한다. 우리는 다음과 같이 이야기를 풀어갈 생각이다. 첫 장에서
는 생명의 자기 지속성을 중점적으로 다룰 것이다. 제2장에서는 초기의
생명관에서부터 유럽의 심신 이원론을 거쳐 현대의 과학적 유물론까지
더듬어볼 작정이다. 제3장에서는 생명의 기원과 함께 생명의 과거 기억
과도 같은 화석 기록을 탐구할 것이다. 우리의 선조, 즉 지구에 생명을
가져온 세균에 대해서는 제4장에서 다룰 것이다.

공생 합병으로 세균은 제5장에 등장하는 원생생물로 진화했다. 원생
생물은 단세포 생물로 조류(藻類), 아메바, 섬모충류 등 세균 이후에 출
현한 세포들을 포함한다. 우리의 성적 습성을 미리 보여주는 듯한 관능
적인 원생생물이 성과 죽음을 경험하는 다세포 생물로 진화했다. 단세
포 원생생물과 그들과 가까운 다세포 친척들(이들 중 일부는 엄청나게
크다)을 통틀어 원생생물이라고 부른다. 원생생물을 형성한 세균은 눈
부신 미래를 보장받았으니, 그들이 바로 동물(제6장), 균류(제7장), 식물
(제8장)이 되었다. 마지막 제9장에서는 생명, 즉 사람만이 아닌 전체 생
명이 자유로이 행동함으로써 뜻밖에도 자신의 진화에서 큰 역할을 해왔
다는, 정통은 아니지만 꽤나 상식적인 생각을 살펴볼 것이다.

생명의 실체

생명이 비록 물질적이라 할지라도 생물의 행동에서 벗어날 수는 없
다. 살아 있는 "세포"는 "한계를 정한다"는 의미의 본래 정의를 무시하

면서 끊임없이 움직이며 확장해나간다. 세포는 한계를 초월하여 성장한다. 하나가 둘이 되고 둘은 더 많은 수가 된다. 다양한 종류의 물질을 주고받고 엄청난 양의 정보를 교환하지만 모든 생물은 결국 하나의 공통된 과거를 공유하고 있다.

어쩌면 생명은 슈뢰딩거의 "비주기성 결정"보다, 크고 작은 비율로 끝없이 반복되는 모양의 프랙털을 훨씬 더 많이 닮았는지 모른다. 정교한 아름다움과 놀랄 만큼 명백한 복잡성을 지닌 프랙털은 컴퓨터 상에서 단일한 수학적 연산을 수천 번 반복하는 그래픽 프로그램으로 만들어진다. 반면, 생명의 "프랙털"은 세포, 세포들의 배열, 수많은 세포들로 이루어진 생물, 생물들이 모인 군집, 그리고 군집들이 모여 형성하는 생태계이다. 수십억 년에 걸쳐 수백만 번 되풀이되는 동안 생명이라는 과정은 생물, 벌통, 도시, 그리고 지구의 생물 전체에서 볼 수 있는 놀라운 삼차원 패턴을 이끌어냈다.

생명의 실체는 지구를 둘러싼 채로 성장하고 스스로 상호작용하는 얇은 물질층이다. 이 층은 두께 20킬로미터로 최상부는 대기권이고 밑바닥은 대륙암과 심해저다. 생명의 실체는 나무 줄기와도 비슷하여 가장 바깥 조직만 생장한다. 생물권에서 떨어져 나온 개체는 과학 기술(이것 자체가 생명의 연장이다)의 보호를 받지 못한다면 운을 다하게 된다.

우리가 알고 있는 한 생명은 태양의 세 번째 행성인 지구의 표면에 한정되어 있다. 게다가 생명은 은하수의 언저리에 위치한 중간 크기의 항성인 태양에 전적으로 의존한다. 지구에 닿는 태양에너지 중 1퍼센트가 채 안 되는 양만이 실질적인 생명 과정으로 전환된다. 그러나 그 1퍼센트로 생명이 무슨 일을 하는지 알면 정말로 놀라지 않을 수 없다. 물과 태양에너지, 대기를 이용하여 유전자와 자손을 만들어내는 생명은 흥겹지만 아직 위험한 모습으로 서로 섞이거나 분화하고, 변형하거나 오염시키고, 학살하거나 부양하고, 위협하거나 정복한다. 그 사이에 생물권 자체는 30억 년 넘게 그랬던 것처럼 개별 종이 등장하고 사라지는 동안 미묘한 변화를 겪으면서 계속 살아나간다.

물활론 대 기계론

원하기만 하면 언제든 우리는 물 한 컵을 마실 수도 있고 이 책을 덮어버릴 수도 있다. 물활론은 이처럼 우리가 우리 몸을 마음대로 움직일 수 있다는 경험에서 나온 것이다. 바람이 이리저리 불고, 강물이 흐르고, 천체들이 하늘을 지키는 것은 다 저마다 내부에 있는 무엇인가가 그러한 움직임을 주관하기 때문이라는 것이 물활론의 관점이다. 비단 동물만이 아니라 우주 만물 하나하나에 살아 있는 내적 영혼이 깃들어 있다고 보는 것이다. 다신교에서 공식화된 각양각색의 신(달의 여신, 대지의 신, 태양신, 바람신 등등)이 이슬람교, 유대교, 기독교에서는 세상을 창조한 유일신으로 대체되었다. 바람과 강과 천체는 그들의 의지를 잃었지만 살아 있는 생물 특히 인간은 자신의 의지를 계속 유지할 수 있었다.

마침내 물활론의 최후 보루이던 생물도 기계론이라는 철학 앞에서 무릎을 꿇었다. 운동에는 어떤 내적 의식도 필요 없다. 그 프로그램은 이미 창조주에 의해 "마련"되어 있을 것이기 때문이다. 태엽으로 움직이는 장난감과 태양계의 자동 모형은 그것을 만든 발명가들에게 생물조차도 무생물의 기계 장치류, 즉 교묘하게 감춰진 스프링과 작아서 보이지도 않는 도르래, 지레, 톱니바퀴들로 구성될 수 있음을 암시했다. 혈액순환을 밝혀낸 영국의 의사 윌리엄 하비(1578-1647)는 혈액의 흐름을 유압 장치에, 심장을 펌프에 비유했다. 과학자들은 전체 설계의 일부분인 자연의 비밀 장치들을 하나씩 추적해나갔다. 자연의 역사를 통해 이 세계가 어디에나 존재하고 전지전능한 신의 마음에 따라 만들어진 하나의 거대한 장치임을 폭로했다.

아이작 뉴턴(1642-1727)은 기계론의 충실한 옹호자였다. 연금술, 성서, 신비학에 열중한 뉴턴은 광학과 물리학, 그리고 수학에서 미증유의 혁신을 가져왔다. 그렇게 함으로써 그는 중세 우주와 근대 우주 사이의 커다란 간격을 메우는 데 기여했다. 새로운 중력 법칙으로 행성의 운동을 설명하는 뉴턴 방정식은 천상의 세계와 지상의 세계가 하나이며 동일하다는 것을 보여주었다. 달을 지구 궤도상에 붙들어두는 힘이나 사과를 땅에 떨어뜨리는 힘이나 매한가지였다. 전 우주를 지배하는 뉴턴 법칙의 발견은 너무나 큰 비밀을 드러내는 것이어서 케플러의 말마따나 마치 그가 "신의 마음을 흘끗 엿본" 것 같았다. 뉴턴의 분석에 영감을 얻는 피에르 시몽 드 라플라스(1749-1827)는 정보만 충분하다면 우주의 미래 전체, 심지어 가장 세심한 인간의 행동까지도 예측할 수 있으리라고 추측했다. 이제 천체는 숨어 있는 영혼에 의해 움직이는 것이 아니라, 앞서 존재하는 수학 법칙의 지배를 따르는 것처럼 보였다. 신은 창조물을 만지작거릴 필요가 없었다. 그것이 지속되도록 창조했기 때문이다. 우주는 스스로 작동했다.

우주 범위에까지 적용되는 중력의 발견으로 한때 인간의 이해 범위 밖이라고 여기던 현상들에 대한 탐구에도 박차가 가해졌다. 전기와 자기, 화학 물질과 색채, 복사와 열, 폭발과 화학 변화가 모두 그 밑에 깔려 있는 기본적인 통일성을 바탕으로 설명되었다. 망원경이나 현미경 같은 광학 기계는 이전까지 볼 수 없었던 아주 먼 세계와 아주 작은 세계를 보여주었다. 전통적인 권위와 신이 계시한 진리에 대한 맹목적인 수용 대신 실험과 비판이 자리를 잡았다. 과학자들은 자연을 구슬려 가장 은밀한 비밀까지도 내놓게 만들었다. 연소 시 산소의 역할, 전기 방전의 일종인 번개, 달의 공전과 조수의 변화를 이끄는 보이지 않은 힘으로서의 중력(만유인력) 등등, 자연은 하나씩 차례로 자신의 카드를 내보여주었다.

인간의 의지대로 자연을 주무르려고 했던 고대 연금술의 꿈도 기계론적 세계관이라는 마법에 걸리자 현실에서 과학기술이 되었다. 신처럼 되기 위해 김이 무럭무럭 나는 혼합 수프를 휘젓던 파우스트적인 탐구 이후 여러 세기가 지난 뒤 1953년의 한 발견으로 생명의 진짜 비밀을 밝혀낸 것 같았다. 생명은 화학 물질이었고 유전의 물질적 기초는 DNA였다. 사다리 모양을 한 DNA의 이중 나선 구조는 분자들이 어떻게 자신을 복제하는지 명확하게 보여주었다. 실제로 슈뢰딩거가 예측했던 "비주기성 결정"은 영국의 화학자 프랜시스 크릭과 미국의 젊은 천재 제임스 왓슨이 최초로 밝혀낸 DNA 이중 나선 구조와 섬뜩할 정도로 비슷했다. 복제는 더 이상 불가사의한 "생명 원리"에 의한 것이 아니었다. 그것은 상호작용하는 분자들의 직접적인 결과였다. DNA가 보통의 탄소와 질소, 인 원자를 써서 어떻게 자신을 복제해내는지를 설명한 성취는 기계론이 거둔 온갖 성공들 가운데서 단연 가장 눈부신 것이었으리라. 그러나 스스로 방향을 결정하는 마음에서 비롯된 이 같은 성공이 역설적이게도 생명(과학자를 포함하여)을 변함없이 일정한 화학 법칙에 따라 무의식적으로 상호작용하는 원자들의 결과로 묘사하는 듯이 보였다.

이 두 극단(전체 우주가 살아 있다고 보는 것과 살아 있는 생물을 물리화학적 기계로 보는 것) 사이에 다양한 견해가 있다. 그런데 생명을 기계로 보는 것과 물질을 살아 있다고 보는 것 모두 잘못된 것이 아닐까?

세계를 거대한 기계 장치로 보는 관점은 우리가 자신을 의식하고 스스로 결정을 내리는 능력을 설명해주지 못한다. 기계론적 우주관은 선택을 부정하기 때문이다. 무엇보다도 기계는 작용하지 못한다. 오직 작용에 반응할 뿐이다. 더군다나 기계는 저절로 생길 수 없다. 우주가 하나의 기계라는 가정은 그것이 인간과 같은 어떤 살아 있는 창조주의 설계에 따라 만들어졌음을 내포한다. 다시 말해, 과학적 기계론의 세계관은 성공을 거두고 있긴 하지만 지극히 형이상학적이며 종교적 가정에 뿌리를 두고 있다. 우주를 하나의 거대한 생물체로 보는 물활론적 관점 역시 결함이 있다. 이것은 무엇이 산 것이고 무엇이 죽은 것이며, 또 한 번도 살았던 적이 없는 것은 무엇인가 하는 구분을 흐리게 한다. 만일 모든 것이 다 살아 있다면 생명에 대해 아무런 흥미도 없었을 터이고, 과학자들이 생명의 복제 과정을 밝혀내는 일도 없었을 것이다.

따라서 우리는 기계론은 너무나 단순하고 소박하다는 이유 때문에, 물활론은 비과학적이라는 이유 때문에 거부한다. 그렇다 하더라도 "물질과 에너지의 창발적 작용"인 생명은 과학에 의해 가장 잘 알려졌다. 생명의 물리화학적 토대를 찾아야 한다고 주장한 점에서 슈뢰딩거는 옳았다. 생명의 비밀을 찾는 열쇠로 DNA 구조를 열렬히 맞아들인 왓슨과 크릭, 그리고 다른 물리학자와 분자생물학자들도 역시 옳다. DNA는 서서히 풀리면서 생명의 부드러운 기어를 밀어 움직이는 태엽처럼 자신을 복제하고, 표범의 반점과 소나무의 솔방울, 생물체의 전반을 이루는 단백질의 생성을 지시한다. DNA의 작용 메커니즘에 대한 이해는 인류 역사상 가장 위대한 과학적 발전일 것이다. 그럼에도 불구하고 DNA나 다른 어떤 종류의 분자도 그것만으로는 생명을 설명하지 못한다.

켄타우로스이자 야누스

미국의 건축가 버크민스터 풀러(1895-1983)는 전체가 각 부분의 합보다 더 큰 효력을 발휘하는 실체를 설명하기 위해 "시너지"(협력한다는 뜻의 그리스어 synergos에서 나온 말)라는 용어를 사용했다. 과학에서는 생명, 사랑, 행동을 모두 시너지 현상으로 받아들인다. 먼 옛날 어떤 화학 물질이 물이나 기름 속에서 함께 협력했고, 생명은 바로 그 결과물이었다. 세균으로부터 원생생물 세포가 창발하고 그로부터 동물이 창발한 현상에도 역시 시너지가 적용된다.

생물은 임의적인 유전자 변화에 의해 진화했고, 임의적인 유전자 변화는 불리한 경우가 더 많았다는 것이 일반적인 견해다. 맹목적이고 우연한 돌연변이가 새로운 진화를 이끈다는 것이다. 우리는 이러한 생각에 전적으로 동의할 수 없다. 지금까지의 진화에서 나타난 도약은 별개의 진화 계통을 통해 이미 갈고닦은 정교한 구성 요소들 간의 공생적 합병으로 달성된 것이다. 새로운 생물 형태가 등장할 때마다 매번 진화가 다시 시작되는 것은 아니다. 이미 돌연변이로 생겨나서 자연선택에 의해 유지되어 온 기존의 모듈(주로 세균임이 밝혀졌다)들이 함께 협력하는 것이다. 이들이 연합하거나 합병하여 새로운 생물, 즉 스스로 작용하고 자연선택이라는 작용을 받는 전혀 새로운 복합체를 만들어낸다.

그러나 찰스 다윈(1809-1892)도 잘 인식하고 있었듯이 자연선택만으로는 어떤 진화적 혁신도 창출할 수 없다. 오히려 자연선택은 생존 능력이나 생식 능력이 부족한 놈들을 추려냄으로써 이전의 것에서 개량된 형질과 새로 만들어진 형질을 부단히 유지할 뿐이다. 가능한 한 많은 자손을 남기려는 생물의 잠재력은 살아남은 놈들을 소중히 돌보게 마련이다. 그러나 먼저 새로운 형질이 어딘가에서 발생해야만 한다. 별개의 두 형태가 합쳐져야 시너지 효과로 놀라운 제3의 새로운 형태가 만들어지는 것이다.

미국 서부에 정착한 카우보이를 예로 들어 보자. 일부 아메리카 원주민들은 말에 올라탄 이 침입자를 보고 머리가 둘이고 다리가 여럿인 반인반마의 괴물 켄타우로스라고 생각했다. 작가이자 철학자인 아서 케

3.
Arthur Koestler,
Janus: A Summing
Up (New York:
Random House,
1978).

스틀러(1905-1983)는 보다 큰 전체를 이루는 작은 생물들의 공존을 "홀러키"라고 불렀다.[3] 이와 반대로 사람들은 대부분 지구의 생물이 계층 조직처럼 사람을 정점으로 하는 존재의 대사슬을 이룬다고 생각한다. 케스틀러의 신조어에는 "더 높은"이라는 암시가 빠져 있어 홀러키의 구성원 중 하나가 나머지 다른 구성원을 어떻게든 지배하고 있다는 개념이 없다. 케스틀러는 이들 구성원에 홀론(더 큰 전체 중의 하나인 전체)이라는 새로운 명칭을 붙였다. 홀론은 단순한 부분이 아니라, 부분으로서의 기능도 함께 하는 전체다.

용어뿐만 아니라 철학적인 문제까지 재고하면서 케스틀러는 로마 신화에서 문 입구의 신이며 시작과 끝의 수호자였던 두 얼굴의 신, 야누스를 떠올렸다. 앞과 뒤를 동시에 보는 야누스와 마찬가지로, 인간은 창조의 최상 단계에 있는 것이 아니라 보다 작은 세포 영역과 보다 큰 생물권 영역 양쪽을 가리키고 있는 것이다. 지구의 생물은 창조된 계층 조직이 아니라 조합과 조정, 재조합이라는 자기 유도적인 시너지로 창발한 홀러키다.

푸른 보석

때로는 여행에서 돌아오는 길이 그 여행에서 가장 좋은 부분이 될 수도 있다. 원숭이와 고양이를 실은 로켓을 우주 궤도로 쏘아올리고, 달에 사람을 착륙시키고 금성과 화성에 로봇을 보냄으로써 인류는 지구의 생명에 대해 새롭게 경의를 표하고 더 깊이 이해하게 되었다.

1961년, 소련의 보스토크 1호가 최초로 인간을 싣고 지구 둘레를 돌았다. 그때 이후로 소련과 미국의 우주 비행사들은 이 아름다운 청록색 별을 "내려다보며"(세계에서 가장 높은 다이빙대에서 뛰어내리듯 과감히 우주 유영을 하면서) 자신들의 경험을 제대로 표현해줄 말을 찾으려고 애썼다. 제미니와 아폴로 달 탐사 계획에 우주 비행사로 참여했으며, 가장 근래에 달을 밟았던 유진 A. 서넌은 그 장면을 이렇게 묘사한다.

지구 궤도에서 내려다보면 호수와 강, 반도가 보이고 … 눈 덮인 산이나 사막, 또는 열대우림과 같은 아주 생생한 지형 변화가 빠르게 스쳐 지나간다. 90분마다 아침놀과 저녁놀을 통과하게 된다. 지구 궤도를 벗어나면 … 머리를 꼼짝하지 않고서도 남극과 북극, 각 대양을 연이어 볼 수 있다 … 지구가 보이지 않는 자전축을 중심으로 도는 동안 여러분은 말 그대로 남북 아메리카 대륙이 저편으로 사라지고 놀랍게도 그 자리에 호주, 아시아가 등장했다가 다시 아메리카 대륙이 나타나는 것을 보게 된다. 그러면 우리가 시간에 대해 얼마나 모르고 있었는지를 깨닫게 된다 … "대체 내가 어느 공간 어느 시간에 있는가?" 하고 자신에게 묻는다. 아메리카 대륙 너머로 태양이 졌다가 다시 호주 위로 떠오르는 것을 본다. "고향"을 되돌아보면 … 이 세계를 갈라놓고 있는 인종과 종교, 그리고 이념의 장벽은 어디에서도 찾아볼 수 없다.[4]

4.
Frank White, *The Overview Effect: Space Exploration and Human Evolution* (Boston: Houghton Mifflin Co., 1986), pp. 206–207.

위성 궤도에 있는 자신을 상상해보라. 1시간 30분마다 지구를 한 바퀴씩 돌기 때문에 시간과 공간이라는 개념이 완전히 바뀌게 된다. 중력이 줄어들고 남쪽과 북쪽의 개념은 상대적인 것이 된다. 낮과 밤이 마치 짜깁기되듯 서로 교차한다. 태양빛이 얇은 띠 같은 대기층을 가르며 쏟아져 들어와 우주선 선실을 붉은색에서 초록, 보라색에 이르는 온갖 무지개 빛깔로 가득 채운다. 그러다가 이내 암흑 속으로 내던져진다. 이제 지구는 별 하나 없는 곳이 된다. 지구를 조금이라도 볼 수 있다면 그것은 태양을 가린 지구의 표면에서 깜박이는 작은 불빛(도시)이다. 다시 날이 밝으면 구름이 점점이 박힌 푸른 바다가 자태를 드러낸다. 갑자기 시야가 탁 트이며 이제 하늘은 저만치 아래에 있다. 마치 몸에서 빠져나와 꿈결 속을 떠다니듯, 이제 여러분은 중력과 통신이라는 보이지 않는 탯줄에 의해서만 연결되어 있는 지구를 바라본다. 우주에서 지구를 바라보는 이 행위는 아기가 거울에 비친 자기 모습을 흘끗 보다가 생애 최초로 정말로 자신을 보게 되는 것과 비슷하다. 그 우주 비행사는 생명의 실체 전체를 응시한 것이다. 프랑스의 정신분석학자인 자크 라캉은 인간의 발달 과정에서 "거울 단계"라는 단계를 설정했다.[5] 몸을 마음대로 움직이지 못하는 유아는 거울을 들여다보고 자신의 몸 전체를 지각한다. 지구 환경을 인식하면서 환희에 취하는 인류의 모습은 우리 종 전체가 "거울 단계"에 있음을 보여준다. 처음으로 우리는 우리의 완전한 지구 형태를 일별했다. 이제 바야흐로 우리가 개인의 피부 한 겹을 넘어서고 전체 인류까지도 초월하는 범지구적인 홀러키의 일부임을 깨닫기에 이르렀다.

1969년 텔레비전에서는 달의 먼지 위를 걸어가는 우주 비행사의 모습을 생생히 보여주었다. 한때 도달할 수 없는 것의 대명사이던 달에 인류가 발을 디딘 것이다. 그럼에도 불구하고 바싹 말라 황폐한 구멍투성이의 달은 생물이 살고 있지 않다는 점에서 여전히 위압적이었다. 우주에서 조망한 풍경이 방송되는 동안 집에서 텔레비전을 지켜본 우리는 미래 여행의 기분을 맛보았고, 어떤 깃발보다도 설득력 있게 전 지구인들을 규합할 수 있는 위력을 지닌 새로운 세계관을 갖게 되었다. 종교와 문화 전통이 다른 사람들도 이제 지구의 시민으로서 하나로 뭉칠 수 있게 되었다. 그 가능성을 보고 깊이 감명 받은 사람들은 우리가 생명에 대해 알고 있던 전반적인 이해가 우리가 살아온 장소 때문에 지극히 편협했음을 깨닫게 되었다. 한결같던 시간마저도 뒤집어져 밤은 그림자가 되었다.

5.
지크 리캉의 "The Mirror Stage as Formative of the Function of the I,"는 다음 책에서 인용함. *Écrits*, Alan Sheridan 옮김 (New York: W. H. Norton & Company, 1977), pp. 1–7.

종족 분쟁이나 국가 정책, 지도 위에 색깔로 표시된 지리적 구분은 우주에서 볼 수 없다. 물론 과학은 이 푸른 보석이 무수한 은하들이 모인 우주 속에서, 무수한 별들로 된 어느 나선 은하의 가장자리에 위치한 한 생기 없는 별 주변을 돌고 있다는 사실도 밝혀냈다. 우리의 모든 역사와 운명은 태양계 안에 있는 중간급 행성의 대기층 아래에서 일어났다. 우주 여행을 통해 우리는 지구가 바로 인류의 고향임을 알았다. 하지만 지구는 단순한 고향 이상이다. 우리의 일부다. 우리 은하의 가장자리에 위치한 황량한 태양계 내에서 태양의 세 번째 행성인 지구는 창백한 달과는 대조적으로 하얀 점이 박힌 푸른 천체로 마치 살아 있는 것처럼 보인다.

화성에 과연 생명이 있을까

화성의 생명체 탐사로 뜻밖에도 지구가 바로 생명체임을 과학적으로 확신하게 되었다. 1975년에 시작된 바이킹 화성 탐사 계획은 위성 두 대와 착륙선 두 대를 화성에 보냈다. 화성의 장관을 영상 자료에 담아 왔지만, 바이킹 화성 착륙선이 수행한 여러 실험에서 화성에 생명체가 있다는 어떤 증거도 찾아내지 못했다. 오래 전에 물이 흘러 패인 것으로 보이는 운하가 발견되어 과거에 생물이 살았다는 증거가 이 붉은 행성에서 발견될지도 모른다는 희망만 갖게 했을 뿐이다.

그런데 이 바이킹 탐사 계획 이전에 이미 화성에 생명체가 존재하는지를 조사한 과학자가 있었다. 오존층에 구멍을 내는 염화불화탄소 측정 장치를 고안한 영국 발명가 제임스 E. 러브록이었다. 1967년에 미국 항공우주국(NASA)에서 그에게 외계 생명체 탐색에 관한 자문을 의뢰했다. 러브록이 고안한 가스 측정 장치는 특정 대기 성분을 이전의 어떤 기기보다 수천 배나 민감하게 검출할 수 있었기 때문에 NASA는 그 장치로 화성에 대해 어떤 정보를 알아낼 수 있을지 관심이 컸다. 대기화학자인 러브록은 원칙적으로 어떤 행성의 생명체 존재 여부를 그 행성 대기의 화학적 특성으로 추적할 수 있을 것이라고 생각했다. 화성의 대기 성분은 화성에서 반사된 빛의 스펙트럼 분석으로 이미 알려져 있었고, 러브록은 그 자료만으로도 화성이 생명체를 가진 행성인지 아닌지를 판단하기에 충분하다고 믿었다. 그의 결론은 화성에 생명체가 없다는 것이었다. 실제로 그는 자신의 예견으로 화성에 가야할 필요가 없어졌고, 덕분에 NASA는 막대한 예산을 절약할 수 있었다고 자부했다.

러브록은 자신이 개발한 고감도 "전자 포획 장치"를 장착한 크로마토그래프로 지구의 대기를 측정했다. 그 결과를 보고 그는 깜짝 놀랐다. 금성과 화성의 대기와는 딴판인 지구 대기의 화학 조성은 있음 직하지 않은 것이었다. 천연 가스의 주성분이며 네 개의 거대 행성(목성, 토성, 천왕성, 해왕성)의 대기에 존재하는 메탄이 지구 대기에서도 예상치보다 1035배나 높은 농도로 산소와 자유로이 공존하고 있음을 발견했다.

메탄은 지구 대기 중에 1-2ppm 존재하는데, 이 정도의 낮은 농도도 지나치게 높은 것이다. 메탄(탄소 원자 하나가 수소 원자 네 개에 둘러싸여 있다)과 산소 기체(산소 원자 두 개)는 서로 격렬하게 반응하여 이산화탄소와 물을 생성하며 이때 열을 방출한다. 이런 식으로 대기 중에 두 번째로 많은 산소가 메탄과 즉시 반응해버리기 때문에 메탄은 검출되지 않는 수준이어야 마땅했다. 만일 산소 원자들이 모두 방의 한쪽 구석으로 몰려버린다면 아마도 수 분 후에 여러분은 신체 활동에 절대적으로 필요한 산소를 공급받지 못해 질식하고 말 것이다. 말도 안 되는 이러한 재앙은 결코 일어날 성싶지 않다. 지구 대기 중의 메탄과 산소의 혼합 비율은 그만큼이나 이례적이다. 실제로 화학의 기본 법칙을 따르자면 메탄뿐만 아니라 공기 중의 다른 여러 기체들도 검출되지 않아야 한다. 산소와의 반응성을 생각하면 지구 대기의 구성 요소 중 일부(메탄, 암모니아, 황산 가스, 염화메틸, 요오드화메틸)는 화학적 평형과는 거리가 멀다. 일산화탄소, 질소, 일산화질소는 화학만으로 설명할 수 있는 것보다 각각 10배, 100억 배, 10조 배나 많은 양이 존재한다.

그런데 생물학이 답을 제시한다. 예를 들면, 러브록은 메탄을 생성하는 세균이 온 지구에 상당한 양의 메탄을 방출한다는 사실을 알았다. 소들도 트림할 때 메탄을 내놓는다. 방출된 메탄은 산소와 반응하지만, 완전히 없어지기 전에 더 많은 양의 메탄이 생성된다. 이 메탄은 소의 특수한 위인 되새김위에서 풀이 소화될 때 원생생물과 세균에 의해 생성된 것이다.

생명은 열과 무질서를 우주 공간으로 배출함으로써 우리의 대기를 화학 반응성이 높으면서도 질서 있게 만들었다. 러브록은 대기가 거북의 등껍질이나 황량한 바닷가의 모래성만큼이나 고도의 질서를 지니고 있다고 단언했다. 그리고 생명의 타고난 조직성은 다른 행성에도 그 흔적을 남겼다. 1976년 7월 20일에 3.6톤급 우주선 바이킹 1호가 무인탐사선 한 대를 화성에 무사히 착륙시켰다. 비록 과학자들이 찾고 있던 것은 아니지만, 5억 7,000만 킬로미터나 떨어져 있는 크리세 평원[바이킹 1호의 착륙지인 화성의 평원]의 붉은 모래 위에 앉아 있는 이 착륙선은 화성 최고의 그리고 지금까지 유일한 생명의 증거이며, 과학기술을 이용하여 태양계를 탐사하는 인류가 낳은 생명이다.

생명은 '동사' 다

러브록의 분석은 생명이 오늘날 우리가 생물이라고 부르는 것에만 한정된 것이 아님을 생물학자들에게 일깨워주었다. 스스로 변하며 홀러키 구조를 지니는 생명은 이전의 자기 완결적인 개체에서 벗어나 보다 큰 실체의 유기적인 일부가 된다. 이러한 단계에서 가장 큰 것이 지층, 즉 생물권이다. 각 단계에는 다른 종류의 "유기체"가 있다. 유기체라는 단어는 다윈이 그의 저서 〈종의 기원〉에서 썼던 말이다. "과학자"나 "생물학"이라는 말처럼 "생물"이라는 말도 그때까지는 나오지 않았다. 유기체라는 말은 "세포"와 "생물권"이 "생물" 못지않게 살아 있다는 인식을 주기 때문에 오늘날에도 다시 사용할 만한 가치가 있다.

생명(동물, 식물, 미생물 등과 같이 개별적인 것과 전 지구적인 생물권 둘 다)은 가장 정교하고 복잡한 물질 현상이다. 생명은 물질처럼 일반적인 물리화학적인 특성을 나타내지만 뭔가 다른 점이 있다. 이를테면 해변의 모래는 이산화규소다. 컴퓨터의 내부 구조 역시 그러하지만, 컴퓨터는 모래더미가 아니다. 생명은 화학 성분이 아니라 그 화학 물질들의 작용에 따라 구별되는 것이다. 따라서 "생명이란 무엇인가"라는 질문은 언어적으로 모순이다. 문법에 맞게 대답하려면 명사, 즉 구체적인 사물을 들어야 할 것이다. 그러나 지구의 생명은 오히려 동사에 더욱 가깝다. 생명은 자신을 고치고 유지하고 다시 만들며 자신을 능가한다.

세포와 동물뿐만 아니라 지구 대기 전체에도 적용되는 이와 같은 생명 활동은 가장 유명한 과학 법칙(열역학 법칙) 2가지와 긴밀하게 연관되어 있다. 열역학 제1법칙은 어떤 변환을 통해서든 한 계와 그 주변의 에너지 총량은 줄지도 늘지도 않는다는 것이다. 빛, 운동, 복사, 열, 방사성, 화학 에너지 등 어떤 형태로든 에너지는 보존된다.

그러나 모든 형태의 에너지가 다 똑같은 것은 아니다. 다시 말하자면, 효율이 모두 같지 않다. 열은 다른 에너지 형태로부터 변환되기 쉬운 에너지 종류일 뿐더러 물질을 무질서하게 만들기 쉽다. 열역학 제2법칙은 물리계가 주변으로 열을 잃는 경향이 있다고 말한다.

열역학 제2법칙은 증기 기관이 공학의 최첨단 기술이던 산업 혁명

때 생각해낸 것이다. 제임스 와트에 의해 발명된 증기 기관의 효율을 증대시키려고 애쓰던 프랑스 물리학자 니콜라스 카르노(1796-1832)는 열이 미세입자의 운동과 관련 있음을 알아냈다. 그리고 그로부터 현재 열역학 제2법칙으로 알려진 원리를 정립했다. 운동하거나 에너지를 사용하는 모든 계에서는 엔트로피가 증가한다는 것이다.

증기 기관이나 전동기처럼 변하는 계에서는 사용할 수 있는 전체 에너지 가운데 일정량이 이미 실질적으로 이용할 수 없는 형태로 존재한다. 그리고 더 많은 양이 그렇게 전환된다. 계와 그 주변 환경의 에너지 총량이 변하지 않더라도(열역학 제1법칙인 에너지 보존의 법칙), 일에 쓸 수 있는 에너지의 양은 감소한다. 컴퓨터 과학에서는 엔트로피를 정보 내용에 나타나는 불확실성으로 측정한다. 열역학 제2법칙은 변하는 계에서 엔트로피가 증가한다고 말해 열이나 소음, 불확실성 등 일에 쓸 수 없는 형태의 에너지가 증가함을 암시한다. 부분 계가 열을 잃으면 전체인 우주는 열을 얻는다. 오늘날에는 그다지 인기를 끌지 못하지만, 과거 물리학자와 화학자들은 우주가 엔트로피의 증가 경향으로 말미암아 "열역학적 죽음"[엔트로피가 최고로 커진 열평형 상태를 말하며, 우주 전체가 이 상태에 이르면 더 이상 변화가 일어나지 않는다]을 맞이하게 될 것이라고 예견했다. 최근에는 생명에 대한 적합한 표현으로 "음의 엔트로피"라는 용어를 만들었다. 정보와 확실성이 증가하는 경향이 있는 생명이 마치 열역학 제2법칙에 어긋나는 것처럼 보이지만, 사실은 그렇지 않다. 그 계(생명)가 환경 속에 있다는 점을 고려한다면 제2법칙은 여전히 적용된다.

증기 기관에서는 석탄을 태워 탄소와 산소가 결합하는 반응에서 나오는 열로 기계 부품을 움직였다. 이때 생성되는 찌꺼기 열은 쓸모가 없었다. 눈 덮인 산 속 오두막집에 조금이라도 틈새가 있으면 열은 마치 빠져나갈 구멍을 호시탐탐 노리고 있었던 것처럼 빠져나가 차가운 바깥 공기와 섞여 버린다. 열은 자연적으로 흩어져 사라진다. 이러한 열의 에너지 소산적인 행동은 열역학 제2법칙을 잘 설명해 준다. 우주는 엔트로피 증가 경향을 보이며, 어느 곳이나 온도를 균일하게 만드는 경향이 있어 모든 에너지는 쓸모없는 열로 전환되고 고르게 퍼지므로 결국 일을 할 수 없게 된다. 일반적으로 이야기하는 열의 소산은 입자들의 임의적인 운동의 결과다. 그러나 이와 다른 설명도 있다.

일부 과학자들은 제2법칙의 열에너지 선호에 대해 뚜렷한 목적이 있는 행동의 기초 단계라고 설명하기 시작했다. 노벨상 수상자인 벨기에의 일리야 프리고진은 소용돌이나 회오리바람, 불꽃처럼 명백히 무생물적인 활동 중심을 포함하는 "에너지 소산 구조"라는 큰 부류 속에 생명을 포함시켜 생각하는 선구적인 역할을 했다.[6] 소산 구조라는 말은 그다지 적합한 용어가 아니다. 왜냐하면 그 구조(실제로는 구조가 아니라 계)가 무엇을 유지하고 만들어내는지보다 무엇을 버리는지에 초점을 맞추기 때문이다. 에너지 소산계는 "유용한" 에너지 형태를 받아들이고 덜 유용한 형태(특히 열)는 내보내거나 흩어지게 함으로써 자신을 유지한다. 이러한 열역학적 생명관은 사실상 슈뢰딩거까지 거슬러 올라간다. 그 역시 생명을 불꽃, 즉 자신의 형태를 유지하는 "질서의 흐름"에다 비유했다.

미국의 과학자 로드 스웬슨은 시간이 지남에 따라 열이 흩어져버리는 경향이 마치 목적을 지닌 듯이 보이는 것은 자신을 영속시키려고 분투하는 생물의 행동과 밀접한 연관이 있다고 주장했다. 스웬슨의 관점에서 보면 엔트로피 우주에는 생명을 포함하여 강력한 질서를 가진 국부적인 영역이 점점이 있다. 왜냐하면 질서 있는 에너지 소산계를 통해 우주의 엔트로피 생성률이 최대가 되기 때문이다. 우주에 생명이 많으면 많을수록 다양한 형태의 에너지들은 더욱 빨리 소모되어 열로 변한다.[7]

스웬슨의 시각은 겉으로 보이는 생명의 목적(철학자들이 목적론이

6.
일리야 프리고진·
이사벨 스텐저스,
《혼돈으로부터의 질서:
인간과 자연의 새로운
대화》신국조 옮김,
자유아카데미, 2011.

7.
R. Swenson and
M. T. Turvey,
"Thermodynamic
Reasons for
Perception–Action
Cycles," Ecological
Psychology 3, no. 4
(1991): pp. 317–348.
다음 사이트도 참조할
것. Rod Swenson,
Spontaneous Order,
Evolution, and
Natural Law
(http://members.
tripod.com/
spacetimenow/
contents.html).

라 부르는, 방향성을 갖는 행동)이 어떻게 열의 행동과 연관되어 있는지 밝혀 준다. 대개 과학자들은 대체로 목적론을 인정하지 않는다. 목적론이 원시적인 물활론의 잔재이며 비과학적이라고 여기기 때문이다. 그럼에도 불구하고 목적론은 언어 속에 깊숙이 뿌리 박혀 있어 과학으로부터 제거할 수도 없고, 제거할 필요도 없다. 목적성을 언어 속에 밀어 넣는 "…을 향해(위해)"라는 표현은 모든 생물에서 어느 정도 나타난다고 볼 수 있는 미래 지향성을 말한다. 오직 인간만이 미래 지향적이라고 생각하면 오산이다. 우리 자신과 나머지 다른 생물의 생존하고 번성하려는 필사적인 시도는 우주가 열역학 제2법칙에 따르기 "위해" 무려 40억 년 동안 자신을 조직해온 특별한 방식이다.

자기 유지

혼돈의 바다에 떠 있는 질서의 섬인 생물은 인간이 만든 기계보다 뛰어나다. 예를 들면 제임스 와트의 증기 기관과 달리 신체는 질서를 집중시킨다. 그리고 끊임없이 자기를 수선한다. 닷새마다 여러분의 위벽은 새로 만들어진다. 여러분의 간은 2개월마다 새롭게 된다. 피부는 6주마다 교체된다. 해마다 여러분 몸을 구성하고 있는 원자들의 98퍼센트가 새로 교체된다. 멈추지 않는 이러한 화학적 교환, 즉 물질대사는 가장 확실한 생명의 신호다. 이 "기계"는 화학 에너지와 물질(음식물)이 지속적으로 투입되기를 요구한다.

칠레의 생물학자 움베르토 마투라나와 프란시스코 바렐라는 생명의 극히 기본적인 본질을 물질대사에서 찾았다. 그들은 이것을 "자기 생산(autopoesis)"이라고 부른다. 자기(auto)와 만들기(poiein)를 의미하는 그리스 어근에서 나온 이 말은 생명이 끊임없이 자기를 만들어냄을 표

8.
Humberto
R.Maturana and
Francisco J. Varela,
*Autopoiesis and
Cognition: The
Realization of the
living,* Boston Studies
in the Philosophy of
Science, vol. 42
(Boston: D. Reidel
Publishing, 1981)

현하고 있다.[8] 자기 생산적인 활동을 하지 않는다면 생명은 자신을 유지할 수 없으며, 따라서 살아 있을 수 없다.

자기 생산적 존재는 끊임없이 물질대사를 한다. 화학적 활동, 즉 분자 운동을 통해 자신을 유지한다. 자기 생산 과정에서 에너지를 소비하고 배설물을 내놓는다. 실제로 우리는 자기 생산을 끊임없는 생명활동과 에너지 흐름인 물질대사로 간파할 수 있다. 오직 세포와 세포로 이루어진 생물, 그리고 생물로 이루어진 생물권만이 자기 생산적이며 물질대사를 할 수 있다.

DNA는 지구의 생물에게 의심할 나위 없이 중요한 분자지만, 그 자체는 살아 있지 않다. DNA 분자는 복제를 하지만 물질대사를 하지 않으므로 자기 생산적이지 않다. 복제를 자기 생산만큼이나 생명의 근본적인 특징이라고 볼 수 없다. 당나귀와 말의 자손인 노새는 "복제"할 수 없다는 사실을 생각해보라. 노새는 자손을 낳지 못하지만 부모 어느 쪽보다 왕성하게 물질대사를 한다. 즉 자기 생산적인 노새는 살아 있다. 좀 더 정곡을 찌르는 예를 들어보자. 자식을 더 이상 낳을 수 없거나, 처음부터 불임이거나, 단지 낳지 않기로 선택한 사람이 있다고 치자. 필요 이상으로 엄격한 생물학적 정의에 따라 그들을 무생물의 범주로 추방할 수는 없다. 그들 역시 살아 있다는 것이다.

우리의 관점에서 보면 바이러스는 살아 있지 않다. 그들은 자기 생산적이지 않다. 너무 작아 자신을 유지하지 못하는 바이러스는 물질대사도 못한다. 세균이나 다른 살아 있는 동식물의 세포처럼 자기 생산적인 존재 안으로 들어가기 전까지 바이러스는 아무것도 하지 못한다. 바이러스는 컴퓨터 안에서 컴퓨터 바이러스가 복제되는 것과 같은 방식으로 그들의 숙주 안에서 증식한다. 자기 생산적인 생물이 없다면 바이러스는 그저 화학 물질의 혼합물에 불과하다. 마찬가지로 컴퓨터가 없다면 컴퓨터 바이러스는 단순한 프로그램에 불과할 뿐이다.

세포보다 작은 바이러스는 자신을 유지하는 데 필요한 충분한 유전자와 단백질이 없다. 가장 작은 세포인 세균 세포(지름이 약 천만분의 1미터)가 현재까지 알려진 최소의 자기 생산 단위다. DNA 분자나 컴퓨터 프로그램, 그리고 바이러스는 언어와 마찬가지로 변하고 진화한다. 그러나 그들 자체만으로는 기껏해야 화학적 "좀비"에 지나지 않는다. 생명의 최소 단위는 세포다.

DNA 분자가 자신과 똑같은 다른 DNA를 만들어내는 것을 가리켜 우리는 복제라고 한다. 생물이 하나의 세포나 세포로 구성된 몸에서 출발하여 비슷한 다른 존재(돌연변이나 유전자 재조합, 공생 관계의 획득, 발생 변이 등으로 차이가 생길 수 있다)로 자랄 때 우리는 생식(번식)이라고 부른다. 생물이 계속해서 변화된 형질을 재생산하여 자손의 변화를 가져오는 것을 우리는 진화라고 한다. 즉 진화란 시간이 지남에 따라 생물 개체군이 변하는 것이다. 다윈이 강조했듯이 살아남을 수 있는 수보다 훨씬 많은 세포와 몸이 세포분열, 부화, 출산, 포자 형성 등의 방식으로 만들어진다. 번식할 수 있을 때까지 충분히 오래 살아남은 자들만이 "자연선택"을 받을 수 있다. 좀 더 솔직히 말하자면 생존자들은 그들이 성공했기 때문에 선택된 것이 아니라 죽기 전에 번식하는 데 실패한 자들 때문에 선택된 것이다.

물론 물질대사를 해야 개체성을 띤 자신을 유지할 수 있다. 흔히 생리라고 부르는 물질대사의 화학 작용이 생식과 진화보다 우선한다. 한 개체군이 진화하기 위해서는 각 구성원들이 제각기 번식을 해야 한다. 그러나 어느 생물이라도 번식하기 전에 먼저 자기부터 유지해야 한다. 세포의 수명이 다하기까지 5,000여 종류의 서로 다른 단백질이 하나씩 주변 환경과 완전히 맞바뀌지기를 수천 번 해야 한다. 세균 세포는 DNA와 RNA(핵산), 효소 단백질, 지방, 탄수화물, 그 밖의 다른 탄소 화합물을 생성한다. 원생생물과 균류, 동물, 식물의 몸체는 모두 이러한 물질은 물론이고 다른 물질도 생성한다. 그러나 가장 중요하고도 놀라운 점은 모든 생물이 스스로 자기를 만들어낸다는 사실이다.

구성 요소들이 끊임없이 또는 단속적으로 재배열되고, 파괴되고 재생되고, 부서지고 수선되면서 이루어지는 활기찬 자기 유지는 바로 물질대사이며, 여기에는 에너지가 필요하다. 자기 생산적으로 자신을 유지하는 생물은 열역학 제2법칙에 부합되게 노폐물을 배설하고 열을 발산하여 외부 세계에 "무질서"를 더함으로써만이 내부의 질서를 보존하거나 증가시킬 수 있다. 모든 생물은 물질대사를 해야 하며, 그 결과 생물은 모두 쓸모없는 열과 소음, 불확실성 같은 무질서를 국소적으로 야기할 수밖에 없다. 이것은 자기 생산적인 활동으로 살아가는 생물에게 반드시 요구되는 자기 생산이라는 절대 과제라고 볼 수 있다.

자기 생산이라는 면에서 생명을 보는 관점은 생물학에서 표준으로 가르치는 학설과는 사뭇 다르다. 대다수의 생물 교과서 집필자들은 생물이 환경과 분리되어 독립적으로 존재하며, 환경은 대체로 정적인 무생물 배경이라고 암시한다. 그러나 생물과 환경은 서로 얽혀 있다. 예컨대, 흙은 죽어 있는 것이 아니다. 그것은 부스러진 바위, 꽃가루, 곰팡이의 균사, 섬모충의 포낭, 세균의 포자, 선충류를 비롯한 여러 미생물들이 뒤섞여 있는 혼합물이다. 아리스토텔레스는 "자연은 생명 없는 물체로부터 동물로 조금씩 옮겨가므로 그 정확한 경계선을 단정짓기가 불가능하다."라고 말했다.[9] 독립이란 정치적 용어이지 과학적 용어가 아니다.

생물이 탄생한 이후로 모든 생물은 각 개체의 몸이나 개체군이 성장하는 동안 직접 혹은 간접적으로 서로 연결되어 왔다. 생물이 물과 공기를 거쳐 연결되는 동안 상호작용이 일어난다. 다윈은 그의 저서〈종의 기원〉에서 이러한 상호작용의 복잡성을 우리 인간이 분류해낼 엄두조차 내지 못할 정도로 온갖 생물들이 "뒤얽혀 있는 강둑"에 비유하면서

9.
아리스토텔레스의
〈The History of
Animals(viii: I)은 다음
책에서 인용함.
Will Durant, *The Life
of Greece* (New
York: Simon and
Schuster, 1939),
p. 530.

다음과 같이 말했다. "한 줌의 깃털을 공중에 던져보라. 그러면 모두 일정한 법칙에 따라 땅에 다시 떨어질 것이다. 그러나 깃털이 각기 어디에 떨어지느냐의 문제는 헤아릴 수 없이 많은 식물과 동물의 작용과 반작용에 비하면 얼마나 간단한 문제인가." 그런데 생명의 최고 단계, 다시 말해 검은 우주로부터 진화하여 홀러키적인 결합력과 신비스러운 장엄함을 지닌 푸른 생물권을 낳는 것은 이처럼 무수한 상호작용들의 총합이다.

자기 생산적인 지구

생물권 전체는 자신을 유지한다는 의미에서 자기 생산적이다. 생물권의 중요한 "기관" 중 하나인 대기는 분명 보살핌과 부양을 받고 있다. 약 5분의 1이 산소인 지구 대기는 금성과 화성의 대기와 근본적으로 다르다. 이들 이웃 행성의 대기는 90퍼센트가 이산화탄소인 반면, 지구는 대기권의 이산화탄소 양이 0.03퍼센트에 불과하다. 만일 지구의 생물권이 이산화탄소를 소비하는 생물(수많은 생물 중에서 식물, 조류, 광합성 세균과 메탄생성세균 등)로 이루어지지 않았다면 우리의 대기는 이미 오래 전에 이산화탄소가 풍부한 화학 평형에 도달했을 것이다. 그리고 사실상 다른 분자와 반응할 수 있는 분자란 분자는 모두 이미 반응을 끝냈을 것이다. 하지만 실제로는 자기 생산 활동을 하는 지표면 생물들이 연합하여 적어도 7억 년 동안 대기 중 산소 농도를 약 20퍼센트 수준으로 유지했다(그림 2).

생명이 전 지구적 규모로 존재한다는 또 다른 증거는 천문학에서 나온다. 별의 진화에 대한 천체물리학 표준 모형에 따르면, 태양은 원래 지금보다 온도가 낮았다. 태양의 광도는 지구에 생물이 등장한 이후, 30

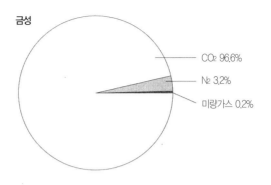

금성
CO₂ 96.6%
N₂ 3.2%
미량가스 0.2%

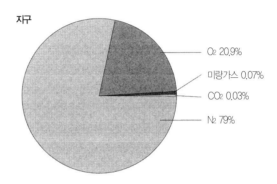

지구
O₂ 20.9%
미량가스 0.07%
CO₂ 0.03%
N₂ 79%

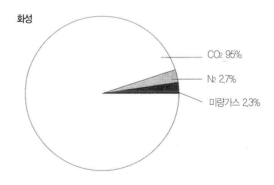

화성
CO₂ 95%
N₂ 2.7%
미량가스 2.3%

▲ 그림 2
지구와 두 이웃 행성의 대기 비교. 지구 대기는 폭발성 기체인 산소의 농도가 매우 높고 이산화탄소의 농도가 매우 낮음에 주목하라. 이렇게 이례적인 대기 조성은 끊임없이 가스를 교환하는 생물의 활동 덕분이다. 세포의 미미한 생리 활동이 오랜 세월 동안 계속되어 생물권에서 전 지구적 차원의 생리 특성으로 확대되었다.

퍼센트 가량 증가했다. 생물은 물이 액체 상태로 존재하는 한정된 온도 범위 내에서만 성장하고 번식할 수 있다. 먼 옛날의 온도가 오늘날 보편적인 온도와 그다지 다르지 않았다는 사실은 30억 년도 더 된 생물 화석을 통해 확인할 수 있다. 또 다른 지질학적 증거는 적어도 40억 년 전의 지구에 액체 상태의 물이 널리 존재했음을 말해준다. 태양 광도의 증가는 지표면의 온도를 초창기보다 급격히 증가시켰어야 했다. 그러나 급격한 증가는 일어나지 않았기 때문에(실제로는 오히려 온도가 내려가는 경향이 있었다) 전체 생물권이 온도를 스스로 유지한 것으로 여겨진다. 아마 생물은 적절한 반응으로 태양에 의한 과열에 대항하여 지표면을 식히는 데 성공했던 것 같다. 대개는 열을 붙들어 온실 효과를 유발하는 이산화탄소와 메탄 같은 기체를 제거함으로써, 또는 수분을 머금거나 점액을 내어 표면의 색과 형태를 변화시킴으로써 생물은 자신의 생존 기간을 늘려나갔을 것이다.

해양학은 또 다른 일례를 들어 전체가 생명체임을 보여준다. 화학적 계산에 따르면 바다의 염분은 점점 축적되어 세균이 아닌 생물은 살 수 없을 정도로 높은 농도가 되었어야 한다. 염화나트륨, 황산마그네슘과 같은 염류는 대륙에서 끊임없이 강물에 실려 바다로 운반된다. 그러나 전 세계의 바다는 적어도 지난 20억 년 동안 염분에 민감한 생물이 살아가기에 적당한 환경으로 남아 있었다. 아마도 바다에 떠다니는 미생물들이 전 지구적 규모로 해양의 산도와 염도를 감지하여 안정시키고 있기 때문일 것이다. 생물이 어떻게 바닷물로부터 염분을 제거하는지는 확실치 않다. 대다수 생물에게 너무 높은 염분의 농도는 세포 밖으로 나트륨, 칼슘, 염화물을 활발히 퍼냄으로써, 또 일부는 증발잔류암(육지에 갇힌 바닷물이 증발하여 생긴 석고, 암염의 총칭]을 만듦으로써 낮춰질 것이다. 이렇게 해서 표면이 단단해진 지역은 소금기가 많아서 염분을 좋아하는 미생물들이 풍부하다. 증발잔류암은 종종 산호와 같은 동물이 만든 암초 뒤나, 미생물 군집이 내뱉은 점액층에 모래들이 붙들려 형성되는 석호사주 뒤에 만들어진다. 만일 탈염 작용이 지속적으로 일어난다면 그것 또한 지구 생리 작용의 일부일 것이다.

일부 진화 생물학자들은 지구 생명은 전체가 하나의 살아 있는 실체를 구성할 수 없으며 살아 있는 생물이 될 수 없다고 주장해왔다. 살아 있는 실체는 같은 종류의 다른 몸(아마도 다른 생물권)과의 경쟁을 통해서만 진화할 수 있었을 것이기 때문이다. 그러나 우리의 견해로는 지구의 자기 생산성은 기체를 교환하고 유전자를 교환하며, 성장하고 진화하는 여러 지구 생물의 집합적이고 창발적인 특성이다. 체온과 혈액의 화학 작용과 조절이 인체를 구성하는 세포들 사이의 관계에서 비롯되듯이, 지구의 조절도 지구에 거주하는 생물들 사이의 수십억 년에 걸친 상호작용에서 진화한 것이다.

태양에너지를 이용하는 녹색식물과 조류, 그리고 광합성 세균(녹색세균과 자색세균)만이 주변의 물과 공기로부터 얻은 화합물을 몸을 구성하는 유기물로 바꿀 수 있다. 이렇게 태양에너지를 활용하는 과정인 광합성은 나머지 모든 생물에게 영양분을 제공한다. 동물과 균류, 대부분의 세균은 녹색 생산자와 자색 생산자를 먹고 산다. 광합성은 생명이 탄생하고 나서 얼마 후 미생물에서 진화했다. 미생물부터 지구에 이르는 모든 단계에서 유기체들은 공기와 물을 이용하거나 다른 유기체를 이용하여 자기 증식을 계속해왔다. 지역적인 생태가 전 지구적인 생태가 된다. 당연한 추론으로 생물이 지구 표면에 존재하는 것이 아니라 지구 표면이 곧 생물이다.

생명은 전염성을 가지고 움직이는 덮개처럼 지구상에서 널리 퍼져나가 기초적인 지구의 형태를 만들었다. 나아가 생명은 지구에 생기를 불어넣는다. 진정한 의미에서 지구는 살아 있다. 이것은 모호한 철학적 주장이 아니라 우리의 생명에 관한 생리학적 진실이다. 생물은 자기 완결

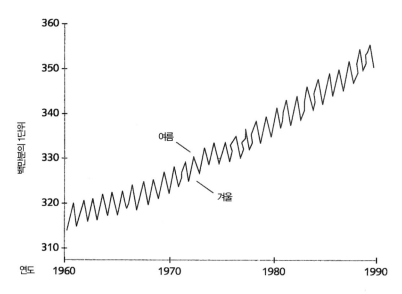

▲ 그림 3

계절에 따른 북반구 이산화탄소의 변화. 지그재그의 꼭대기는 여름 동안 대기 중 이산화탄소가 증가하는 것을 표시한다. 전반적으로 증가하는 추세는 적어도 부분적으로는 인간의 활동 때문에 이산화탄소의 수준이 올라가는 것을 보여준다. 이렇게 계절과 세월에 따라 지구 대기의 이산화탄소가 변하는 현상은 지구적 차원에서 "호흡"이 일어나고 있음을 보여준다. 온실효과로 전체 이산화탄소량이 지구의 온도를 인간에게 해로운 수준(지질생리학적 "열")까지 올릴지도 모른다.

적이고 자율적인 개체라기보다는 오히려 다른 생물과 물질과 에너지, 그리고 정보를 서로 교환하는 공동체다. 숨을 쉴 때마다 우리는, 비록 느리기는 하지만 역시 호흡하는 생물권의 나머지 생물들과 연결된다. 지구에서 생물권의 호흡은 이산화탄소의 농도가 밤인 곳에서 증가하고 낮인 쪽에서 감소하는 것으로 매일 나타난다. 일 년의 호흡은 계절의 변화에서 볼 수 있다. 북반구에서 광합성 활동이 활발해지면 남반구에서는 서서히 감소한다.

　생리적 범위를 최대한으로 잡으면 생명은 지구 표면 그 자체이다. 여러분의 몸이 세포로 우글거리는 해골이 아닌 것과 마찬가지로, 지구는 단순히 생물들이 살고 있는 거대한 바윗덩어리가 아니다(그림 3).

생명의 재료

독일의 화학자 프리드리히 뵐러(1800-1882)가 우연히 시안산암모늄 수용액을 가열하여 요소 결정을 최초로 얻어냈을 때, 그는 자신이 생물과 그토록 명백하게 연관된 화합물을 무(無)로부터 만들어냈다는 사실이 믿기지 않았다. 요소는 동물의 오줌으로 나오는 탄소와 질소 노폐물이다. 그리고 뵐러가 살던 시대에는 생물이 이상하고도 놀라운 "유기물"로 구성되며 그 유기물은 생물체 외에는 다른 어디에도 존재하지 않는다고 믿었다. 그때 이후로 포름산, 에틸렌, 시안화수소와 같은 탄소 화합물 수십 종이 생물체에서만이 아니라 성간(星間) 공간에서도 발견되었다. 오리온자리의 한 성간 구름에서만 해도 9개의 원자로 된 에틸알코올 분자(CH_3CH_2OH)가 0.8리터 들이 위스키병 10,000,000,000,000,000,000개에 해당하는 양만큼 존재한다.

다른 화합물들이 섞이긴 했지만 여느 생물과 마찬가지로 우리의 몸은 대부분이 물(수소와 산소)로 이루어졌다. 수소는 질량 기준으로 우주에 있는 원자들의 75퍼센트를 차지한다. 강한 중력 압력에서 핵융합 반응을 일으켜 헬륨으로 되면서 태양을 빛나게 만드는 것도 같은 원소인 수소다. 태양보다 훨씬 크고 오래된 별들이 초신성으로 폭발하였다가 꺼져가면서 탄소, 산소, 질소 등 다른 무거운 원소들을 만들어냈다. 생명은 그러한 별의 원료로 만들어졌다. 우주에서 생명은 아마도 아주 드물거나 유일무이한 존재다. 그러나 생명을 구성하는 재료는 흔해빠진 것이다.

시간이 흐르면서 점점 더 많은 불활성 물질에 말 그대로 생명이 불어넣어졌다. 바다의 무기물은 이제 몸을 보호하거나 지지하기 위해 외피, 껍질, 뼈의 형태로 살아 있는 생물체에 통합되었다. 우리의 골격은 우리의 먼 조상격인 해양 원생생물 세포에게는 원래 해로운 물질이었던 인산칼슘으로 만들어진다. 그러한 무기물을 사용함으로써 조직을 깨끗이 유지하는 방법을 발견한 셈이었다. 생물체 내 화학 원소들의 양과 더불어 그 종류도 진화를 거치면서 늘었다. 수소와 산소, 황, 인, 질소, 탄소로 이루어진 구조물은 모든 세포에 다 필요하고 처음부터 생물에게 필수였던 반면, 규소와 칼슘으로 된 구조 물질은 비교적 최근에 등장했다.

실레지아 태생의 지질학자로 나치 독일에서 망명한 하이츠 로벤스탐(1913-1993)은 동물의 단단한 부위에서 생성된 무기물의 목록을 작성했다. 로벤스탐의 젊은 시절에는 우리 몸의 뼈와 이를 구성하는 인산칼슘, 연체동물의 껍질을 이루는 탄산칼슘, 그리고 해면동물의 골편처럼 특이한 구조를 이루는 이산화규소가 생물 조직에서 만들어진다고 알려진 단단한 물질의 전부였다. 로벤스탐과 그의 동료들은 생물이 만드는 다른 많은 무기물을 발견해나갔고, 그 중에는 세균, 식물 등이 만드는 결정인 수산칼슘도 있다(그림 4). 생물 세포에 의해 만들어지는 단단한 물질의 목록은 놀랍도록 아름다운 결정을 포함해서 이제 50가지가 넘는다(표 1).

생물은 기술을 사용하는 인간이 출현하기 훨씬 전부터 단단한 물질을 재사용하고 고체의 폐기물을 만들어왔다. 세균은 원생생물로 진화하여 바다의 칼슘과 규소, 철을 이용할 수 있었다. 원생생물은 껍질과 뼈를 가진 동물로 진화했다. 동물은 단독으로 혹은 협력하여 무기물로 터널, 둥지, 꿀벌통, 댐 등을 만들었다. 일부 식물까지도 무기물을 끌어들인다. 예를 들면 규소 레이스로 장식된 속새[줄기에 규산염이 들어있는 여러해살이풀]는 캠핑할 때 냄비 닦기에 아주 좋지만, 사실은 초식동물에게 먹히지 않기 위해 그렇게 진화했을 것이다. 디에펜바키아[천남성과의 유독식물]의 잎세포가 내보내는 수산칼슘 결정은 방심한 배고픈 희생물들을 겨냥한다.

환경을 "설계하려는" 경향은 역사가 깊다. 오늘날 사람들은 전 지구

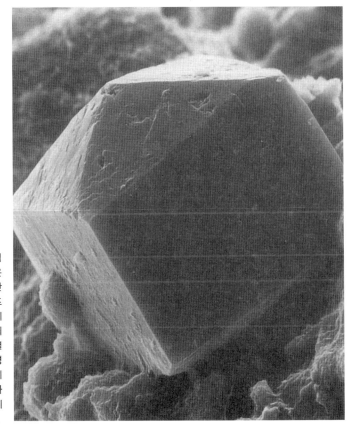

▶ 그림 4
우렁쉥이 신장 주머니 (관이 없는 신장과 같은 기관)에서 추출한 수산 결정. 원생생물인 네프로미세스가 공생하는 세균과 연합하여 동물의 요산과 수산칼슘으로 결정을 만드는 것이 분명하다. 현재 이러한 무기물이 50가지 이상 살아 있는 세포에서 만들어지는 것으로 알려져 있다.

환경 전체를 마구 바꿔놓고 있다. 자동차 안에서 옷을 차려입고 선글라스를 끼고, 전화선이니 무선으로 모뎀, 핸드폰, 은행기기와 접속하고, 전기와 수도 등 공공시설 서비스를 제공받으며 살고 있는 우리는 우리 자신을 개인으로부터 지구 규모의 초인간적인 존재의 특수한 일부로 변형시키고 있다. 이러한 초인간적인 존재는 자신이 생겨났던 한층 오래된 생물권과 불가분의 관계로 얽혀 있다. 금속과 플라스틱은 "생명이 되어 가는" 가장 새로운 물질 세계의 한 영역이다.

정신의 진화

생물학적 자아는 음식물이나 물, 공기와 같은 물리적으로 필요한 것 뿐만 아니라 기억으로 저장될 사실, 경험, 감각적 느낌 등도 통합한다. 동물만이 아니라 식물과 미생물을 비롯한 모든 생물이 지각한다. 살아 남기 위해 유기체는 지각해야만 한다. 먹이를 찾거나 적어도 감지할 수 있어야 하고, 주변 환경에서 오는 온갖 위험을 피해야 한다.

지각하기 위해 생물이 반드시 의식적일 필요는 없다. 숨을 쉬고 소화 를 할 때, 책장을 넘기거나 차를 운전할 때조차 우리의 일상 활동 대부 분은 대체로, 심지어는 전부 무의식적으로 행해진다. 진화 생물학자의 관점에서 보면 식물과 세균의 감각적이고 구체화된 행동도 우리 자신 의 가장 경외하는 정신적 특성에서 절정에 달하는 지각과 행동과 동일 한 연속체에 속한다고 가정하는 것이 합당하다. "정신"은 세포들 간의 상호작용의 결과일지도 모른다.

정신은 전적으로 진화적인 현상이다. 생물이 생명을 언어로 표현하기 수억 년 전부터 그들은 생명을 인식했다. 무엇이 그들을 죽일 수 있고, 무엇을 먹을 수 있고 또 누구와 짝을 지을 수 있는지를 식별하는 것은 대 충 그 순서대로 동물의 생존에 결정적이었다. 미국의 어느 대법원 판사 는 외설이 무엇인지 비록 정의할 수 없을지라도 그것을 보면 분명히 인 식할 수 있다고 공언했다. 인간 역시 생물이 지닌 유사한 능력을 가지고 있다. 생물 교과서가 쓰이기 훨씬 전부터 생명은 자신을 인식해왔다.

살아남기 위한 심리적 경향성은 과학 영역에서도 널리 나타난다. 패 턴 인식은 우리 조상들에게 너무나 유용한 특성이어서 종종 틀릴지라도 발견하는 순간의 "아하!" 하는 느낌이 강화되었을 것이다. 물리학에서 특 정 방정식을 다른 방정식보다 선호하는 이유를 설명할 때 종종 우아하다 든지 아름답다든지 하는 심미적 판단을 인용하는데 이는 과학적 정확성

생물이 만든 무기질들

무기질	생물계				
	세균	원생생물	균류	동물	식물
칼슘 **탄산칼슘**($CaCO_3$; 산석, 방해석, 배터라이트)	외피 등 세포 밖 침전물	아메바와 유공충 껍질	세포 밖 침전물 ; 버섯	산호 ; 연체동물 껍질; 극피동물 골격; 석회 해면; 일부 신장 결석	세포 밖 침전물
인산칼슘($CaPO_4$)			세포 밖 침전물 ; 버섯	완족류 "꽈리조개"; 척추동물 치아와 뼈; 일부 신장결석	
수산칼슘(CaC_2O_4)	세포 밖 침전물			대부분 신장결석	디펜바키아, 꽃식물
규소 **이산화규소**(SiO_2)	침전물	규소와 방산충 껍질 편모충과 조류비늘		유리해면 골편	풀 식물석; 속새 줄기
철 **자철석**(Fe_3O_4)	자기 입자			절지동물; 연체동물; 척추동물	
그레이자이트(Fe_3S_4)	자기 입자				
능철석($FeCO_3$)	세포 밖 침전물				
남철석 ($Fe_3[PO_4]_2 \cdot 8H_2O$)	세포 밖 침전물				
침철석 ($xxFeO \cdot OH$)	세포 밖 침전물		세포 밖 침전물	키톤 연체동물	
레피도크로사이트 ($xxFeO \cdot OH$)	세포 밖 침전물		세포 밖 침전물; 버섯	키톤 연체동물	
페리하이드라이트 ($5Fe_2O_3 \cdot 9H_2O$)				연체동물	꽃식물
망간 **이산화망간**(MnO_2)	세포 안 또는 세포 밖 침전물로 포자 주변				
바륨 **황산바륨**($BaPO_4$)		조류 색소체 중력 센서; 해양 원생생물 골격		감각 기관; 평형석(이석)	
스트론튬 **황산스트론튬**($SrSO_4$)		해양 원생생물 껍질		연체동물 껍질	

또한 직관적일 수 있음을 보여준다. 우리가 알고 있는 지식, 우리가 알거나 볼 수 있는 능력은 진화에서 살아남은 생물의 모습으로 구체화되었다. 아무리 어리석고 기이한 개념일지라도 일단 우리 조상들의 생존에 어떤 식으로든 도움이 되었다면 계속 보존되고 강화되었을 것이다.

신경 과학자들은 쾌감이라는 주관적인 감정이 뇌에서 생성되는 두 종류의 신경 펩티드인 엔도르핀과 엔케팔린에서 기인한다는 사실을 규명했다. 과학적 "진리"를 포함해서 아름다운 것을 볼 때 느끼는 즐거움은 진화의 과정에서 나왔을 것이다. 사랑과 생명애(다른 생명체들과 함께 있을 때 느끼는 즐거움)가 우리를 자극하여 배우자와 생존에 가장 적합한 환경을 찾아내도록 하는 것과 꼭 마찬가지로 말이다. 만일 우리가 죽음을 두려워하지 않았다면, 뭔가 골치 아프거나 귀찮은 문제가 생길 때마다 너무 빨리 자살해버려서 멸종했을지도 모른다. 생명 존중의 신념은 어쩌면 실제의 반영이 아니라, 살아남기 위해 필요한 것을 행하고 어떤 수고라도 견뎌내도록 하는 선입관이 진화적으로 강화된 환상일지도 모른다.

우리는 모두 우리 선조들이 남긴 공통의 사고방식을 물려받는다. 시간과 우주의 본질을 나타내는 방정식을 풀려는 물리학자들의 희망이 그저 멀어져가는 신기루의 어스레한 빛에 불과한 것일 수도 있다. 찰스 퍼스와 윌리엄 제임스가 인식한 것처럼 진리의 척도로 그것이 쓸모 있는지, 다시 말해 우리가 살아남는 데 도움이 되는지보다 더 좋은 기준은 없을 것이다.

지각하고 살아가는 정신과 육체는 똑같이 최초의 세균에서 이미 나타난 것처럼 자신을 참조하고 자신한테로 되돌아오는 과정이다. 육체만이 아니라 정신도 자기 생산에서 유래한다. 그리고 표현력이 아주 풍부한 사람의 경우 살아 있는 조직의 기초인 자기 생산의 과정이 몸 밖으로도 명백히 드러난다. 추상표현주의 화가인 윌렘 드 쿠닝은 이렇게 썼다.

만일 여러분이 어떤 문장을 썼는데 그것이 마음에 들지 않지만 말하고자 하는 내용이라면, 다른 방식으로 다시 그것을 표현하려 할 것이다. 일단 다시 쓰기 시작해서 그 일이 얼마나 어려운지 알고 나면 더욱 흥미를 갖게 된다. 얻고 나면 다시 잃고, 그런 다음 다시 얻는다. 같은 상태로 있기 위해서 변해야 하는 것이다.[10]

10.
Richard Marshall
and Robert
Mapplethorpe, *Fifty
New York Artists*
(San Francisco:
Chronicle Books,
1986).

동일한 상태로 머물기 위해 변하지 않으면 안 되는 것이 바로 자기 생산의 핵심이다. 이는 세포뿐만 아니라 생물권에도 적용된다. 종에 적용되면 진화가 일어난다.

그렇다면, 생명이란 무엇인가? 그것은 느리게 밀려오는 기묘한 파도처럼 물질 위에 나타나 파도타기를 하는 물질적인 과정이다. 그것은 통제된 예술적 혼돈이며 기절할 만큼 복잡한 일련의 화학 반응으로, 8,000만 년보다 더 전에 포유류의 뇌를 만들었고, 이제 인간의 모습으로 연애편지를 쓰고, 컴퓨터를 이용하여 우주 탄생 당시 물질의 온도를 계산하기에 이르렀다. 게다가 생명은 바야흐로 가차없이 진화하는 우주에서 자신의 낯설지만 진정한 위치를 처음으로 자각하려는 듯하다.

지구 표면의 국지적인 현상인 생명은 사실상 우주 환경을 함께 생각할 때에만 비로소 이해될 수 있다. 46억 년 전 초신성 폭발의 잔재가 응축하여 지구를 탄생시킨 지 얼마 되지 않아 생명은 별의 구성 물질로부터 생겨났다. 생명은 대기 자원의 감소와 태양으로부터 오는 열의 증가로 인해 지구의 온도 조절 시스템이 마침내 붕괴하여 단 1억 년 안에 끝날지도 모른다.[11] 아니면 생명은, 생태계에 둘러싸인 채 탈출하여 안전한 피난처에서 약 50억 년 후 수소 연료를 다 써버린 태양이 적색 거성으로 폭발하면서 지구의 바닷물을 증발시켜버리는 것을 지켜볼지도 모른다.

11.
James E. Lovelock,
"Life Span of the
Biosphere," *Nature*
296 (1982): 561–563.

2장
잃어버린 영혼

아, 죽어 어딘지도 모르는 곳으로 가는 것
차가운 관 속에 누워 썩어가는 것
윌리엄 셰익스피어 *

한순간 지속되는 사랑.
밤, 그것은 빛의 그림자.
생명, 그것은 죽음의 그림자.
알제논 스윈번 **

* William Shakespeare, *Measure for Measure*, Act III, scene one.
** Algernon Swinburne, *Atalanta in Calydon*, in *The Poems of Algernon Charles Swinburne*, vol.4 (New York: Harper & Brothers, 1904), p. 283.

죽음, 그 엄청난 당혹스러움

생명이 없다고 해도 무방한 기계론적 우주에서 생명이 과학적 신비로 보이는 것과 마찬가지로 완전히 살아 있는 물활론적 우주에서 죽음은 수수께끼였다. 우리의 선조들은 움직이던 따뜻한 몸이 어느 순간 멈추고, 차갑게 식어서 썩어가는 것을 보면서 살았다. 우리에게 생명이 수수께끼인 것처럼 죽음 또한 그들에게 수수께끼였을 것이다. 그런데 우리 현대인들도 죽음의 수수께끼에 대한 고대 해답들의 영향을 여전히 받고 있다.

17세기까지만 해도 태양과 달은 뉴턴의 법칙에 따라 움직이는 것이 아니었다. 흔히 이들 천체는 그 속에 있는 영혼에 의해 살아서 움직였다. 우리가 자신의 의지로 움직이듯이 바람의 속삭임, 달이 차고 기우는 변화, 반짝이며 회전하는 별들, 이 영원의 천체들은 마치 자신들의 의지에 따라 움직이는 것이었다. 그런데 불과 얼마 전까지 그토록 뜨겁게 심장이 박동하다가 이제는 싸늘한 시체로 변해버리다니 전사의 의지에는 대체 무슨 일이 일어났단 말인가? 피 웅덩이(심장)에 꽂힌 창끝으로 생명이 스르르 빠져나갔는가? 시체가 뻣뻣하게 굳어가는 동안 생기를 부여하는 영혼이 풀밭으로 쏜살같이 달아나버렸는가, 아니면 희박한 공기 속으로 사라진 것일까?

본래는 생명이 아니라 죽음이 최대의 수수께끼였다.

살아 있는 우주에서 죽음이란 무엇인가? 죽으면 "우리"는 어디로 가는 걸까? 마술사의 한쪽 손에서 금화가 사라짐과 동시에 반대편 손에서 그와 똑같은 것이 나오는 것을 보고 금화가 이쪽 손에서 저쪽 손으로 이동했다고 믿어버리는 구경꾼과 마찬가지로 논리적 사고는 죽은 후 영혼이 슬그머니 육체를 빠져나간다고 결론을 내렸다. 그리고 사라진 영혼을 근처의 어떤 존재가 받아들인다고, 이를테면 아기, 염소, 뱀(범죄 현장에서는 갈까마귀)이 육신을 살아 있게 만드는 생명의 진수를 가로챘다고 상상했던 것이다.

　죽음이라는 수수께끼에 대한 유난스런 관심은 초기 인류의 유적에서도 찾아볼 수 있다. 6만 년 전, 이라크의 샤니다르 동굴에서 한 네안데르탈인을 솔가지로 엮은 기적 위에 눕힌 상태로 무스카리, 수레국화, 접시꽃, 개쑥갓 같은 꽃과 함께 매장했다.[1] 꽃이나 꽃가루, 부적, 구슬, 여우 이빨로 만든 머리띠, 무기, 도구, 음식물 등으로 채워진 무덤 터는 영혼에게 안식을 주고 사후 세계에서 필요할 물건들을 제공하기 위해 장례 의식을 치렀다는 증거가 된다.

1.
인류에게 자기기만적인 장례 의식과 묘지 신비주의가 있었다는 견해에 대해서는 다음을 참고할 것. Robert W. Sussman and Thad Bartlett, "Deception in Primates," *Abstracts of the AAAS Annual Meeting* : 1991, AAAS Publication 91-02S, Washington, D.C.

생명의 숨결

　고대인들이 주검에 대해 품었던 의문이 어떻게 영혼에 대한 종교적 개념으로 이어졌는지를 이해하는 데 거창한 신앙적 비약까지 할 필요는 없다. 북아메리카 원주민 이로쿼이족에게 영혼은 머리와 이, 사지가 다 있고 쬐그만 몸을 가진 대단히 정교한 이미지였다. 수마트라의 카로 바탁족은 죽은 사람을 본뜬 것이거나 또 다른 자아인 "텐디"를 상상해 냈고, 그것이 죽음의 순간 달아난다고 생각했다. 파푸아 섬과 말레이 사람들은 영혼이 곡식 낟알만한 갈색 "세망가트"라고 생각했다. 이것이 일시적으로 떠나면 질병이 생기고, 영원히 떠나가면 죽게 된다고 믿었다. 현미경을 발명한 안톤 판 레이우엔훅(1632-1723)조차도 정자를 관찰하고는 자신이 "극미인(사람 모양의 작은 씨앗)"을 보았다고 생각했다.

　일부 문화권에서는 생명이 위치한 곳이 혈액이라고 믿었고, 또 다른 문화권에서는 살(호주에서는 콩팥)을 생명의 보금자리로 여겼다. 뉴질랜드의 마오리족은 월경 때 나오는 피가 생명의 근원이라고 보았다. 그늘, 불꽃, 나무, 기둥, 인형, 연못, 어린이, 폴라로이드 사진 등이 모두 영혼을 붙들거나 영원히 가둔다고 생각했다.

생명의 본질로 가장 강력한 후보는 호흡(숨)이다. 고대 중국인들은 영혼을 붙잡아 두기 위해 편백나무와 소나무로 만든 튼튼하고 빈틈없는 관을 썼으며, 죽은 사람의 입을 비취, 금, 은, 진주, 조개껍질 등으로 채우고 단단히 묶었다. 영혼(spirit)이라는 말도 호흡을 뜻하는 라틴어 spiritus에서 왔다. 탄생은 으앙 하는 울음소리(곧 호흡)로 알려진다. 생명이 있는 한 호흡은 계속된다.

호흡은 눈에 보이지 않는다. 호흡의 숨결은 바람처럼 사물을 움직인다. 게다가 우리는 호흡으로 말을 한다. 여러 문화권의 주술사나 성직자들은 공기가 눈에 보이지 않아도 계속 숨을 쉬는 어떤 존재의 신성한 영혼이며, 만져볼 수 없지만 삶과 죽음 사이를 잇는 연결끈이라고 단정했다. 들숨(inspiration), 날숨(expiration), 호흡(respiration), 영혼(spirit)은 모두 비슷한 어원에서 나왔다. 또한 날숨은 죽음과 동의어이기도 하다. 아메리카 원주민들이 쓰는 여러 언어에서도 수호신(Great Spirit)과 위대한 바람(Great Wind)은 단어와 뜻이 같다. 아스텍어 'ehecatle'은 바람, 공기, 생명, 정신, 영혼, 그림자를 뜻한다. 〈구약성서〉에 자주 나오는 용어인 'nephesh'는 살아 있는 영혼이나 숨 쉬는 정신을 의미하며, 죽는 것은 'nephesh'를 내쉬는 것이다. 중국어의 기(氣)는 무술과 한의학 모두에서 중요하게 다루는 개념으로 생명력, 즉 만물에 충만하여 생기를 주는 우주정신이며 원초적 에너지와 동의어다. 고대 그리스어 'psyche'는 "숨-영혼"(의식이 머무는 자리인 "혈액-영혼"과 구별한다)이라는 의미였지만, 아리스토텔레스 시대에 오면 생명 원리를 의미하게 된다. 영혼이나 정신을 의미하는 또 다른 그리스어 'pneuma'는 'pneumonia(폐렴)'나 'pneumatic(공기의)' 같은 단어에도 나타나 우리에게 익숙하며, 호흡을 뜻하는 pnein에서 유래했다. 〈영혼에 관하여〉에서 아리스토텔레스는 살아 있는 몸의 존재 목적인 영혼이 움직임("생기")의 근원이라고 주장했다.

성스러운 영혼이 육체에 정신을 불어넣는다는 마술적 종교적 개념은 과학에도 영향을 미쳤다. 18세기 이전까지 사람들은 생물체가 "번식"한다고 생각지 못하고 "발생"한다고 생각했다. 동물 우화집에 등장하는 괴물들은 영혼, 자연, 신이 복합적으로 개입한 결과물이었다. 아리스토텔레스는 자식을 낳을 때 남자는 정액을 통해 영혼을 주는 반면, 여자는 아기 발생에 필요한 영양분을 제공한다고 생각했다. 장 프랑수아 페르넬(1497-1558)은 이렇게 썼다. "부모는 단순히 질료와 형식을 결합하는 힘이 머무는 장소일 뿐이다. 그들 위에 훨씬 강력한 조물주가 계신다. 생명의 숨결을 불어넣음으로써 그 형식을 결정하는 이가 바로 그분이시다."[2] 프랑스 국왕 앙리 2세의 주치의였던 그는 생리학과 병리학이라는 신조어를 만들어내기도 했다.

생기를 주는 정신이 바위와 같은 일부 사물에 없다는 것을 관찰하고는 역으로 스스로 움직이는 영혼이 육신 없이 에테르 속을 떠다닌다고 추측했다. 영혼이 육신 없이 존재한다는 추론에 불사(不死)에 대한 갈망이 더해져 죽음을 피할 수도 있다는 희망을 갖게 되었다. 영혼이 육체에서 분리되어 있다는 개념이 조상 숭배와 유령, 천사, 환생에 대한 믿음의 근간을 이룬다. 플라톤에게 천상은 혼이 깃든 행성과 항성의 거처였으며, 세상은 초시간적인 완전한 세계, 즉 우주의 순수이성을 시간 속에서 모사한 것이었다. 〈티마이오스〉에서 플라톤은 이렇게 썼다. "세상은 동물, 죽어야 하는 자와 영원 불멸할 자를 받아들였고, 그들로 가득 차 있으며, 감각되는 신으로서의 지성적이고 가장 위대하며, 가장 훌륭하며, 가장 공평하고, 가장 완벽한 이미지를 지니는 눈에 보이는 동물이 되었다." 문어들이 교미할 때 촉수를 어떻게 사용하는지까지 정확히

2.
François Jacob, The Logic of Life : A History of Heredity, Betty E. Spillman 옮김 (New York: Pantheon, 1973), p. 25.

묘사할 정도로 생물을 깊이 연구했던 아리스토텔레스는 플라톤과 다르게 생각했다. 그는 "제1원인", 즉 "부동(不動)의 동자(動者)"가 설정한 위대한 목적으로 살아 있는 존재들의 평범한 목적을 강조했다. 교부들을 통해 그리스 철학의 영향을 받은 기독교는 유일신이라는 히브리인들의 개념을 받아들였다. 자연, 영혼, 보조신 따위가 필요 없었던 기독교 교리에는 성인이나 천사처럼 사람과 영혼과 신을 중재하는 자들만 남게 되었다. 그리하여 자연의 구석구석까지 만연하다고 믿었던 정신과 영혼이 점차 사라지게 되었다.

중세(약 500년-1500년) 때 그노시스파로 알려진 한 유럽 종파는 진정한 자아는 육신의 감옥에 갇힌 신성한 불꽃이라고 단정했다. 그노시스주의자들은 지구가 일곱 개의 투명한 수정구(맑고 깨끗한 하늘)에 둘러싸여 있으며, 수정구는 각각 달, 수성, 금성, 화성, 목성, 토성 그리고 태양을 담고 있다고 상상했다. 행성을 거느린 구는 살아 있는 영적 힘이었고, 삼차원의 유리 천장이었으며, 영혼이 하늘로 다시 올라가지 못하게 막는 일을 하는 아르콘(우주를 지키는 자)이 주재하는 곳이었다. 그노시스주의는 중세 유럽에서 충분히 통했다. 흑사병의 창궐로 반쯤 죽은 사람들이 거리에서 신음하며 썩어가고 고열로 혼미한 사람들이 서로 매질을 하는 모습은 마치 세상의 종말을 예언하는 듯했고 창조주의 존재에 대해 의구심을 불러일으켰다. 우리 시대에 유대인 학살이 그랬던 것처럼 말이다. 그러나 실존주의 철학자들이 신의 존재를 부정하는 편에 섰던 반면, 그노시스주의자들은 신의 부재(不在)를 주장할 따름이었다.

르네상스 시대가 되자 소위 암흑기라고 불리는 중세 동안 이슬람 학자들에 의해 전승되었던 그리스와 로마의 고전들이 재발견되었고, 사상가들은 독단적인 종교 교리에서 벗어나고자 목숨까지 걸었다. 조르다노 브루노(1548-1600)는 이단으로 몰리고도 자신의 생각을 7년 동안이나 굽히지 않다가 결국 화형당했다. 신과 생명과 정신은 끊임없이 변하는 우주의 일부라는 범신론적 시각을 옹호한 브루노는 멀리 떨어져 있는 세계에 지적 존재가 살고 있을지 모른다고까지 생각했다. 브루노가 도전했던 바로 그 기독교적 견해가 오늘날까지도 굳건하게 고수되고 있다. 신이 우주보다 우월한 것처럼 정신은 물질보다, 영혼은 육체보다 우월하다는 생각이 바로 그것이다. 육신은 필요악으로 더럽고 불결하며, 오로지 영혼만이 순수하다.

데카르트의 면허장

현대 과학의 여명기에 가톨릭 교도이던 프랑스의 수학자 르네 데카르트(1596-1650)는 물질적 실체와 생각하는 실체를 운명적으로 분리했다. 오직 인간만이 영혼을 지니고 있어서 신의 특징을 나누어 가졌다고 데카르트는 주장했다. 그에 따르면 고통을 느끼는 것처럼 보이는 동물조차 영혼이 없는 기계일 뿐이었다. "우리는 야수 같은 짐승들도 우리처럼 느낀다고 생각하는 데 너무 익숙해서 그러한 견해를 쉽게 버리지 못한다. 그러나 우리의 행동 하나하나를 완벽하게 모방하는 자동기계를 익히 보았고, 그것을 그저 자동기계로 받아들이는 데 익숙하다면 이성이 없는 동물은 자동기계일 뿐이라는 사실을 의심 없이 받아들일 수 있을 것이다."[3]

데카르트의 생각에 힘입어 아무런 가책 없이 해부학적 생리학적 현상을 알아내기 위한 실험용으로 살아 있는 동물을 판에 못박았다. 그렇지만 우주가 거대한 기계 장치라는 데카르트의 관념이 우주를 과학적으로 탐구하는 길을 여는 데 크게 이바지한 것도 사실이다. 이제 불법 침해라는 두려움 없이 무감각한 자연을 분석할 수 있었다. 아무런 가책 없이 거

3.
데카르트가 1640년 7월 13일에 마랭 메르센에게 쓴 편지글이 다음 책에 인용되어 있음. Leonora Cohen Rosenfield, *From Beast-Machine to Man-Machine: Animal Soul in French Letters from Descartes to LaMettrie* (New York: Oxford University press, 1941). 앞의 내용을 아래의 책에서 인용함. Hans Jonas, *The Phenomenon of Life: Toward a Philosophical Biology* (New York: Harper and Row, 1966), pp. 55-56.

대한 무생물 기계인 자연을 해체하고 조작하고 실험할 수 있었던 것이다. 인간은 지구에서 신이 존재하는 마지막 은신처가 되었다.

현실을 인간의 의식 세계와 무감각한 객체이며 수학적으로 측정 가능한 "외면" 세계로 분리함으로써 데카르트는 신의 수학적 법칙에 따라 만들어진 자연을 과학적으로 탐구할 수 있는 길을 닦아놓았다.

데카르트는 이렇게 썼다. "왕이 자신의 왕국을 다스릴 법을 제정하는 것처럼 신은 자연에 법칙을 부여한다."[4] 일종의 면허장이 된 셈인 이 말은 형식보다 물질, 정신보다 육체, 내면 의식보다 공간으로 뻗어 나간 외부 자연에 우위를 인정했다. 물질, 육체, 자연은 생각이나 느낌과 달리, 수리 물리학으로 정량화할 수 있고, 조사할 수 있고, 궁극적으로는 이해할 수 있는 것이었다.

데카르트의 면허장은 인간의 지성이 과학이라는 이름으로 수많은 다른 영역, 즉 아주 작은 세계부터 무한히 큰 세계까지, 심지어는 보이지 않는 세계도 넘나들 수 있게 허락했다. 우주라는 거대한 기계의 기본 청사진을 해독할 수 있을 거라고 여겼다. 현미경은 눈송이 같은 미세한 구조에, 망원경은 곰보처럼 얽은 창백한 달 표면에 초점을 맞췄다. 화학 결합을 밝히고 입자 가속기를 활용하여 원자를 연구했고, X선으로 뼈 사진도 찍었다. 방사성 원소를 이용하여 인체 안에서 일어나는 물질대사도 측정했다. 심지어 공학자들은 천부적 능력이라 믿었던 비행까지 독차지하기에 이르렀다.

데카르트의 면허장으로 실용 과학도 많은 결과를 낳았다. 연구자들은 성경과 고전을 다시 먼지 쌓인 서가로 돌려보냈다. 대신 그들은 갈릴레오 갈릴레이(1564-1642)가 (오히려 데카르트보다 앞서서) 말한 것처럼 "언제나 우리 눈앞에 펼쳐져 있는 위대한 책"[5] 대자연을 읽었다. 갈릴레이는 자신의 과학적 발견에 값비싼 대가를 치렀다. 갈릴레이는 정량적 기계론자로서 낙하 물체의 운동을 측정했고, 목성의 위성과 태양

4.
데카르트가 마랭 메르센에게 쓴 편지글이 다음 책에 인용되어 있음. Morris Berman, *Coming to Our Senses: Body and Spirit in the Hidden History of the West* (New York: Simon and Schuster, 1989), p. 239.

5.
Galileo, *Il Saggiatore*, in *Opere* (Florence, 1890–1909) 6: 232.

의 회전 운동을 발견했고, 호기심이 왕성한 후계자들을 위해 길을 닦아주었다. 하지만 유력한 철학자들과 신학자들에게 위험한 도전자였던 그는 교회 관계자들의 분노를 사기에 충분했다. 브루노처럼 화형까지 당하지는 않았지만 갈릴레이는 58살에 종교 재판에 회부되어 이단으로 심문을 받았다. 그는 공식적인 교회 교리에 어긋나는 자신의 주장을 철회하고 지구가 우주의 중심임을 "인정"했다. 이후의 이단 행동에 대한 경고조치로 3년 간 매주 성가를 암송하라는 판결을 받았고, 자기 고향에 갇혀서 살아야 했다. 너무나도 유명한 갈릴레이의 저서 〈두 가지 주요 우주 체계에 대한 대화〉는 1838년까지 금서였다. 갈릴레이가 등장인물 "심플리치오"를 통해 자신을 교회 우주관의 대변자로 조롱하고 있다고 믿은 교황 우르반 8세 (1568-1644)가 검열 제도를 실시했기 때문이었다.

만일 갈릴레이가 데카르트의 면허장을 가지고 일했더라면 사정은 나았을 것이다. 독실한 신자인 데카르트는 1633년에 갈릴레이의 유죄 판결에 대해 알게 되자 비슷한 견해를 피력하는 자신의 원고를 책으로 출판하는 것을 포기했다. 종교와 과학의 화합을 열망한 데카르트는 모든 것을 회의하더라도 회의하는 자신의 정신은 회의할 수 없다는 말로 근대 철학에 커다란 자극을 주었다. 그는 육체가 전적으로 기계지만 당시에 인간 뇌에만 있다고 믿었고 완두콩만한 크기의 구조를 가지는 송과선을 통해 정신과 연결되어 있다고 했다. 데카르트는 송과선이 신과 인간의 정신을 연결하는 밸브 역할을 한다고 믿었다.

이러한 데카르트의 면허장은 오늘날에도 탐구 대상으로 활짝 열려 있는 우주를 연구하도록 과학자들을 부추기고 있지만, 사실 그 면허장에는 조그맣게 인쇄된 예외 조항이 있다. 데카르트 시대에는 의문의 여지없이 신의 이미지로 받아들이던, 의식 있는 인간의 정신이 그것이다. 게다가 데카르트의 면허장에는 다음과 같은 가정도 담겨 있다. "우주는 기계적이고 변하지 않는 법칙에 따라 만들어졌다." 예외 조항은 물론이고 가정 역시 과학이 아니다. 이렇게 데카르트 철학의 핵심에는 과학을 발생시킨 문화를 원천으로 하는 형이상학적인 전제조건이 있는 것이다.

결국 지금까지 한 간략한 이야기에서 데카르트 면허장은 일종의 위조문서임이 밝혀졌다. 300년이나 맹목적으로 갱신한 탓에 지워졌거나 무시되었던 작은 글자들은 아무리 확대해도 더 이상 볼 수 없게 되었지만 그 면허장은 여전히 통용되고 있다. 그러나 그 작은 글자들은 부수적인 것이 아니었다. 그것은 데카르트 정신을 따르는 과학자들에게 자신의 연구를 수행하고 (늘 교회의 축복을 받지 못하더라도) 사회의 축복을 받을 수 있는 권한을 부여하는 이성적 토대였다. 우주를 기계로 본 데카르트의 관점은 과학 연구의 가장 근간이 되는 부분이다.

금지된 영역으로 나아가다

데카르트가 사유하고 있던 시절, 유럽은 왕권의 지배 아래 있었다. 왕과 군주들이 신의 권능을 대신하여 백성 위에 군림했다. 그러나 이내 과학은 인류가 가지 않도록 되어 있는 금단의 영역으로 들어갔다. 과학은 새롭고도 대담한 연구로 기계론을 내놓았고 유럽의 군주제를 동요시키는 데 일조했다. 신이 만든 우주가 스스로 작동하는 거대한 자동 장치라면, 중세 기독교 봉건 제도에서는 신이 부여한 것이었으나 이제 더 이상 천명에서 나오는 게 아닌 군주의 권위에 사람들이 왜 복종해야 하는가? 프랑스 귀족 출신인 도나시앵 알퐁세 프랑수아 사드는 도덕적 기반이 사라지는 것을 예리하게 깨달았다. 자연이 자기 영속적인 기계이며 천지만물이 더 이상 신의 권위를 드러내는 것이 아니라면, 악명 높은 사드 후작처럼 무슨 짓을 하든 어떤 글을 쓰든 문제가 될 것이 없었다.

1776년에 미국이 영국의 식민 통치에서 벗어났다. 과도한 세금을 거부하고 왕권으로부터 독립을 선포했다. 1789년 프랑스 혁명은 왕을 폐위하고 귀족들의 권한을 박탈했다. 불경스러운 볼테르(1694-1778)는 만약 신이 존재하지 않는다면 신을 창조할 필요가 있다고 주장했다(백 년 뒤 독일 철학자 프리드리히 니체(1844-1900)는 신이 죽었다고 선언했다). 영국 역시 당시 혁명 정신의 영향을 받았지만 그 정도는 미약했다. 영국인들은 왕과 여왕을 존속시킨 자신들이 미쳐 날뛰는 세상에서 질서의 마지막 보루라고 생각했다.

　이쯤에서 찰스 다윈이 등장한다. 그는 1859년에 출간한 〈종의 기원〉에서 인간이 신에 의해 창조된 것이 아니라 "자연선택"을 통해 미천한 동물로부터 진화했다는 과학적 추론을 세상에 공표했다. 그 뒤에 나온 다윈의 저서 〈인간의 계통〉(1871)과 〈감정의 표현〉(1872)에서도 인간과 유인원이 원시 원숭이로부터 진화했다는, 당시로는 깜짝 놀랄 만한 이론을 다루었다. 다윈은 명백히 반기독교적인 표현을 한 마디도 안 쓰고도 사람이나 조상 원숭이 둘 다 신에 의해 창조되지 않았다고 기록했다. 이로 인해 존재의 대사슬, 즉 신에서 나와 영적인 천사를 거쳐 인간으로, 그리고 다시 나머지 기계론적 창조물들로 이어지는 신성의 계통은 뒤죽박죽이 되었다. 우주라는 수레가 뒤집힌 것이다. 다윈이 넌지시 말한 것처럼 이제 사람은 더 이상 자연과 연결되는 대상에서 배제되지 않았다. 인식하고 자신을 설명하는 정신도 임의적인 변이와 자연선택이라는 기계론 법칙에 따라 진화했다. 물질주의가 승리를 거두었다. 감상적인 디즈니 만화 영화에서처럼 요정 같은 존재들의 광채는 사라졌다.

　이리하여 서구 정신은 형이상학의 반전을 겪어야 했다. 브루노와 갈릴레이, 데카르트와 뉴턴, 그리고 다윈의 위업이 달성되기 이전에는 죽음이라는 자연의 마법을 제외하면 만물이 살아 있었으나, 이제 과학적 기계론 세계에서는 만물은 생명이라는 과학의 수수께끼 외에는 모두 죽은 무생물이 되었다.

우리는 모두 생명에 관심을 가진다. 왜냐하면 우리는 생명이 예정된 자극에 대한 기계적이고 자동적이며 이미 결정된 반응 이상의 무엇임을 내면에서부터 알기 때문이다. 우리는 생각하고 행동하고 선택한다. 우리(다른 생물들은 예외라고 말한다면 그 또한 자만일 것이다)는 결코 뉴턴식 기계가 아니다.

더군다나 우리는 객관적일 수 있는 구경꾼이 아니다. 물리학에서는 베르너 하이젠베르크의 불확정성 원리가 측정 가능한 것의 한계를 명확히 밝히고 있다. 수학에서는 쿠르트 괴델의 불완전성 정리가, 공리를 정의하기 위해서는 체계 외부가 필요하기 때문에 모든 수학 체계가 완전하다면 모순이 있을 리 없고 모순이 없다면 완전할 수 없다고 경고한다. 이러한 과학적 불확정성은 또한 생명을 정의하려는 어떤 시도나 노력도 방해한다. 한편으로는 생명체가 생명을 최종적으로 정의하려는 것은 팔꿈치에 입을 맞춘다거나 눈을 굴려 자신의 시신경을 보려는 것처럼 불가능할지도 모른다. 그러나 다른 한편으로는 역사적 지식과 과학이 생명탐구에서 거둔 놀라운 성공에 힘입어 우리는 어느 때보다 깊이 생명을 우주적 문화적 맥락에서 이해하게 된 것 같다.

이러한 물질의 성공에 도취되어 과학자들은 화학적 연속성을 강조하면서 생물과 무생물의 차이를 그럴싸하게 얼버무리는 경향이 있다. 생명 전체는 이를테면 민족주의, 문화, 정치처럼 쉽게 정의하거나 조작하거나 설명할 수 없는 거대한 주제다. 생물학자들조차도 이 주제를 "철학의 문제"로 돌리면서 관련 논의를 얼른 끝내려고 할지도 모른다. 그러나 과학도 다른 모든 것과 마찬가지로 맥락이 있다. 그리고 그 맥락의 일부는 형이상학이고, 과학의 고유 범위를 넘어서고, 아마도 문화적이고 아마도 유전되며(이 구분 자체가 형이상학의 문제다!!), 종종 말로 표현할 수 없는 범주의 생각이다. 누구도 형이상학을 피할 수 없다. 과학으로 생명을 이해한다는 것은 문화적 맥락을 이해하는 것이다.

"형이상학"이라는 말은 본래 헬레니즘 학자들이 아리스토텔레스의 제목 없는 일부 저서들을 지칭하기 위해 도입한 말이다. 그리스어 'ta meta ta physika biblica'에서 유래한 것으로 문자 그대로 해석하자면 "자연에 관한 책 이후('meta')의 책"이라는 뜻이다. 처음에 로도스의 아드로니쿠스와 같은 고대 편집자들이 썼을 때 접두사 "meta"는 궁극적인 실재에 대한 초월적 해석을 말하는 것이 아니라, 탁자 위에 책을 쌓아 놓은 위치를 가리키는 평범한 말이었다. 단지 "형이상학(Metaphysics)" 책이 "물리학(Physics)" 책 위에 있었을 것이다. 임마누엘 칸트의 연구를 시작으로 형이상학은 관찰이나 실험으로 직접적으로 답할 수 없는 근원적인 문제에 대한 사색을 뜻하는 말이 되었다. 그렇지만 우리를 붙잡는 생각의 그물망인 형이상학이 탁상공론만 낳는 것은 아니다. 문화를 통해 물려받고 언어를 통해 강화되는 개념의 가닥을 풀어내는 노력은 매혹적인 일이다. 우리한테서 가장 창의적이라고 할 수 있는 생각도 끌어낼 수 있다. 형이상학의 설명으로 절대적 진리에 도달하지 못할지 모르지만, 형이상학이 편견 없는 과학적 정신에 저주가 아님은 분명하다.

우주의 요동

앨런 와츠는 "살아 있는 몸은 고정된 물체가 아니라 하나의 흐르는 사건"이라고 말했다. 동양 철학을 널리 소개한 영국계 미국인 와츠는 과학에서 생명의 의미를 찾아냈다. 그는 생명을 "불꽃이나 소용돌이"에 비유했다.

형상만 있을 때는 안정적이다. 실체는 한쪽 끝에서 나와 다른 쪽 끝으로 들어가는 에너지의 흐름이다. 자신을 영구히 존속시키려는 생명의 목적은 열역학이라는 과학이 밝혀낸 물리화학적 현상으로 설명할 수 있다. 우리는 빛, 열, 공기, 물, 우유 등의 형태로 우리에게 들어오는 일련의 흐름에서 일시적으로 파악할 수 있는 요동이다. 이렇게 우리 몸 안으로 들어온 것은 기체와 배설물로, 그리고 정액, 아기, 이야기, 정치, 전쟁, 시와 음악으로 빠져나간다.[6]

6.
와츠의 표현은 다음 책에서 인용함.
Michael Dowd, *The Big Picture: or the Larger Context for All Human Activities* (Woodsfield, Ohio: Living Earth Institute,1993).

열역학계는 한 형태에서 다른 형태로 에너지를 바꿀 때 우주로 열을 잃는다. 살아 있는 물질은 끊임없이 햇빛을 받음으로써만이 보통의 다른 물질로부터 벗어날 수 있다. 분해와 파괴에 직면한 모든 생물은 영원히 죽음의 위협 앞에 설 수밖에 없다. 생명은 단순한 물질이 아니라 활력 있는 물질, 조직화된 물질, 영광스럽고 특이한 역사를 내포하고 있는 물질이다. 자신의 역사와 분리될 수 없는 요구 조건을 지닌 물질인 생명은 자신을 유지하고 영속해야 한다. 헤엄쳐 살아남든지 아니면 빠져 죽을 수밖에 없다. 가장 영광스러운 유기체가 사실은 "일시적으로 파악할 수 있는 요동"에 불과할지도 모른다. 그러나 생명으로서 무질서에서 멀어지고자 질주해 온 수백만 년 동안 자기 생산적인 존재는 자신에게 관심을 가졌고, 어느 때보다 민감해졌고 미래지향적이 되었으며, 물질세계의 파도를 타고 넘는 섬세한 움직임에 해가 될 수 있는 것들에 초점을 맞추었다. 열역학과 자기 생산이라는 관점에서 보면, 가장 기본적인 생식 활동과 가장 고상한 미적 활동이 공통의 근원에서 비롯되며 결국 같은 목적을 수행한다. 우주가 무질서로 나아가는 경향이 있음에도 불구하고 역경에 맞서 자신을 생명력 있는 물질로 보존하는 것이 생명의 목적이다.

네덜란드계 유대인 철학자 바뤼흐 스피노자(1632-1677)는 물질과 에너지를 살아 있는 우주의 기본 속성으로 묘사했다. 〈파우스트〉를 쓴 독일의 위대한 작가이자 자연주의자인 요한 볼프강 폰 괴테(1749-1832)는 시적 생물학을 주창했다. 그는 영혼 없이 물질이 작동하지 않으며, 물질 없이는 영혼도 존재하지 않는다고 믿었다. 다윈 이전에 살았던 그의 이론은 오늘날 폐기되었지만, 괴테는 과학에 대해 훌륭한 글을 남겼다. 그는 인간 활동으로부터 자기 생산의 본질이라고 할 만한 것을 한 구절로 끄집어냈다.

왜 사람들은 그토록 바삐 움직이는가?
그것은 그들이 찾고 있는 음식물 때문.

그들이 갖고 싶어 마지않았던 아이들,
그 아이들을 가능한 한 잘 먹이기 위해.

여행자여, 이것을 명심하라
그리고 집에 돌아갔을 때, 그대 역시 그렇게 하라!

인간에게 그 이상은 불가능하니
진정 바라는 열정으로 일하기를.[7]

"생태학"이라는 말을 처음 사용한 독일 생물학자 에른스트 헤켈(1834-1919)은 인간 정신의 활성이 생리 활동의 파생물이라는 생각을 적극적으로 펼쳤다. "물질이 … 영혼 없이 존재할 수 없다는 괴테의 생각에 동의한다. … 우리는 단순 명료한 스피노자의 일원론을 굳건히 믿는다. 물질과 영혼(또는 에너지), 즉 무한히 확장된 실체와 지각하고 사유하는 실체는, 세계의 포괄적인 본질로 우주의 두 가지 기본적인 속성이다."[8]

7.
Thomas H. Huxley,
"The Threefold Unity
of Life," in S.
Zuckerman, *Classics
in Biology* (Port
Wishington, N.Y.:
Kennikat Press, 1971),
pp. 12-13.

8.
Alfred Russel
Wallace, *The World
of Life: A
Manifestation of
Creative Power,
Directive Mind and
Ultimate Purpose*
(London: Chapman
and Hall, 1914), p. 5.

진화의 의미

에른스트 헤켈은 다윈의 열렬한 추종자이자 독일어권에서 진화론의 탁월한 대변인이었다. 그러나 그는 주장자인 다윈이 원했던 것보다 훨씬 더 멀리까지 진화론을 몰아갔다. 그는 정신이 세포 안에 있고, 불멸이란 형이상학적 속임수이며, 생명은 자신 외에 다른 어떤 목적도 가지고 있지 않다고 주장했다. 즉 존재는 정신적인 것이 아니라 자연에 있는 물질이라는 것이었다. 그는 "인간성이란 영원한 물질이 진화하는 과정에서 보이는 일시적 모습일 뿐이고, 물질과 에너지가 드러내는 현상이며, 무한한 공간과 영원한 시간을 배경으로 놓고 보면 그것이 차지하는 비중이 금방 파악될 것이다."라고 단언했다.[9]

9.
앞의 책 p. 6.

이러한 관점은 앨프리드 러셀 월리스(1823-1913)를 비롯해서 많은 전통적인 종교인들을 격분시켰다. 영국의 자연학자 월리스는 자연선택에 의한 진화론을 펼쳤는데, 그것은 다윈의 진화론과 믿기지 않을 정도로 유사했다. 자연선택에 관한 다윈과 월리스의 짧은 논문은 〈런던 린네 동물학회 회보〉의 같은 호에 함께 실렸다. 자주 모임을 가졌던 월리스는 물질이 영원하며 살아 있다고 보는 헤켈의 견해를 비난했으며, 정신 세계를 부정하는 헤켈의 주장을 인정하지 않았다. 그는 헤켈의 가장 영향력 있고 인기 있는 저서의 제목 〈우주의 수수께끼〉를 지적하면서 헤켈에 의해서는 우주의 수수께끼가 조금도 풀리지 않았다고 비웃었다.

다윈 이전에도 독일 철학자 임마누엘 칸트(1724-1804)가 골격과 여러 유사성을 보고 모든 생물이 혈연관계에 있음, 즉 공통의 어버이가 있음을 간파했다. 칸트는 자연이 결정을 생성하는 것과 비슷한 기계적 과정을 통해 모든 생물이 발생할 수 있었을 거라고 생각했지만, 기계론만 가지고 풀잎 하나의 생장까지도 온전히 설명할 수 있는 "뉴턴" 같은 사람을 기대한다는 것은 어리석은 일이라고 판단했다. 헤켈은 칸트가 불가능하다고 믿었던 바로 그 "뉴턴"으로 다윈을 내세웠다.

창세기에 나오는 6,000년을 뛰어넘어 수백만 년의 지구 역사를 그려 냄으로써 제임스 허턴(1726-1797)은 근대 지질학의 기초를 닦았다. 스코틀랜드 무역상의 아들로 태어난 허턴은 퇴적암과 화산 활동으로 나온 용암이 굳어 만들어진 화성암을 구별해낸 인물이다. 그는 바람과 물에 의해 일어난 침식을 관찰했으며, 더 이상 수증기를 머금을 수 없는 차가운 공기 덩어리로부터 비가 내린다는 사실을 추론했다. 오래된 퇴적층이 최근의 퇴적층보다 먼저 퇴적되었다는 허턴의 "지층 누중의 법칙"은 찰스 라이엘(1799-1875)의 "동일과정설"로 이어졌다. 동일과정설이란 현재 관찰 가능한 지질학적 힘만이 과거에 만들어진 구조나 퇴적층을 설명하는 데 이용될 수 있다는 것이다. 그러나 지구가 아주 오래되었다는 허턴의 추론은 물의를 일으켰다. 신의 존재를 부정하는 난폭한 프랑스 혁명으로 위협을 느끼던 보수적인 영국인들은 지구가 성경에 언급된 모든 가계를 합침으로써 확인할 수 있는 기간보다 훨씬 오래되었다는 사실을 받아들일 준비가 되어 있지 않았다.

그럼에도 불구하고 스코틀랜드 지질학자 찰스 라이엘은 허턴을 지지했고, 여러 권으로 된 자신의 저서 〈지질학 원리〉에서 지구의 역사는 허턴이 밝힌 것보다 훨씬 더 오래되었다고 주장했다. 그의 주장은 훗날 다윈의 작품이 동물학과 식물학에 한 것과 마찬가지로 지질학 분야에 큰 영향을 미쳤다. 또한 라이엘은 오늘날의 가이아 이론을 연상시키는 지구 생태적 시각을 받아들여 시대를 앞서갔다. 그는 "지구 표면의 생명력"에 주의를 환기시켰다.[10] 다윈은 비글호를 타고 항해하는 동안 라이엘의 글을 읽었고 그의 세계관을 수용했다. 수십 년 뒤, 이번에는 라이엘이 다윈의 세계관을 받아들였다. 1863년에 그는 다윈이 진화론으로 생각을 확장하기에 앞서 진화가 모든 인류에게 적용된다고 주장하는 〈고대의 인간〉을 출간했다.

10.
Charles Lyell, *The Principles of Geology: An Attempt to Explain the Former Changes of the Earth's Surface*, 1st ed., vol. 2 (London: John Murray, 1832), p. 185.

한편 대륙에서는 베를린의 자연학자 크리스티안 고트프리드 에렌베르크(1795-1876)가 생명을 생물학의 연구 주제로 돌려놓았다. 아마도 그가 유일한 생존자였을 불운한 이집트 탐험 여행에서 돌아와 에렌베르크는 무생물이 어떻게 생물로 되는지에 관심의 초점을 두었다. 이집트 탐험 여행(1820)과 나중의 시베리아 탐험 여행(1829)에서 에렌베르크는 바다와 토양을 비옥하게 하는 보이지 않는 미생물 세계에 대해 기록을 남겼다. 여행 중에 그는 프리드리히 빌헬름 알렉산더 폰 훔볼트(1769-1859)를 알게 되었다. 당시 독일 최고의 자연학자로 널리 알려져 있던 훔볼트 남작은 전 세계를 여행하면서 식물 표본을 6만 점이 넘게 수집한 인물이었다. 토마스 제퍼슨 미국 대통령을 방문했을 때 그는 과학계의 "나폴레옹"이라는 격찬을 받았다. 70대에 훔볼트는 지도를 그려 전 세계를 설명하려는 원대한 시도로 〈코스모스〉를 편찬하기 시작했다. 아이작 아시모프는 "훔볼트 이전에는 그토록 의욕적인 마음으로 세계의 그 많은 곳을 본 사람이 없었고, 그 방대한 책을 쓰기 위한 준비가 된 사람도 없었음이 분명하다 … 그 책은 화려한 작품이고, 다소 과장이 있지만 과학사에서 주목할 만한 책들 중 하나이며, 상당히 정확한 최초의 지리학 및 지질학 백과사전이었다."[11]라고 썼다.

〈코스모스〉에서 훔볼트는 에렌베르크가 발견했듯이 생명이 지구를 휩쓸었다고 이야기한다. 훔볼트는 다음과 같이 말한다.

"생명은 어디에나 널리 존재한다. 더 작은 적충류(섬모충 등 원생생물)는 더 큰 원생생물에 기생하며, 다른 생물이 이들에게 기생하기도 한다. … 자연계 전역에 걸쳐 생명이 속속들이 퍼져 있다는 것을 생각하면 인간은 강력하고도 이로운 영향을 받는다. 그러한 인상은 모든 지역에서 일반적인데 적도 지역에서 가장 강렬하다. 야자수, 대나무, 나뭇가지 모양 고사리류의 땅인 그곳은 연체동물과 산호가 풍부한 해안

11.
Isaac Asimov,
Asimov's
Biographical
Encyclopedia of
Science and
Technology, rev. ed.
(Garden City, N.Y.:
Doubleday, 1982),
p. 207.

부터 만년설로 덮이는 한계지점까지 생명이 자란다. 적도 지역에서 식물 분포는 위로도 아래로도 뻗어 있다. 생물체는 광산 채굴이 대규모로 진행 중인 지구 내부를 향하고 있을 뿐만 아니라 … 지의류의 섬세한 망으로 둘러싸인 순백색 종유석 기둥에서도 볼 수 있다. 틈새를 통해서만 물이 침투하는 동굴에서 … 생물은 해발 4500미터가 넘는 안데스 정상에서도 번성한다. 온천에서는 작은 곤충, 철세균, 녹조류 등이 살고 있고, 그 물은 솔방울을 맺거나 꽃을 피우는 식물의 뿌리를 적신다.[12]

12.
Alexander von Humboldt, *Cosmos: A Sketch of a Physical Description of the Universe*, vol. 1, trans. E. C. Otte (New York: Harper & Brothers, 1851, PP. 344–345.

훔볼트는 다윈의 〈종의 기원〉이 출간되던 해에 세상을 떠났다. 슈뢰딩거의 〈생명이란 무엇인가〉가 출간된 아주 최근이 되어서야 훔볼트와 에렌베르크가 관찰한 미생물 세계와 19세기 말의 다른 여러 발견들이 진화의 맥락에 끼게 되었다. 정자와 난자의 수정(배 형성), 완두콩의 유전인자(멘델의 유전학), 병사들 상처에 생긴 고름의 점액 물질(핵산인 DNA와 RNA), 염색체의 확인 등 19세기에 발견된 일부 새로운 사실들은 유전학자 테오도시우스 도브잔스키의 말에 따르면 오직 "진화를 고려할 때만 말이 되는" 것이었다.[13]

13.
Theodosius Dobzhansky, "Nothing in Biology Makes Sense Except in the Light of Evolution," *American Biology Teacher* 35 (1973): 125–129.

반세기 이상 진화 이론의 기운이 감돌고 있었지만 다윈의 등장은 충격이었다. 질서 정연하면서도 단호한 주장, 빼어난 글솜씨, 아이작 뉴턴의 중력 이론이 과학 분야의 결정적 발언이던 시대에 영국인으로서 기계론을 발표한 점 등 모두가 〈종의 기원〉의 출현을 역사적 사건으로 만드는 데 한몫했다. 자신이 고귀한 혈통이 아니라 원숭이 계통과 비슷하다는 소식을 접한 한 여성은 얼굴을 찌푸리며 이렇게 말했다고 한다. "우리는 그것이 진실이 아니길 바랍니다. 그런데 만일 그렇다면, 널리 알려지지 않았으면 합니다."

진화의 개념을 담은 〈종의 기원〉을 과학자들은 압도적으로, 대중(특히 교양 있는 대중)도 상당한 수준까지 점차 받아들였다. 그러나 그것은 남용되기도 했다. 이를테면, 헤켈은 인기 있는 한 그림에서 진화의 계통수 꼭대기에 발가벗은 채 점잔빼고 앉아 있는 독일 여자로 진화의 정점을 표현했다. 헤켈의 실수는 독일인의 편견(또는 여성을 택한 것)이라기보다 인간을 택했다는 데 있었다. 현존하는 모든 종은 동등하게 진화해왔기 때문이다. 세균부터 국회의원에 이르기까지 살아 있는 존재는 모두 자기 생산성을 진화시켜 최초로 살아 있는 세포가 된 먼 옛날의 공통 조상에서 진화했다. 모두 물질대사를 하는 동일한 원형에서 비롯되었으므로 살아남았다는 사실 자체가 "우월성"을 입증한다. 40억 년 동안 돌고 돌아 현재에 이르기까지 생명은 조용히 폭발적으로 증가하면서 우리 모두를 만들었다. 어떤 점에서 개인이라는 인식이 착각이며 우리들 각자가 하나의 근본 바탕, 즉 브라만에 속한다는 베다(인도의 오래된 경전)의 직관이 정확할 수도 있다. 우리의 생존과 자의식에 무관심하지만 우리와 물질을 공유하고 있는 우주 속에서 우리는 살아남는 데 필요한 화학조성과 의식이라는 유산을 공유하고 있다.

베르나드스키의 생물권

형이상학적 이원론(정신과 신체, 영혼과 물질, 생물과 무생물)의 유산이 매우 한성석이라는 사실을 고려한다면 금세기에 이르러 생물과 환경에 대한 가장 심오한 사상가 두 사람이 완전히 대립되는 관점을 가지고 있다는 사실은 그다지 놀라운 일이 아니다. 러시아 과학자 블라디미르 이바노비치 베르나드스키(1863-1945)는 생물이 "살아 있는 물질"이라고 부를 수 있는 광물일 수도 있다고 설명한 데 반해, 영국 과학자 제임스 러브록은 암석과 공기도 포함하여 지표면이 살아 있다고 묘사한다. 베르나드스키는 살아 있는 물질을 지질학적 힘(사실상 모든 지질학적 힘 중에서 가장 위대한 힘)으로 표현했다. 생명은 대륙과 바다를 가로질러 움직이며 물체를 변형시킨다. 날아다니는 갈매기, 떼 지어 헤엄치는 고등어들, 개펄을 휘저으며 돌아다니는 갯지렁이들처럼 생명은 움직이면서 지표면을 화학적으로 바꿔놓는다. 나아가 생명 덕분에 지구 대기는 산소가 풍부하고 이산화탄소가 희박한 특이한 조성을 가질 수 있었음이 알려져 있다.

이전의 에렌베르크와 훔볼트처럼 베르나드스키 역시 살아 있는 물체가 거의 모든 곳에 침투하여 결국 암석, 물, 바람처럼 외관상 생명과 관계없는 듯한 과정에도 관여한다는 것을 보여주었다. 그는 이것을 "생명의 편재성"이라고 불렀다. 다른 사람들은 동물계, 식물계, 광물계를 이야기한 반면, 베르나드스키는 살아 있는 것과 살아 있지 않은 것에 대한 선입견 없이 지질학적 현상을 분석했다. 그는 생명을 생명이 아니라 "살아 있는 물질"로 인식함으로써 생물학을 비롯하여 다른 전통적인 학문 분야를 뛰어넘어 연구의 폭을 자유롭게 넓혔다. 그가 가장 인상적으로 받아들인 점은 지각을 구성하는 물질이 수많은 움직이는 생명체로 모여들었다는 점이었다. 그 생명체들은 번식하고 성장하는 과정에서 전 지구적인 규모로 물질을 축적하기도 하고 분해하기도 했다. 예를 들면 사람은 이리저리 돌아다니고 땅을 파기도 하고 또 무수한 방법으로 지표면을 바꿔놓는데, 산소, 수소, 질소, 탄소, 황, 인 등 지각을 구성하는 원소들을 두 발로 선 형태(인류의 모습이다)에다 재분배하고 집중시킨다. 우리는 걷고 또 이야기하는 무기질이다.

베르나드스키는 물질을 수직으로 지구 중심으로 끌어당기는 중력과, 자라고 뛰고 헤엄치고 날아다니는 생명을 대비했다. 생명은 중력을 거스르며 지표의 물질을 수평으로 움직인다. 베르나드스키는 지각 내 규산알루미늄의 구조와 분포를 상세히 설명했으며, 방사성에서 나온 열이 지질 변화에 중요하다는 사실을 최초로 인식했다.

베르나드스키 같은 단호한 물질주의자조차 정신이 끼어들 여지를 발견했다. 베르나드스키의 관점에서 볼 때 자라면서 지표면을 바꾸고 조직을 이루고 생각도 하는 특별한 층은 인류와 기술과 연관이 있다. 이 층을 설명하기 위해 그는 정신을 뜻하는 그리스어 "noos"에서 인지권(noosphere)이라는 용어를 채용했다. 이 용어는 프랑스 철학자 앙리 베르그송의 후계자인 에두아르 르 로이가 만들어낸 것이다. 베르나드스키와 르 로이는 1920년대에 지성적 토론을 하고자 파리에서 만났다. 나중에 인지권이라는 개념을 글로 널리 알린 프랑스 고생물학자이자 예수회 신학자였던 피에르 테야르 드 샤르뎅도 이때 합석했다. 테야르와 베르나드스키는 진화에 대한 생각이 서로 빗나갔던 것처럼 인지권이라는 말도 서로 다르게 썼다. 테야르에게 인지권은 지구에서 "생물권의 바깥과 위"를 형성하는 "인간"의 층이었지만, 베르나드스키에게 인지권은 지구상 생물권의 지적 부분으로서 인류와 기술을 가리키는 것이었다.

베르나드스키는 생명이라는 특별한 범주의 설정을 굳건히 반대하여 다른 이론가들과 구별되었다. 되돌아보면 그의 태도가 얼마나 값진 것이었는지 알 수 있다. 생명은 실제로 사물이 아닌 어떤 것임에도 불구하고 이론가들은 하나의 범주로 설정된 생명을 애써 구체화하려고 했다. 베르나드스키가 생명을 "살아 있는 물질"이라고 한 것은 단순한 수사적 기교가 아니었다. 재치 있는 언어적 일침으로 베르나드스키는 수세기 동안 "생명"이라는 말에 산뜻 붙어 있던 신비적 요소를 산난히 살라냈다. 그는 생명을 다른 물리적 작용의 일부로 보고자 온갖 노력을 기울였고, "살아 있는"이라는 표현을 일관되게 붙임으로써 생명이 사물이라기보다 사건이나 과정임을 강조했다. 베르나드스키에게 생물은 일반적인 무기물과 물이 특별하게 분포하고 있는 형태다. 생명이 있는 물, 다른 말로 물에 젖어 있는 생명은 움직이는 힘이 석회암이나 규산염, 심지어 공기를 능가한다. 생명이 지표면의 모양을 만든다. 베르나드스키는 산호초나 화석 석회암초에서 분명히 볼 수 있듯이 물기가 있는 생명과 바위는 연속적임을 강조했고, 겉보기에 무생물인 지층이 어떻게 "과거 생물권의 흔적"[14]이 되는지에 주목했다.

오스트리아 지질학자 에드우드 세우스가 "생물권"이라는 말을 만들어냈지만, 그 말을 통용되게 한 사람은 베르나드스키였다. 암석으로 된 (지구의) 구면을 암석권이라 하고, 공기로 이루어진 부분을 대기권이라고 하는 것과 마찬가지로 생물이 존재하는 부분은 생물권이다. 1926년에 쓴 책 〈생물권〉에서 베르나드스키는 어떻게 해서 태양에너지가 조직적으로 변환된 결과로 지표면이 만들어지는지를 보여주었다. 그는 이렇게 말했다. "생물권은 지구에서 일어나는 과정의 결과물이기보다 오히려 '태양의 창조물'이다. 지상의 창조물, 특히 인간이 '태양의 아들'이라는 고대 종교의 직관은, 지구의 존재들이 물질과 힘의 우연한 작용으로 태어나 덧없는 삶을 살다가 간다고 보는 견해보다 훨씬 더 진실에 가까웠다. 전체가 살아 있는 물질인 생물권은 … 태양빛을 전환해서 화학에너지로 축적하는 독특한 게다."[15]

놀랍게도 베르나르스키는 인공위성이 궤도에서 찍은 지구 사진을 보내오기 전에 이미 생명을 전 지구적 규모로 묘사함으로써 살아 있는 생물과 무생물 환경 사이의 뚜렷한 경계를 지워버렸다. 실제로 다윈이 시간에 대해 한 일을 베르나드스키는 공간에 대해 한 셈이다. 다시 말하자면, 다윈이 모든 생물이 하나의 먼 조상으로부터 유래되었음을 보여주었듯이, 베르나드스키는 모든 생물이 물질적으로 하나가 된 장소, 즉 생물권에 살고 있음을 입증했다. 생물은 우주에 있는 태양에너지를 지구의 물질로 바꾸는 하나의 실체다(도판3). 베르나드스키는 생명을 태양에너지가 변환되는 범지구적인 현상으로 설명했다. 녹색세균, 적색세균, 조류, 식물이 광합성으로 성장함을 강조하면서 이들 살아 있는 물질을 "녹색 불꽃"으로 보았다. 태양에너지를 공급받아 확장해나감으로써

14.
A. V. Lapo, *Traces of Bygone Giospheres* (Oracle, Ariz.: Synergetic Press, 1987).

15.
Vladimir I. Vernadsky, *The Biosphere*, Mark McMenamin · David Langmuir 엮음(New York: Springer-Verlag, Copernicus, 1997), pp. 44, 58. Vernadsky's "The Biosphere and the Noosphere," *American Scientist* 33 (1945): 1–12.

다른 존재들도 더 복잡하게 만들고 퍼져나가도록 했다는 뜻이다. 베르나드스키는 두 가지 법칙을 내놓았다. 첫째, 시간이 지남에 따라 점점 더 많은 화학 원소들이 생명의 순환에 포함되었다고 주장했다. 둘째, 환경에서 원자가 이동하는 속도는 시간이 지나면서 증가했다. 베르나드스키가 보기에 집단으로 이동하는 한 무리의 거위떼가 생물권의 질소 수송 시스템이었다. 성경에도 기록되어 있는 메뚜기떼의 이동을 2,000년 전에 탄소, 인, 황 등 생물학적으로 중요한 화학 원소들의 분포에 큰 변화를 가져온 원인으로 보았다. 댐, 공장, 광산, 기계 구조물, 공공시설, 기차, 비행기, 전 지구적 통신장치, 오락 시스템이 등장하면서 어느 때보다 많은 화학원소들이 자기 생산적인 시스템 내에서 기능하는 기관으로 조직되었다. 베르나드스키의 관점에서 보면 기술은 자연의 일부다. 송아지 근육이었던 것이 꼬치구이 재료가 되어 케밥으로 변신하고, 소나무 줄기가 일꾼들의 손과 기계 장치를 거치면서 재목으로 바뀌어 건물 바닥에 깔린다. 제조업에서 쓰는 플라스틱과 금속도 생명이라는 과정에 들어온 셈이다. 그 과정은 고대부터 지표면에서 일어나는 물질 흐름에 새로운 물질을 끌어들였고, 그 흐름의 속도는 더욱 빨라졌다. 그리고 방사성 동위원소를 사용하는 물리학 실험실에서 새로운 물질이 순식간에 합성되어 인지권은 이전에 지구에 존재한 적이 없었던 원자들을 감독하고 조직하기 시작한다.

러브록의 가이아

베르나드스키가 전 지구적 규모로 살아 있는 물질을 고찰함으로써 정신과 물질의 분리를 무효로 만들었듯이, 제임스 러브록은 지구가 살아 있다고 보는 정반대의 전략으로 형이상학적 이원론을 뒤집었다. 베르나드스키는 정치 문화적 풍토가 수용하는 범위 내에서(구소련의 공식적인 무신론은 과학계가 유물론을 인정함으로써 촉진되었다.) 생명을 물질로 보고 연구를 진행했다. 이와 대조적으로 자기 조절이 가능한 생물권을 "가이아"라고 부르고, 거대하고 기묘하게 둥근 모양의 살아 있는 몸으로 묘사한 러브록은 과학계에 널리 퍼진 기계론이라는 미묘한 관념에 부딪혀 방해를 받았다. 이것은 러브록이 지구가 생명체로서 자신을 유지함을 보여줘야 할 뿐만 아니라 이 "물체"를 살아 있다고 하는 것이 과학이 아니라 시적 의인화라는 편견을 극복해야 함을 의미했다. 이러한 압력 하에서도 그의 이론이 활발히 연구하는 과학자들에게 심각하게 받아들여졌다는 사실은 이 세계적인 대기화학자의 천재성을 증명하는 것이다.[16]

대기, 천문 그리고 해양학의 증거들은 생명이 전 지구적 규모로 존재함을 입증한다. 지구의 평균 온도는 지난 30억 년 동안 안정적으로 유지되었고, 지구 대기의 산소 농도는 7억 년 간 연소를 일으킬 만큼 높지도 않고 생명을 질식시킬 정도로 낮지도 않은 적절한 수준이었으며, 해양으로부터 해로운 염분도 지속적으로 제거되었다. 이 모든 것들이 하나의 생명체로 조직화되는 포유류와 같은 의도성(합목적성)을 보여준다.(그림 5)

과학적 가이아 이론의 핵심인 의도성이라는 문제는 생물학자들에게도 주요 난제다. 어떻게 지구가 의도적인 방식으로 생물 구성원에게 알맞은 환경 조건을 유지할 수 있는가? 기계론적 생물학에서 복잡한 자기 조절체는 오직 자기 조절력이 낮은 다른 개체를 도태시키는 자연선택을 통해서만 진화할 수 있다. 그런데 이 논리에는 결함이 있다. 이 이론을 따르자면 최초의 자기 지속적인 세포는 결코 진화할 수 없었다. 왜냐하면 "의도적인" 자기 조절 행동은 구성원이 오직 하나인 개체군에서 절대로 생길 수 없기 때문이다. 엄밀하게 판단하자면 다윈의 진화론은

16.
제임스 러브록의 가이아에 대해서는 책 세 권을 참조할 것. 〈가이아 : 살아있는 생명체로서의 지구〉, 홍욱희 옮김, 갈라파고스, 2004. 〈가이아의 시대〉, 홍욱희 옮김, 범양사, 1992. 〈가이아: 지구의 체온과 맥박을 체크하라〉, 김기협 옮김, 김영사, 1995.

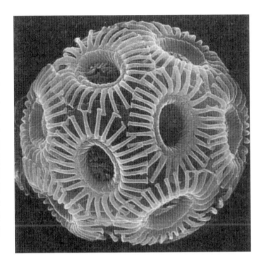

구성원이 하나인 개체군의 진화 능력을 부정한다.

진화론의 범위 내에서 그럴듯하든 아니든 공간으로 분리되어 있는 지구와 반투과성 막에 의해 분리되어 있는 세포는 둘 다 자기 지속적인 행동을 하며 태양에너지가 계속 필요한 시스템이며, 이 둘은 시간적으로도 공간적으로도 연속적이다. 가이아가 자신을 유지하는 의도성은 무수한 생명체, 특히 미생물이 살아가는 행동에서 나온다. 에렌베르크와 훔볼트는 이 생명체가 도처에 존재함을 최초로 밝혔다. 지구의 생리 활동은 무에서 생성된 것도 아니고, 외부의 신에 의해 창조된 것도 아니며, 지구에서 살고 있는 평범한 손재들이 만들어내는 홀러기의 결과다. 지구는 크게 확대된 자기생산세포이다.

지각 있는 관찰자를 무시한 채 생명을 이해할 수는 없다. 만일 정신이 없다면, 생명이 햇빛에 의해 활성화되는 일종의 우주 파편이라고 해도 아무도 아랑곳하지 않을 것이다. 그러나 생명은 그런 것이고 우리는 관심을 기울인다. 생명을 가장 잘 이해하기 위해서는 물활론에서 이원론을 거쳐 기계론의 한계까지 이어지는 길고 구불구불한 길을 살펴볼 필요가 있다. 동일한 물질 현상을 두고 물리학, 화학, 생물학이 제각기 다른 접근을 시도한다. 이에 대해 독일의 지구 미생물학자인 볼프강 크룸베인은 이렇게 말했다.

오늘날 우리가 실험을 기초로 밝혀내어 알고 있듯이 광물과 미생물에 의한 무기질의 순환은 세계와 우주를 통합하는 개념에서는 예견된 것이었다. 브루노와 스피노자가 주장했던, 생명의 본질이 하나라는 원리도 같은 개념에서 나온 것이다. 브루노의 기본적인 접근법은 아직 살아 있으며, 비유클리드 기하학에 의해, 현대의 장(場) 이론과 아인슈타인의 상대성과 중력 이론에 의해, 그리고 러브록의 "가이아 가설"에 의해 과학적이고 수학적인 용어로 증명된다. 조르다노 브루노는 스피노자(1632-1677), 라이프니츠(1646-1716), 칸트(1724-1804), 괴테(1749-1832), 셸링(1775-1854)에게 깊은 영향을 주었다, 그리고 그는 아직도 과학과 철학 분야의 일원론에 영향을 미치고 있다. … 미생물 지구화학 교재는 … 과학의 발전을 그토록 방해했고 브루노 시대 성직자들의 기독교적 사고가 내세운 "창조와 운명"이 아니라 "순환적 발전"이라는 브루노의 최초 개념으로 거슬러 돌아가야 한다.[17]

17.
Wolfgang E.
Krumbein 엮음,
Biogeochemistry of Earth, Phoebus and Titan (Oxford:
Blackwell, 1983),
p. 93.

생명은 과학을 손상시키지 않고도 생물학으로 복귀할 수 있다. 기계론은 한때 "출입 금지 구역"으로 여겼던 하늘과 생명의 영역을 조사할 수 있는 권한을 과학에 부여했다. 그러나 기계론은 또한 우주가 실제보다 훨씬 결정론적이라고 시사함으로써 생명과 경이로운 자연에 대한 우리의 인식을 깎아내렸다. 일찍이 에피쿠로스학파인 로마 철학자 루크레티우스(기원전 95-55)는 그의 저작 〈사물의 본질에 관하여〉를 통해 우주관을 보여주었는데, 내세를 부정하고 모든 것이, 심지어 영혼과 신까지도 원자로 만들어졌다고 주장했다. 같은 전통에서 브루노는 물질에 에너지를, 유한에 무한을, 세계에다 신을 섞어놓았다. 현대에 이르러 생명이라는 말을 전혀 사용하지 않고 "살아 있는 물질" 이라고 부름으로 써 베르나드스키는 새로운 시각으로 생물을 바라볼 수 있는 기회를 우리에게 던져주었다. 그리고 가이아적 시각은 획일적인 데카르트식 물질주의와는 달리, 우리가 살아가는 세계를 살아 있는 생명체로 느끼게 하는 마술을 건다.

그렇다면, 생명이란 무엇인가? 생명은 지구에 충만한 하나의 태양 현상이다. 생명은 지구 대기와 물, 태양을 세포로 바꾸며, 우주 전체로 볼 때 극히 제한된 곳에서 일어나는 변화다. 생명은 성장과 죽음, 처리와 배제, 변화와 부패가 뒤얽힌 복잡한 패턴이다. 생명은 다윈의 시간을 통해 최초의 세균과 연결되고, 베르나드스키의 공간을 통해 생물권의 모든 구성원과 연결되는, 팽창하고 있는 하나의 조직이다. 신이고 음악이고 탄소이며 에너지로서 생명은 성장하고, 융합하고, 죽어가는 존재들이 소용돌이치는 결합체다. 생명은 피할 수 없는 열역학적 평형의 순간(죽음)을 무한정 앞지르기 위해 자신의 방향을 정할 수 있는 억척스런 물질이다. 생명은 또한 우주가 인간의 형태로 자신에게 던지는 질문이다.

살아 있는 물체를 그토록 다르게 만들기 위해 무슨 일이 일어났는가? 그 답은 과학적이면서도 역사적이다. 생명은 모방할 수 없는 자신만의 역사다. 일상의 눈으로 보면 "여러분" 은 나이가 몇 살이든 태어나기 약 9개월 전에 어머니의 자궁 속에서 시작되었다. 그러나 진화적 관점에서 더 깊숙이 보면 "여러분" 은 생명의 대담한 발생과 함께 시작되어, 초기 지구라는 마법의 혼합물에서 떨어져 나온 지 40억 년도 더 되었다. 다음 장에서는 흔히 원시 수프라고 부르는 그 혼합물이 어떻게 끓기 시작했는지를 보게 될 것이다.

3장
옛날 옛적 지구에서는

만일 더러운 속옷을 짜낸다면… 효소가 생긴다.
속옷에서 생겨나 곡물 냄새에 의해 변형된 효소는
자신의 피부로 밀 자체를 둘러싸서 쥐로 바꿀 것이다…
그리고 보다 주목할 만한 사실은 곡물과 속옷에서 나오는 쥐가
막 젖을 떼거나 빨고 있는 미숙한 어린 새끼가 아니라
완전히 다 자라서 뛰어 나온다는 점이다.
장 바티스트 반 헬몬트 *

가장 보잘 것 없는 생물인 단순한 세균조차
이미 엄청나게 많은 수의 분자들이 연합한 결과이다.
그 모든 조각들이 원시 바다에서 개별적으로 형성되었고,
어느 멋진 날 우연히 만나 갑작스레
그렇게 복잡한 체계를 만들어냈음이 틀림없다.
프랑수아 자콥 **

우리는 생명이 어떻게 시작되었는지
아직 누구도 밝혀내지 못했다는 사실을 인정해야만 한다.
스탠리 밀러와 레실리 오겔 ***

* Cyril Ponnamperuma, *The Origins of Life*(New York, Dutton, 1972), p. 16.
** François Jacob, *The Logic of Life: A History of Heredity*, Betty E. Spillman 옮김(New York: Pantheon Books, 1973), p. 305.
*** Stanley Miller and Leslie Orgel, *The Origins of Life on Earth* (Englewood Cliffs, N.J.: Prentice—Hall, 1974).

태초에

생명은 약 40억 년 전 지구에서 물질이 새로운 방향을 취했을 때 생겨났다. 시작부터 생명은 열역학 법칙을 따르는 우주에서 자기 생산이라는 자신의 지상 과제를 달성했다. 자신이 만든 경계로 주변 세상에서 떨어져 나와 생명은 마치 스스로 질서를 더해가는 기름방울처럼 등장했다(도판 4). 자연의 다른 소산 구조들도 질서도를 높이기 위해 에너지를 사용하지만 그래 봐야 짧은 시간 동안만 존속한다. 게다가 평원에서 발생해서 떠도는 토네이도는 자신을 소멸시키고 말 산악 지대 앞에서도 멈춰 서지 않는다. 그러나 아무리 간단한 생명체라도 효과적으로 그러한 행동을 하며, 자신을 보전하고 보호하기 위해 주변 환경에 아주 능동적으로 반응한다.

에너지가 들끓는 욕조에서 물질이(아니면 물질로 뒤범벅인 양조통에서 에너지가) 어떻게 최초로 생명의 위업을 달성했는지는 아직 밝혀지지 않았다. 어떤 분자도 혼자서 복제할 수 없다. 오늘날 지구에 존재하는 가장 작은 생명은 하나의 시스템으로 미세한 막에 둘러싸인 구, 즉 세균 세포인데, 그렇게 작은 생명체도 상호작용하는 수많은 분자들이 필요하다. 약 2,000 내지 5,000개의 유전자가 비슷한 수의 단백질을 만든다. 단백질과 DNA는 그들이 만들어낸 세포막 안에서 서로가 서로를 만들어낸다. 공동의 생화학 과정을 거치는 것으로 보아 모든 생명은 단한 차례의, 아마도(그러나 반드시 그렇지는 않은) 일어남 직하지 않은 역사적 순간에서 비롯되었을 것이다. 에너지 소산적인 행동이 생명 활동으로 바뀌는 특이한 "분기점"으로 물질을 이끈 요인들은 오직 한 번만 발생하면 된다. 그러다 갑자기 풍부한 자원을 지닌 채 막으로 둘러싸이게 된 최초의 살아 있는 세포는 외부 세계로부터 어느 정도 멀어진 상태를 감당할 수 있게 되었을 것이다. 결국 자신이 떨어져 나온 물질세계

(존속하기 위해서는 이 세계에 절대적으로 의존한다)에 대한 무감각한 상태로 위태롭게 된다. 자신으로부터 추방당한 물질처럼 생명은 세상에 내버려졌다. 자신이 떨어져 나온 세계가 어디론가 가버린 것은 아니지만 다시 그 세계로 돌아갈 수도 없는 것이다.

일단 이렇게 시작되자 복제 시스템이 빠르게 작동하여 초기 상태에서 멀어졌고, 오늘날에는 세균 세포보다 덜 복잡한 초기 생명체의 흔적이 남아 있지 않다. 세균은 반쯤 생기다 만 생명이 아니라 완전한 생명이며 35억 년 이상 계속 번성해온 진화한 존재다. 세균은 지구 역사를 통틀어 최고의 화학 물질 발명자이지 "단순한 병원균"이 아니다. 자신을 복제하는 생명은 물질적 특성이 보존되어 있으므로 세균 세포는 먼 과거에 존재했던 지표면의 화학적 성질에 대한 열쇠를 간직하고 있다. 세균은 여러 가지 비법을 가지고 있어서 태양, 물, 공기에만 의존하여 식물조차 할 수 없는 물질대사를 수행해내는 유일한 존재이고, 산소로 호흡하고 헤엄쳐 움직인 최초의 생물이었다. 말하자면 그들은 생물권의 거장이다. 또한 세균은 우리의 먼 친척이다. 그래서 우리가 마음대로 세균을 헐뜯고 있는 건지도 모른다.

결코 멸종한 적이 없는 세균은 엄청난 수로 증식하면서 우리를 보호해왔다. 그들은 우리를 위해 끊임없이 토양을 보전하고 물을 정화한다. 세균은 어떤 곳이든, 심지어는 빙하의 얼음과 끓어오르는 온천까지 점령하면서 가스를 방출하여 생산자 자신에게는 유해하나 다른 종에게는 매력적인 배설물로 주변 환경을 가득 채운다. 어떤 세균은 견고한 구조물을 짓고 군집을 이루며 살고, 어떤 세균은 식초를 만들어내고, 또 어떤 세균은 철이나 망간, 심지어 금 같은 금속을 가공한다. 태양빛을 감지해서 햇볕에서 헤엄쳐 다니는 세균이 있는 반면, 태양빛을 싫어해서 햇빛을 피해 다니는 세균도 있다. 자극(磁極)을 감지하여 그쪽으로 움직이는 세균들도 있다. 대부분의 세균에게는 산소가 유독한 반면(혐기성 세균), 어떤 세균은 산소가 풍부한 곳에서 잘 자란다(호기성 세균). 일부 세균은 열이나 건조, 방사선에 놀랄 만큼 잘 견디는 포자를 만든다. 세균은 새하얀 베기아토아부터 노란 황세균, 붉은 크로마티움, 그리고 청록색의 스피룰리나, 노스톡, 마이크로시스티스까지 색깔이 다양하다. 요컨대 우리를 먹이고 입히고 집까지 제공하는 식물이 "잡초"가 아니듯이 세균도 "병원균"이 아니다.

그런데 어떻게 해서 최초의 세균이 생겨났을까? 이 역시 아무도 모른다. 세균은 너무나 복잡하고 정교해서 우주로부터 왔다고 생각하는 사람들도 있다. 기원전 15세기경, 극작가 에우리피데스의 친구인 그리스 과학자 아낙시고라스는 우주 도처에 종자로 퍼져 있는 생명이 지구에 도달했다는 "범종설(汎種說)"을 주창했다. 나중에 용액 내 원자들이 전하를 띤다는 이온 이론으로 노벨상을 받은 스웨덴 화학자 스반테 아레니우스(1895-1929)는 견고한 세균 포자가 태양풍에 밀려 이 별에서 저 별로 옮겨 다닌다는 가설을 내놓았다. 작은 입자들이 화산 폭발 시 대기 상층부까지 올라갔다가 일부는 세균 포자를 지닌 상태로 성층권에 도달할 수 있었고, 그곳에서 전기 방출이 그들을 우주 공간 속으로 날려 보냈을 것이라고 설명했다. 아레니우스는 그렇게 해서 지구를 떠난 포자가 4개월 만에 명왕성에 도달할 것이고, 7,000년이면 가장 가까운 항성인 알파 켄타우리에 닿을 것이라고 계산했다(그보다 더 오래된 토탄이나 다른 퇴적층에서 발견된 포자가 살아남을 수 있음이 입증되었다). 최근에는 DNA 구조를 공동으로 발견한 프랜시스 크릭이 "통제 범종설"을 주장하고 있다. 외계의 지적 생명체가 전 우주에서 통용될 수 있는 생명 개시 씨앗을 지구에 심었을 수도 있다는 것이다.[1]

그렇다면 생명이 다른 항성계에서 시작되어 지구로 옮겨왔다는(또는 전해졌다는) 것일까? 그럴지도 모른다. 그러나 이 관점은 생명이 바로 지구에서 시작되었다는 관점에 비하면 과학적 탐구 대상이 될 소지

1.
Francis Crick, *Life Itself : Its Origin and Nature*(New York:Simon and Schuster, 1981).

가 적다. 더군다나 만일 생명이 지구 밖 우주에서(이를테면 지구 비슷한 행성에서) 시작되었다면 생명이 어떻게 발생했는지를 연구한 결과는 생명이 어디서 시작되었든 간에 적용될 수 있을 것이다. 실제로 지구 자체가 우주에 떠 있으니 어떤 식으로 보나 생명은 우주에서 왔다고 볼 수도 있겠다.

지구 상의 지옥

46억 년 전 여명기. 탄생 직후의 지구는 격렬한 진통을 겪으며 불타고, 내부에서 붕괴가 일어나 암석이 녹고 금속은 소용돌이친다. 암모니아, 수소, 황화물, 메탄 등 비등점 이상으로 가열된 기체들이 도처에서 번개가 칠 때마다 이리저리 휘몰아친다. 대양은 비가 오지 않아 말라붙었고, 수증기가 가득한 대기가 태양빛을 가린다. 수증기 아래 포름알데히드와 시안화물(우주 공간에서 자연적으로 생성되는 간단한 유기물)이 두꺼운 층을 이루고, 표면에서 끓고 있는 지각에는 방사선과 열이 가득했다.

한편, 태양은 모든 행성의 대기를 날려보내 수소를 태양계 저 너머로 추방할 만큼 강력한 방사풍을 내뿜으며 발화하고 있었다. 그곳에서 수소는 차고 거대한 목성, 토성, 천왕성, 해왕성 주위로 모여든다. 이들 거대 행성들만이 모든 원소 중에서 가장 가벼운 원소(수소)의 원래 할당량을 붙잡을 수 있을 정도로 중력이 충분히 강했다. 모든 행성과 그들의 위성 곳곳에서 유성들의 폭격이 계속되는데, 티끌만 한 것부터 소행성만 한 것까지 유성들의 크기가 다양하다. 태양계 주위를 돌며 부딪치는 동안 우주 파편들은 물과 탄소 화합물을 덤으로 가져와 지구의 초기 생명을 먹여 살릴 양분들을 축적했다.

엄청나게 거대한 유성 하나가 지구와 충돌하여 대륙만 한 덩어리를 우주로 내동댕이친다. 그러나 침입자는 충돌로 속도가 뚝 떨어져 지구 궤도에 붙잡힌다. 작은 파편들의 폭격을 몇 번 더 받아서 표면이 얽게 된 천체는 태양빛을 반사시켜 창백하게 빛나는 달의 모습으로 지금도 우리를 매혹한다. 그러나 아득히 먼 그 당시 상황은 지금처럼 평온하지 않았을 것이다. 젊은 지구는 너무 빨리 회전하여 낮이 겨우 5시간 지속되었다. 산소가 없는 대기는 어떤 생명도 푸른 경치도 제공할 수 없었다.

46억 년 내지 40억 년 전 하데스누대 시기에 지구는 이렇게 생성되었을 것이다. 그러나 생명은 하데스누대 후반쯤에나(일단 녹은 지표면이 충분히 냉각되고 단 한 번의 충돌로 지각 전체를 뒤흔들어놓을 만큼 커다란 지구 밖 물체의 충돌이 없어질 때쯤에야) 등장했을 것이다. 지구 역사 초기의 격렬했던 이 기간은 지옥과 저승을 뜻하는 그리스어 하데스를 따라 하데스누대(Hadean eon)라고 명명되었고 지질학 연대에서 네 개의 긴 누대 중 첫 번째 기간이다(88-106쪽 연대표 참조).

딱딱하게 굳은 나무줄기든 벌레구멍의 흔적이든 굳어진 해안선을 따라 난 발자국이든 호수 퇴적층에 묻힌 포자든 아니면 썩어가는 잎에서 나온 유액이든 화석은 과거 생물의 증거다. 하지만 지구의 하데스누대로 거슬러 올라갈 수 있는 화석은 없거니와 당시의 화산암 조각조차 찾을 수 없다. 지구의 하데스누대는 오직 유성이나 달에서 유래한 훨씬 오래된 물질을 측정함으로써 유추할 따름이다. 그러나 뒤따르는 시기인 시생누대(40~25억 년 전) 초기의 것으로 추정되는 가장 오래된 암석의 일부가 남아 있다. 몇몇 "변형되지 않은"(열이나 압력으로 변화를 겪지 않은) 시생대 암석들은 생물의 흔적을 간직하고 있다. 호주에서 발견된 34억 8,500만 년이나 된 암석에서는 알아볼 수 있는 화석 세균이 11가지 이상 발견된다. 오늘날 지구의 가장 오래된 암석들은 이렇듯 생명의 흔적을 간직하고 있다. 언제 생명이 시작되었는지 알 수 없지만 생명은 적어도 우리가 실험적으로 알아낸 것만큼 오래되었다.

지구 역사 연대표

여기 제시하는 "인간 중심"(즉 왜곡된 척도) 연대표는 학자들의 작업이나 책에서 볼 수 있는 것처럼 지구 역사상의 주요 생물군과 사건들을 중심으로 보여주는데, 연대기적 대칭성을 전혀 고려하지 않은 채 동물과 식물로만 이루어진 세계를 다룬다. 그래서 실제 척도 연대표(90쪽에서 시작됨)를 함께 제시한다. 실제 척도 연대표에서는 인류나 다른 포유류를 중심 위치에 두지 않으며, 지구 역사 초기의 40억 년을 잘라내지도 않는다. 약 5억 4,100만 년 전, 골격이 있는 캄브리아기 해양 동물들이 나타날 때까지 이 지구에서는 관심을 끌 만한 사건이 일어나지 않았다고 생각하기 쉽다. 그러나 진정한 역사 인식을 위해서 생명 이야기의 초기 도입 부분이 빠져서는 안 된다. 실제 척도 연대표는 우리에게 친숙한 생명체가 진화한 현생누대 이전의 생명 이야기에서 가장 중대한 사건을 일부 설명해준다.

인간 중심 연대표

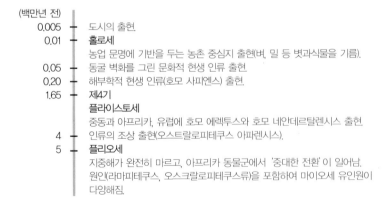

(백만년 전)
0.005 — 도시의 출현.
0.01 — **홀로세**
농업 문명에 기반을 두는 농촌 중심지 출현(벼, 밀 등 볏과식물을 기름).
0.05 — 동굴 벽화를 그린 문화적 현생 인류 출현.
0.20 — 해부학적 현생 인류(호모 사피엔스) 출현.
1.65 — **제4기**
플라이스토세
중동과 아프리카, 유럽에 호모 에렉투스와 호모 네안데르탈렌시스 출현.
4 — 인류의 조상 출현(오스트랄로피테쿠스 아파렌시스).
5 — **플리오세**
지중해가 완전히 마르고, 아프리카 동물군에서 '중대한 전환'이 일어남.
원인(라마피테쿠스, 오스크랄로피테쿠스류)을 포함하여 마이오세 유인원이 다양해짐.

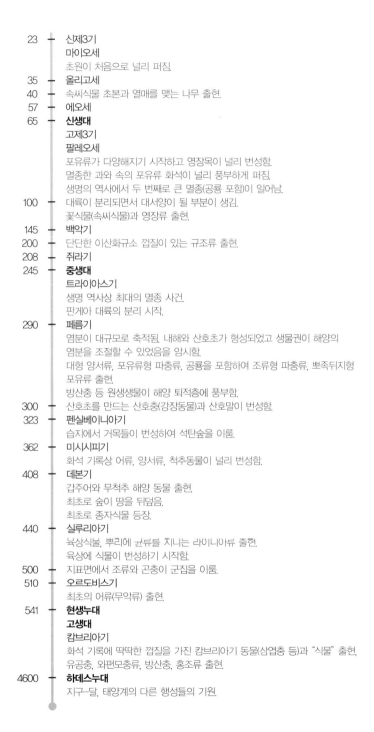

23 — 신제3기
마이오세
초원이 처음으로 널리 퍼짐.
35 — 올리고세
40 — 속씨식물 초본과 열매를 맺는 나무 출현.
57 — 에오세
65 — **신생대**
고제3기
팔레오세
포유류가 다양해지기 시작하고 영장목이 널리 번성함.
멸종한 과와 속의 포유류 화석이 널리 풍부하게 퍼짐.
생명의 역사에서 두 번째로 큰 멸종(공룡 포함)이 일어남.
100 — 대륙이 분리되면서 대서양이 될 부분이 생김.
꽃식물(속씨식물)과 영장류 출현.
145 — 백악기
200 — 단단한 이산화규소 껍질이 있는 규조류 출현.
208 — 쥐라기
245 — **중생대**
트라이아스기
생명 역사상 최대의 멸종 사건.
판게아 대륙의 분리 시작.
290 — 페름기
염분이 대규모로 축적됨. 내해와 산호초가 형성되었고 생물권이 해양의
염분을 조절할 수 있었음을 암시함.
대형 양서류, 포유류형 파충류, 공룡을 포함하여 조류형 파충류, 뾰족뒤지형
포유류 출현.
방산충 등 원생생물이 해양 퇴적층에 풍부함.
300 — 산호초를 만드는 산호충(강장동물)과 산호말이 번성함.
323 — 펜실베이니아기
습지에서 거목들이 번성하여 석탄숲을 이룸.
362 — 미시시피기
화석 기록상 어류, 양서류, 척추동물이 널리 번성함.
408 — 데본기
갑주어와 무척추 해양 동물 출현.
최초로 숲이 땅을 뒤덮음.
최초로 종자식물 등장.
440 — 실루리아기
육상식물, 뿌리에 균류를 지니는 라이니아류 출현.
육상에 식물이 번성하기 시작함.
500 — 지표면에서 조류와 곤충이 군집을 이룸.
510 — 오르도비스기
최초의 어류(무악류) 출현.
541 — **현생누대**
고생대
캄브리아기
화석 기록에 딱딱한 껍질을 가진 캄브리아기 동물(삼엽충 등)과 "식물" 출현.
유공충, 와편모충류, 방산충, 홍조류 출현.
4600 — **하데스누대**
지구—달, 태양계의 다른 행성들의 기원.

자연발생설

그리스 신화를 보면 여신들이 조개껍질에서 탄생하고 인간이 다른 동물이나 나무로 변신하는 장면이 나온다. "자연 만물에는 놀라운 무엇인가가 있다."[2]라고 아리스토텔레스는 썼다. 그는 그리스 신화보다 실제 세계에서 지식을 탐구했기 때문에 서양 최초의 생물학자 또는 자연학자로 인정받고 있다. 그런데도 아리스토텔레스는 물질이 갑자기 생물로 변한다는, 현재의 우리에게는 신화 같은 개념을 사실로 받아들였다.

오늘날 우리는 생물이 번식한다고 생각하지만 우리 선조들은 생물이 일종의 생성 원리에 따라 자연적으로 발생한다고 상상했다. 신이 아담의 갈비뼈로 이브를 만들었고 고기가 분해되어 구더기가 된다는 식으로 어떤 하나가 다른 무언가가 된다는 것이다. 근접성과 유사성이라는 지각상의 논리는 부패한 야채가 곤충을 낳고, 아리스토텔레스의 가르침처럼 개똥벌레가 영롱한 아침이슬에서 생겨날 수 있음을 뒷받침했다. 아우구스티누스(345-430)는 신이 포도 없이 곧장 물을 포도주로 바꿀 수 있었던 것과 마찬가지로 부모를 통하지 않고도 생물을 창조할 수

2.
Aristotle, *Parts of Animals* (Cambridge, Mass.: Harvard University Press, 1968), Book 1, chapter 5.

실제 척도 연대표

(백만년 전) 4600	4500	4400
하데스누대		
지구—달, 그리고 다른 태양계 행성의 기원.	운석에서 유래한 가장 오래된 암석 (애리조나 주 디아블로 계곡의 콘드라이트; 방사선 측정으로 추정).	휘발성 기체가 맨틀에서 대기로 빠져나감. 운석이 충돌하여 지표면 곳곳에 크레이터가 생김.

있다고 주장했다. 따라서 동물은 보이지 않는 씨에서 직접 생겨나는 것이었다. 서기 1000년경 피에트로 다미아니 추기경은 열매에서 새들이 부화하고 조개껍질에서 오리가 태어난다고 주장했다. 영국의 학자 알렉산더 네캄(1157-1217)은 전나무가 바다소금에 접하게 되면 거위가 된다는 주장을 상세히 열거했다. 플랑드르의 연금술사이자 의사인 장 바티스트 반 헬몬트(1580-1644)는 더러운 속옷에서 쥐를 만드는 비법을 내놓기도 했다.

오늘날 우리에게는 웃음이 나올 만큼 어처구니없는 이야기지만, 당시에는 자연발생 개념이 타당했기 때문에 의문을 품는 사람이 거의 없었다. 데카르트도 이런 말로 동의를 표현했다. "생물을 만드는 데 요구되는 것이라고는 별로 없기 때문에 썩어가는 물질로부터 그토록 많은 동물과 벌레, 곤충들이 우리 눈앞에서 자연스럽게 형성된다는 사실은 분명히 그리 놀랄 일이 아니다." [3] 아리스토텔레스는 남성 씨의 열이 여성의 자궁 속에 있는 차가운 물질을 활성화시켜 아이를 만든다고 가르쳤다. 남성의 열이 부족하면 여자가 유산하거나 팔다리가 없는 아기를 낳는다고 했다. 열이 씨앗을 거치지 않고 고기나 오물로부터 직접 벌레나 박쥐, 뱀, 귀뚜라미, 해충 등을 생성할 수 있다고 생각했다. 연금술사

3.
François Jacob, *The Logic of Life: A History of Heredity*, Betty E. Spillman 옮김 (New York: Pantheon, 1973), p. 53.

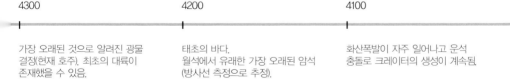

4300

가장 오래된 것으로 알려진 광물 결정(현재 호주). 최초의 대륙이 존재했을 수 있음.

4200

태초의 바다.
월석에서 유래한 가장 오래된 암석 (방사선 측정으로 추정).

4100

화산폭발이 자주 일어나고 운석 충돌로 크레이터의 생성이 계속됨.

들은 열을 이용하여 금을 만들어내려고 열성이었다. 남성 우위의 부계 사회였던 유럽에서 여성은 도공의 작품 활동이 결실을 맺는 가마와 같았다.

여성은 물질만 제공할 뿐, 생명체의 핵심은 제공하지 못한다고 여겼다. 뉴턴도 빛을 내는 혜성의 꼬리에서 식물이 나왔을지도 모른다고 말했다. 현미경의 발명도 해묵은 생각을 쓸어버리지 못했다. 많은 사람들은 레이우엔훅이 식물즙과 웅덩이 물, 사람의 침에서 발견한 "극미동물"이 (파리가 고기에서 생겨난다고 여겼던 것처럼) 이들 액체에서 직접 생겨났다고 믿었다.

역설적이게도 자연발생론은 이론과 어긋나는 관찰 결과 때문이라기보다 종이 고정되어 있다는 개념 때문에 초기에 위협을 받았다. 종은 고정된 범주로 기록되었다. 스웨덴 식물학자로 인간의 육체(정신이 아니다)에 호모 사피엔스라고 이름 붙인 현대 분류학의 창시자 카롤루스 린네(1707-1778)와 린네의 분류법을 화석에까지 확장한 프랑스 해부학자 조르주 퀴비에(1769-1832)의 연구는 자연발생론을 더욱 받아들이기 힘들게 만들었다. 린네에게 고정된 종은 전지전능한 신이 창조한 별개의 독립된 형태였다. 퀴비에는 화석을 과거 생물의 증거로 받아들였으며,

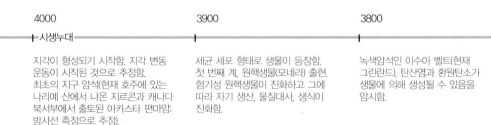

4000

├ 시생누대 ┤

지각이 형성되기 시작함. 지각 변동 운동이 시작된 것으로 추정함.
최초의 지구 암석(현재 호주에 있는 나리에 산에서 나온 지르콘과 캐나다 북서부에서 출토된 아카스타 편마암; 방사선 측정으로 추정).
화성에서 온 운석 충돌에 의한 가장 오래된 크레이터가 형성됨.

3900

세균 세포 형태로 생물이 등장함. 첫 번째 계, 원핵생물(모네라) 출현. 혐기성 원핵생물이 진화하고 그에 따라 자기 생산, 물질대사, 생식이 진화함.

3800

녹색암석인 이수아 벨트(현재 그린란드). 탄산염과 환원탄소가 생물에 의해 생성될 수 있음을 암시함.

특히 성경에 기록된 대홍수의 재앙을 믿었다.

이렇게 해서 전지전능한 신이 일시에 지구의 모든 "창조물"을 만들었다고 믿게 되었다. 실제로 스위스 자연학자 샤를 보네(1720-1793)는 각 종의 최초 암컷이 마치 러시아 인형 세트처럼 몸 안에 미래의 모든 세대를 위한 생식세포를 지닌 상태로 창조되었다고 주장하며 자신의 이론에 불필요한 자연발생설을 아예 빼버렸다. 반맹(半盲)인 보네는 진딧물에서 모두 암컷으로만 된 생식계를 발견했는데, 진딧물이 처녀생식(단성생식)을 한다는 사실은 그가 "진화"를 반박하는 데 많은 도움이 되었다. 보네는 종이 변한다는 말도 안 되는 개념을 믿을 만큼 무모한 자들의 신념을 일컫는 데 진화라는 단어를 사용했다.

"무생물에서 생명이 발생"한다는 주장은 피렌체의 의사이자 시인인 프란체스코 레디(1626-1697)가 자연발생을 부정하는 실험을 공들여 수행한 이후에도 여전히 신봉되었다. 레디는 여러 종류의 고기(뱀, 물고기, 얇게 저민 송아지 고기)를 병에 넣어 밀봉해두고, 똑같은 내용물이 담긴 다른 병들은 열어두었다. 레디의 실험은 명백히 대성공이었다. 〈곤충 생성에 관한 관찰〉에서 그는 이렇게 기록했다. "나는 고기에서 발견된 구더기들이 모두 파리 때문에 생겨나는 것이지 부패에 의한 것이 아님을

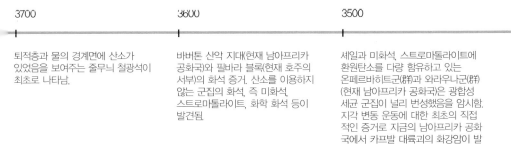

3700

퇴적층과 물의 경계면에 산소가 있었음을 보여주는 줄무늬 철광석이 최초로 나타남.

3600

바버톤 산악 지대(현재 남아프리카 공화국)와 필바라 블록(현재 호주의 서부)의 화석 증거. 산소를 이용하지 않는 군집의 화석, 즉 미화석, 스트로마톨라이트, 화학 화석 등이 발견됨.

3500

셰일과 미화석, 스트로마톨라이트에 환원탄소를 다량 함유하고 있는 온페르바히트군(群)과 와라우나군(群)(현재 남아프리카 공화국)은 광합성 세균 군집이 널리 번성했음을 암시함. 지각 변동 운동에 대한 최초의 직접적인 증거로 지금의 남아프리카 공화국에서 카프발 대륙괴의 화강암이 발견됨.

믿게 되었다."[4] 그는 구더기 가설을 내세웠다. 파리가 병 주위를 맴돌다가 열려 있는 병으로 들어가는 것을 보았고(막힌 병에는 들어가지 못했다) 밀봉한 병의 고기는 고약한 악취를 풍기더라도 벌레가 꾀지 않음을 확인했다. 실험의 2단계에서 레디는 파리가 알을 낳지 못하도록 고기를 천으로 덮었다. 당연히 벌레가 생기지 않았다. 그는 결론을 내렸다. "최초의 식물과 동물이 고귀하고 전지전능한 창조주에 의해 탄생된 이후로 지구에서는 어떤 종류의 식물이나 동물도, 완전하든 불완전하든, 더이상 만들어지지 않았다. 그리고 우리가 알고 있는 과거나 현재의 모든 생물은 오로지 식물이나 동물 자체의 씨로부터 생성되었고 … 이렇게 해서 종을 보존한다."[5]

　과학자들은 실험에 모순되는 이론을 즉각 폐기처분한다고 한다. 그러나 사실은 그 반대다. 많은 과학자들이 체면 때문에 곤란한 실험 증거를 무시해버린다. 마크 트웨인의 말을 빌자면, 과학적 사실에서 과학 이론이 도출되는 것만큼, 그렇게 적은 것에서 그렇게 많은 것이 나오는 경우는 찾아보기 힘들다. 레디의 실험 후 백 년이 지난 뒤 영국의 자연학자이자 로마 가톨릭 신부였던 존 투버빌 니덤(1713-1781)이 초기 진화론자였던 조르주 루이 르클레르 뷔퐁(1707-1788)과 공동 연구를 했다.

4.
Francesco Redi, Esperienze intorno all generazione degli inettis(1668), 다음 책에서 재인용함. Charles Singer, A History of Biology (London: Abelard-Schuman, 1962), p. 440.

5.
Gordon Rattray Taylor, The science of Life: A Picture History of Biology (New York: McGraw-Hill, 1963), p.113.

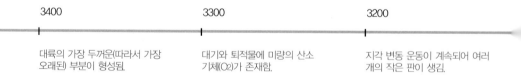

3400	3300	3200
대륙의 가장 두꺼운(따라서 가장 오래된) 부분이 형성됨.	대기와 퇴적물에 미량의 산소 기체(O2)가 존재함.	지각 변동 운동이 계속되어 여러 개의 작은 판이 생김.

프랑스 왕립 식물원의 관리인이었던 뷔퐁은 찰스 다윈의 할아버지인 에라스무스 다윈을 비롯하여 많은 지식인들의 필독서였던 〈자연사〉 전 44권의 저자였다. 니덤과 뷔퐁은 함께 자연발생이 모든 생물에 적용되는지를 알아보기 위해 실험에 착수했다. 그들은 양고기 수프를 끓여 병에 넣고 꼼꼼하게 밀봉했다. 며칠 후 병을 열었을 때 무엇인가 많이 자란 것을 목격하고는 자연발생이 미생물에도 적용된다고 생각했다. 완전한 오해였음에도 불구하고(열에 강한 미생물을 죽이는 데 실패했던 것이다) 역설적이게도 그 실험은 "유기 분자"가 특정 조건 아래서 결합하여 미생물을 생성할 수 있다는, 본질적으로는 오늘날의 개념과 같은 뷔퐁의 생각을 확신시켜주었다.

1768년 이탈리아의 생물학자 라차로 스팔란차니(1729-1799)는 유명한 선배인 뷔퐁과 니덤이 수프를 충분히 끓이지 않았다는 점을 증명했다. 그렇지만 스팔란차니의 실험은 에른스트 헤켈을 만족시키지 못했다. 헤켈은 장시간 가열하면 공기 중의 "생명 원리"가 파괴된다고 믿었다. 프랑스 화학자 루이 파스퇴르(1822-1895)가 끝부분이 백조의 목처럼 휘어진 기다란 플라스크를 이용하여 끓인 고깃국물을 공기 중에 노출시키는 실험을 하고서야 비로소 생기론자들의 주장이 꺾였다. 세균

3100

분열 중인 세포의 미화석을 포함하는 피그트리 군(현재 남아프리카 공화국)이 형성됨.

3000

가장 오래된 생물의 증거. 북아메리카 온타리오 주의 스틸록에서 발견됨. 광범위한 스트로마톨라이트층이 스틸록과 퐁골라 벨트(현재 남아프리카 공화국)에 보존되어 있음. 다양한 세균이 등장함. 아마도 주된 물질대사 방식(이를테면 H_2, H_2S, NH_3, CH_4을 산화하는 화학독립영양, 산소를 발생시키는 광합성, 철과 망간 산화물을 환원하는 방식 등)이 이때쯤 모두 진화했을 것임.

2900

남아프리카 공화국 비트바테르스란트 지방의 금맥은 고대의 강어귀에서 세균이 매개하여 금의 침전이 일어났음을 보여줌.

이나 효모, 그 밖의 다른 생물들은 중력에 붙잡혀 아래에 머물지만 공기
는 중력을 거슬러 올라가 구불구불한 통로를 거쳐 고깃국물에 도달할
수 있었다. 유리관을 깨자마자 이내 미세한 생물들이 고깃국물에서 자
라기 시작했다. 달리 설명할 필요가 없었다. 생물은 이전의 생물에서만
나왔고, 이전 생물 역시 더 앞선 생물에서 비롯되었다. 그런데 생물이
오직 이전의 생물로부터 비롯됨을 증명한 파스퇴르의 연구 역시 오직
신만이 태초에 생물을 창조할 수 있었음을 강력히 시사했다.

생명의 기원

1871년에 다윈은 "따뜻한 작은 연못에서 온갖 종류의 암모니아와 인
산염, 빛, 열, 전기 등에서" 화학적으로 생성된 "단백질 화합물이 이제
한층 더 복잡한 변화를 겪으려고 하고 있다"고 사려 깊게 말했다.[6] 물질
로 거슬러 올라가 생명의 근원을 밝히려는 것은 모든 종이 하나의 공통
조상으로부터 진화했다는 인식을 논리적으로 확장한 것이었다. 만일
종이 진화할 수 있다면 물질이 생물로 진화하는 것을 막는 것이 무엇이

6.
Charles Darwin, *Life
and Letters*, vol.3
(London: John
Murray, 1888), p. 18.

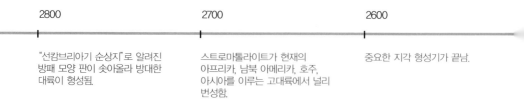

2800	2700	2600
"선캄브리아기 순상지"로 알려진 방패 모양 판이 솟아올라 방대한 대륙이 형성됨.	스트로마톨라이트가 현재의 아프리카, 남북 아메리카, 호주, 아시아를 이루는 고대륙에서 널리 번성함.	중요한 지각 형성기가 끝남.

겠는가?

러시아의 젊은 생화학자 알렉산더 이바노비치 오파린(1894-1981)은 1929년에 〈생명의 기원〉이라는 제목으로 책 한 권을 펴냈다. 오파린은 화학물질이 생명이 되는 방향으로 스스로 조직하는 특정한 방식에 역점을 두었다. 그는 원시 수프에서 탄소 화합물을 흡수하여 자라는 액체 방울을 설명했다. 수소가 풍부한 초기 대기에는 메탄과 암모니아 같은 기체가 있었고 태양에너지도 공급되었다고 이론을 세우고 "코아세르베이트", 즉 "반유동성 콜로이드 겔"이 점점 그들 자신의 특정한 내적·물리화학적 구조에 의존하게 될 것이라고 가정했다.

7.
A.I. Oparin,
The Origin of Life,
Sergius Morgulis
옮김 (New York:
Macmillan, 1938), pp.
247-250.

결국 주변의 물에 용해된 유기물을 흡수하여 빠르게 혹은 느리게 액체 방울 속으로 통합하는 능력은 액체 방울의 내부 구조에 의해 결정된다. 그 결과 액체 방울의 크기가 증가했다. 즉, 성장할 힘을 획득한 것이었다. 이 특이한 선택 과정이 작용하여 고도로 발달한 물리화학적 조직을 가진 콜로이드계, 즉 가장 단순한 원시 생물을 낳았다.[7]

오파린은 1917년 이후로 줄곧 공식적으로 무신론을 표방하는 나라

2500	2400	2300
┠ 원생누대		
지질학적으로 현대의 과정이 시작됨. 산소 기체가 주기적으로 축적되고 철을 포함하는 줄무늬 철광석이 뚜렷하게 널리 분포하며, 거대한 호수와 대양이 생성되고, 해양 환경에서 세균 군집의 작용으로 환초 모양의 구조가 생성되었음을 보여주는 탄산염 분지가 나타남. 최초의 초대륙이 나타남.	줄무늬 철광석이 널리 퍼지는 시대가 시작됨. 오늘날 남아프리카 공화국, 브라질, 중앙아메리카, 온타리오 주 서부, 미시건 주 북부, 미네소타 주에서 채굴 가능한 철 매장량의 90%가 24억 년 전부터 18억 년 전 사이에 형성됨.	탄산염 암초와 같은 분지와 BIF층이 계속 확장됨.

(구 소련)에서 살았기 때문에 기존 종교와 별 마찰 없이 새로운 버전의 자연발생설을 이론화할 수 있었다.

1929년에 영국 물리학자 J. B. S. 홀데인은 반응성이 높은 산소가 있었다면 유기화합물을 파괴했을 것이므로 생명은 산소가 없는 대기에서 발생했음이 틀림없다고 주장하는 논문을 발표했다.[8] 홀데인과 오파린의 연구는 스탠리 밀러, 시드니 폭스, 시릴 폰남페루마처럼 "생명의 기원"을 밝히려는 미국 실험가들에게 영감을 주었다. 그런데도 오파린은 그의 선배들이 그랬던 것처럼 사회문화적 환경에서 크게 벗어나지 못했다. 2차 세계대전 후 그는 슈뢰딩거의 저서 〈생명이란 무엇인가〉가 "이념적으로 위험"하다고 단언했고, 유전자, 바이러스, 핵산 등을 새롭게 강조하면서 "기계론"을 주장했다. 그럼에도 불구하고 오파린은 생물이 어떻게 처음 진화할 수 있었는지를 상상함으로써 무생물로부터 생물이 자연 발생한다는 개념을 부활시켰다.

1959년에 유기화학자 시드니 폭스와 그의 동료들은 물이 없는 아미노산 혼합물을 냉각하여 "단백질과 비슷한 마이크로스피어"를 만들어 냈다. 구균(球菌)을 닮은 이들 마이크로스피어는 압력을 받으면 종종 나누어진다. 캘리포니아 솔크 연구소에서 일하던 레슬리 오겔은 간단

8.
J.B.S. Haldane, "The Origin of Life," from *The Rationalist Annual* (1929), David W. Deamer · Gail R. Fleischaker 엮어 재출간, *Origins of Life : The Central Concepts* (Boston: Jones & Bartlett, 1944) pp. 73–81.

2200	2100	2000
원핵 플랑크톤(세균 플랑크톤)이 전 세계 바다에 널리 퍼짐.	자외선을 흡수하는 오존층이 증가함(O2에서 유래된 O3가 공기 중에 축적됨). 가장 오래되고 풍부한 화석 세균(건플린티아, 후로노스포라, 렙토테이쿠스 등).	대기 중에 산소가 풍부함. 호기성 생물의 번창을 암시함. 대다수 진핵생물의 선조인 미토콘드리아가 자색세균의 공생으로 형성됨. 건플린트 철광석(현재 캐나다 온타리오주)과 이에 해당하는 현재 중국, 호주, 캘리포니아의 화석 생물군에서 복잡한 실 모양의 미화석과 구조화된 군집의 흔적이 나타남.

한 탄소화합물과 납염으로부터 (뉴클레오티드 50개로 된) DNA 비슷한 분자가 자연적으로 형성되는 것을 발견했다. 5년 후, 칼 세이건, 루스 마리너, 시릴 폰남페루마는 지구의 초기 대기와 유사하다고 여겨지는 인을 함유한 기체 혼합물에서 ATP(생물이 에너지를 저장하기 위해 보편적으로 사용하는 화합물)를 만들어냈다. 메릴랜드 대학의 화학자 폰남페루마는 이렇게 썼다. "신입생들에게 신비주의에 대항하여 이성이 승리한 예로 파스퇴르의 실험을 이야기하면서도 자연발생, 즉 그보다 더 정교하고 과학적이기는 하지만 화학적 진화로 돌아가고 있다는 게 아이러니가 아닐 수 없다."[9]

9.
Cyril
Ponnamperuma, *The Origins of Life* (New York: Dutton, 1972), p. 21.

ATP의 "비생물적 생성"은 사실상 노벨상 수상자 헤럴드 유레이(1893-1981)의 대학원 학생이던 스탠리 밀러가 1953년에 시카고 대학에서 시작한 연구를 뒤이은 것이었다. 지구의 초기 환경이라고 생각되는 것을 모형으로 만들어 밀러는 증류수(모조 대양)를 플라스크에 넣고 그 위를 기체들(모조 대기)로 채웠다. 일주일 동안 번개를 흉내낸 전기 방전으로 유리 속 소우주에 폭격을 가했다. 그 결과는 가히 진화생물학자들이 팔다리가 뒤틀린 괴물 프랑켄슈타인을 만들어냈다고 할 만한 것이었다. 생체 단백질을 구성하는 필수 아미노산인 알라닌과 글리신이

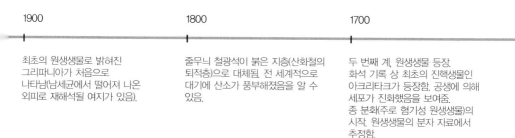

1900	1800	1700
최초의 원생생물로 밝혀진 그리파니아가 처음으로 나타남(남세균에서 떨어져 나온 외피로 재해석될 여지가 있음).	줄무늬 철광석이 붉은 지층(산화철의 퇴적층)으로 대체됨. 전 세계적으로 대기에 산소가 풍부해졌음을 알 수 있음.	두 번째 계, 원생생물 등장. 화석 기록 상 최초의 진핵생물인 아크리타크가 등장함. 공생에 의해 세포가 진화했음을 보여줌. 종 분화(주로 혐기성 원생생물)의 시작. 원생생물의 분자 자료에서 추정함.

다른 여러 화합물과 함께 자연적으로 플라스크에서 생겨났다. 실험실에서 무로부터 어떤 물질을 만들어냄으로써 과학자들은 생명의 기원이라기보다는 생명 이전에 자기 유지에 필요한 영양분(일종의 태곳적 음식)이 어떻게 생겨났는지를 재현하는 데 성공했다.

초기 지구 대기를 본떠 만든 밀러의 모형은 태양의 중력에 끌려가지 않고 지구에 남은 가스 성분으로 수소(H_2), 수증기(H_2O), 암모니아(NH_3), 메탄(CH_4)을 포함하고 있었다. 이 실험은 의도적인 통제가 없어도 생체 화합물이 스스로 조직하는 놀라운 방식을 보여주었다. 적합한 조건만 주어진다면(밀러의 초기 대기 모형은 대충 짐작한 것이었다) 간단한 전구물질로부터 유기화합물이 저절로 형성된다. 적어도 생명을 구성하는 물질은 저절로 생겨난다는 것이 부정할 수 없는 결론이었다.

밀러의 실험은 여러 열정적인 화학자들에 의해 반복되고 수정되었다. 일부 과학자들은 자외선과 열 같은 다른 종류의 에너지원을 이용했다. 예를 들면, 아키바 바 눈은 실험실에서 "굉음"을 발생시켜 에너지가 큰 음파도 대기의 기체들로부터 단백질 구성 요소를 만들어낸다는 것을 보여주었다. 아데닌, 시토신, 구아닌, 티민, 우라실(DNA나 RNA 분자를 만드는 핵산 염기 5종류)이 모두 "생물 발생 이전의 화학 반응"을 재

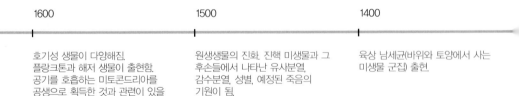

현하는 실험에서 만들어졌다.

지구 생물에게 필수적인 6가지 원소인 탄소, 질소, 수소, 산소, 황, 인이 모두 우주 공간에서 발견된다. DNA와 RNA, 지방 등 생명체가 만드는 화합물에서 가장 흔한 원소인 수소는 우주에서도 가장 흔하다. 1968년 별 사이 공간에서 암모니아(NH_3)가 발견되었다. 시아노아세틸렌(H_3C_2N)은 1970년에 발견되었다. 오리온자리에는 에틸알코올(CH_3CH_2OH)이 풍부하게 존재한다. 물, 아세틸렌, 포름알데히드, 시안화물, 메탄올, 그리고 포름산(흥분한 개미가 분비하는 맑은 유액)을 포함하여 여러 화합물들이 우주 공간에서도 생물에서도 발견된다. 생명체를 이루는 가장 간단한 화합물은 화학 반응만으로도 쉽게 형성된다.

생물 발생 이전의 화학을 연구하는 시릴 폰남페루마(1922-1994)는 우리 행성이 폴리아미노말레오니트릴이라는 유기화합물에 "반쯤 잠겨" 있었으며, 그 화합물의 조성 덕분에 이후 세포 세계의 장이 열릴 수 있었을 거라고 생각했다. 폴리아미노말레오니트릴은 거대한 분자로 시안화수소(HCN)가 반복해서 연결된 중합체다. 간단한 3원소 화합물인 시안화수소는 토성의 여섯 번째 위성이자 가장 큰 위성인 타이탄에서도 발견되었다. RNA와 DNA의 염기인 아데닌과 구아닌 등 여러 생화학

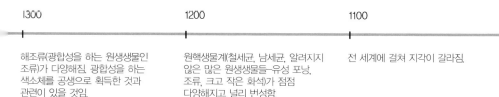

1300

1200

1100

해조류(광합성을 하는 원생생물인 조류)가 다양해짐. 광합성을 하는 색소체를 공생으로 획득한 것과 관련이 있을 것임.

원핵생물계(철세균, 남세균, 알려지지 않은 많은 원생생물들—유성 포낭, 조류, 크고 작은 화석)가 점점 다양해지고 널리 번성함.

전 세계에 걸쳐 지각이 갈라짐.

물질의 전구체가 되는 시안화수소는 아마도 생명을 만드는 우주 비법의 주된 재료였을 것이다. 폰남페루마는 시안화수소를 "신의 분자"로 꼽았다. 그 중합체는 여러 가지 색깔로 나타나는데, 코넬 대학의 천문학자인 칼 세이건이 목성의 붉은색 구름에 존재하는 것으로 생각되는 조건과 비슷하게 꾸며놓은 실험실에서 만들어낸 "톨린"의 붉은색과 갈색도 그중에 포함된다.

한편, 영국의 화학자 그레이엄 케인스 스미스는 진흙이 불안정한 세포 전구체를 햇빛으로부터 보호했을 것이라고 제안했다.[10] 햇빛은 유기화합물을 합성할 수 있지만, 전구체를 파괴할 수도 있다. 진흙 결정체가 바람과 비, 화산 폭발, 파도 등에 의해 생긴 무생물 거품에 달라붙었을 거라고 보는 사람도 있었다. 오늘날에도 온도와 압력이 변하는 동안 표면에 입자들을 끌어당기는 거품은 주위의 탄소와 질소, 수소 등 여러 원소가 만나 복잡한 화합물을 형성하는 회합 장소가 된다. 거품이 터지면 그 자리에 화합물이 남는 것이다.

생명이 시작된 과정의 정확한 경로가 어떻든 간에 프리먼 다이슨은 RNA(앞으로 보게 될 텐데 아마도 생명의 기원에 결정적인 "초분자"다)와 아주 우연히 성장한 "단백질 생명체"가 일종의 분자적 "공생"(짝이

10.
A. G. Cairns-Smith, *Genetic Takeover and the Mineral Origins of Life* (New York: Cambridge University Press, 1982).

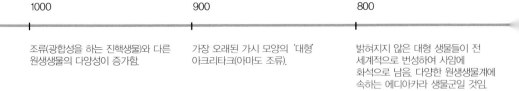

1000	900	800
조류(광합성을 하는 진핵생물)와 다른 원생생물의 다양성이 증가함.	가장 오래된 가시 모양의 '대형' 아크리타크(아마도 조류).	밝혀지지 않은 대형 생물들이 전 세계적으로 번성하여 사암에 화석으로 남음. 다양한 원생생물계에 속하는 에디아카라 생물군일 것임.

11.
Freeman Dyson,
Origins of Life
(Cambridge:
Cambridge
University Press,
1985).

살아 있는 생물이 아니어서 이 말이 아주 정확하지는 않다) 단계를 거쳤을 거라고 제안했다.[11] 하지만 많은 추측과 흥미로운 연구에도 불구하고 아직까지 생물이 실험실에서 합성된 적이 없었다는 사실을 유념해야 할 것이다. 화학적 진화("환경" 혼합물로부터 탄소 화합물을 생성하는 것)와 진짜 세포(자기 경계를 지니고 자기를 유지할 수 있으며 궁극적으로는 번식하는 물질) 사이의 간격은 아직도 멀다. 그런데도 실험실에서 RNA를 탐구하는 장난은 매일 이 간격을 좁혀가고 있다. 이제 RNA 세계로 들어가볼 차례이다.

비틀거리며 나아가기

오늘날 생명의 기원에 대해 인류가 알고 있는 지식은 아마도 5만 년 전 인류가 불의 기원에 대해 알았던 것보다 별반 나은 게 없을 것이다. 생명을 유지하고 만지작거릴 수는 있지만 아직 만들어내지는 못한다. 생명의 기원을 실험실에서 과학자들이 재연할 수 있을지 모른다는 가정은 과학자들의 무모함을 보여주는 충격적인 예이지만, 과연 옳다고

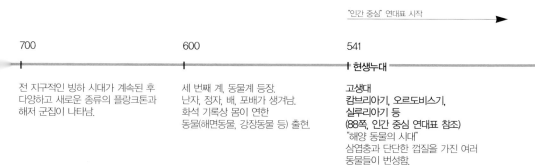

"인간 중심" 연대표 시작 ➤

700	600	541
		┣ 현생누대
전 지구적인 빙하 시대가 계속된 후 다양하고 새로운 종류의 플랑크톤과 해저 군집이 나타남.	세 번째 계, 동물계 등장. 난자, 정자, 배, 포배가 생겨남. 화석 기록상 몸이 연한 동물(해면동물, 강장동물 등) 출현.	**고생대** **캄브리아기, 오르도비스기, 실루리아기 등** **(88쪽, 인간 중심 연대표 참조)** "해양 동물의 시대" 삼엽충과 단단한 껍질을 가진 여러 동물들이 번성함. 네 번째와 다섯 번째 계인 식물계와 균류계 출현.

밝혀질지 아직은 미지수다.

　과학 연구에 의해 어떤 화학계와 우리 모두가 생물로 인정하는 살아 있는 물질 사이에는 연속성이 있음이 밝혀졌다. 슈뢰딩거의 결정 비유는 생명이 열역학적 평형과 거리가 먼 상태를 지속하기 위해 물질과 에너지를 요구하는 화학계, 즉 에너지 소산계라는 개념으로 바뀌었다. 생명이 아닌 에너지 소산계도 불가사의하게 생물처럼 행동한다. 그러한 소산계 하나가 바로 벨로소프-자보틴스키 반응에서 나타난다. 이 반응은 세륨, 철, 망간 원자가 든 황산 용액에서 말론산을 브롬산염으로 산화시킬 때 일어난다(도판 5a와 5b). 어떤 조건에서는 동심원을 이루고 회전하는 소용돌이파가 너무나 아름답고 매혹적인 화학 반응에서 나타나 몇 시간 동안 지속된다.

　이 반응이 보이는 규칙성과 지속성 때문에 일부 과학자들은 이 반응을 생물과 비교했다. 내적 질서를 증가시키기 위해 외부 에너지를 이용하는 화학계는 화학 평형의 한계를 넘어 얼마 동안 "살아 있다". 천체물리학자이자 철학자인 오스트리아 계 미국인 에리히 얀치는 이렇게 설명한다.

500　　　　　　　400　　　　　　　300

자유 에너지와 새로운 반응 참가자들이 들어오는 반면, 엔트로피와 반응 결과물은 내보내진다. 우리는 여기서 시스템의 "물질대사"가 가장 간단한 모습으로 나타나는 것을 발견한다. 이런 식으로 에너지와 물질을 환경과 교환함으로써 시스템이 내부의 비평형 상태를 유지하고, 그 비평형 상태가 이번에는 교환 과정을 유지한다. 균형을 잃고 비틀거리면서도 계속 앞으로 나아감으로써 간신히 고꾸라지지 않는 사람을 상상해보라. 에너지 소산 구조는 계속해서 자신을 갱신하고, 특별한 역동적인 체계, 즉 전체적으로 안정된 시간-공간 구조를 유지한다. 이는 마치 자신의 온전한 상태와 자기 재생에만 관심이 있는 것처럼 보인다.[12]

12.
에리히 얀치,
〈자기조직하는 우주 :
새로운 진화 패러다임의
과학적 근거와 인간적
함축〉, 홍동선 옮김,
범양사, 1989.

그러나 내부의 질서를 증가시키기 위해 에너지의 흐름을 이용하는 소산 구조를 가진 화학계는 드물며 그 수명도 짧다. 그러나 만약 증가된 내적 질서가 생물의 것이라면, 그리고 그 계가 에너지원과 적절한 종류의 물질(영양분)에 접근할 수만 있다면, 그 계는 영원히 지속될 수 있다. 이것이 바로 자기 생산이다. 자기 생산은 자기 경계를 가지는 화학계 (황산이나 말론산 같은 작은 분자들이 아니라 핵산과 단백질 같은 긴 분

245   200   100

├ 중생대

트라이아스기, 쥐라기, 백악기
"파충류의 시대"

자를 기반으로 하는)가 어떤 임계점에 도달하여 결코 물질대사를 멈추지 않을 때 일어난다.

오늘날 가장 작은 자기 생산 구조로 알려져 있는 세포는 자기 조직적인 물질대사를 끊임없이 할 수 있는 최소 단위다. 500가지쯤 되는 단백질과 여러 고분자 물질을 가지고 있으며 최초의 자기 생산계이던 가장 작은 세균 세포의 기원은 분명하지 않다. 그러나 복잡한 탄소 화합물이 어떤 식으로든 끊임없이 에너지와 환경 변화에 노출되어 기름방울처럼 되었고, 결국 막으로 둘러싸인 세포가 되었다는 데 대다수가 동의한다.

지구에서 자기 생산이 일어나고 있음을 보여주는 화학적 척도인 물질대사는 시작된 이후 줄곧 생명의 특성이었다. 최초의 세포에서 물질대사가 시작되었다. 외부에서 (빛이나 소수의 화학물질에서는 얻을 수 있지만 열이나 기계 운동에서는 결코 얻지 못하는) 에너지와 물질(물, 염분, 탄소, 질소, 황의 화합물)을 얻어 자신을 만들고 지탱하고 또 새로 만들었다. 자기 생산은 살아 있는 존재에게 끊임없는 활동의 기반이지 결코 선택사항이 아니다. 물이 있는 환경에서 사는 모든 생명체에게 절대적으로 요구되는 자기 생산은 일찍이 세균 선조에서 시작되었고, 완전히 멈춘 경우가 단 한 번도 없었다.

65   4

├ 신생대   ├ 현재

"포유류의 시대"   인류의 조상 출현 여러분은 초기 지구에서 일어났던 과정을 여러분의 세포에서 구현하고 있는 것이다. 세포를 유지하는 자기 생산 시스템의 고장은 곧 죽음이다. 만일 한 세포가 자기 생산을 멈춘다면 그 세포는 죽는다. 잘못된 세포를 대체할 수 있는 다세포 생물은 보다 큰 유기체의 자기 생산 활동이 잘 이루어지면 생존한다. 만약 구성 세포들이 과다하게 죽는다면 더 큰 실체의 물질대사도 멈추게 되고 죽음이 뒤따른다. 자기 유지를 계속하는 세포나 유기체는 자랄 것이고, 번식하라는 명령이 뒤따를 것이다. 맨눈으로 명확하게 알 수 없지만, 세포의 물질대사는 결코 멈추는 법이 없다. 양분의 섭취, 에너지 전환 그리고, DNA, RNA, 단백질 합성과 같은 화학적 변환이 모든 세포와 세포로 이루어진 모든 생물에서 끊임없이 일어나고 있다.

생물은 오늘날 세균의 원시 조상에서 기원한 것으로 짐작된다. 화학 시스템에서 생물 시스템으로 된 최초의 존재는 물질대사를 하면서 에너지와 양분, 물, 무기 염류를 자기 속으로 통합했을 것이다. 최초의 세포가 만들어졌다. 얀치가 비유했듯이 앞으로 고꾸라지지 않기 위해 비틀거리며 나아가는 사람처럼, 막으로 둘러싸인 세포는 RNA를 복제하고 다른 분자들을 생성하면서 비틀거리며 앞으로 나아간다. 그 방향은 DNA를 기반으로 RNA와 단백질을 합성하는 것이다. 다시 말해, 자기 복제는 자기 유지를 지속하고, 열역학적 평형으로 복귀하는 것을 지연하는 수단이 되었다.

세균은 여러분이 이 장을 읽는 데 걸리는 시간 정도면 충분히 번식할 수 있다. 코끼리와 고래가 번식하는 데는 십 년쯤 걸린다. 그러나 그 속도가 어떠하든, 번식하려면 세포에서 DNA를 복제해야 한다. 복제에는 RNA와 단백질, 막의 합성, 그리고 성장에 따라 일어나는 세포 내 이동도 필요하다. 원생생물, 균류, 동물, 식물 등 더 큰 생물의 번식 과정에는 구성 세포의 성장과 분열도 포함된다. 자기 생산적인 다세포 생물은 자기 생산적인 세포들로 구성된다. 동물과 식물의 번식은 자기 생산적인 세포의 순열이라고 할 수 있다. 세포의 자기 생산이 핵산과 단백질 대사의 순열인 것과 마찬가지다. 살고자 하는 우리의 본능적 욕구는 살아남아야 한다는 자기 생산 과제와 직접적으로 연관이 있으며, 이것은 또 흩어져버리려는 열의 "열망"과도 관계가 있다.

과거를 비춰주는 물질대사 창

세포는 주변의 대혼란에도 불구하고(아니면 그 혼란 때문에) 자신의 조직을 지탱할 수 있으므로 과학 연구에서는 세포를 통해 과거를 볼 수 있다. 자기 생산적, 열역학적 관점에서 보면 오늘날 우리의 몸이 사실상 30억 년 전 지구에서 우세했던 화학 조성과 동일하다는 사실은 다소 놀랍다. 생명이 자기 생산적이 되었을 때 전체 열의 균등화와 질서의 감소를 무기한 연기했다는 점을 기억해보라. 양분과 햇빛에서 얻어낸 에너지를 이용함으로써 생명은 열역학적 평형을 방해해온 것이다.

죽음은 아주 객관적인 의미에서 보면 환상이다. 생화학적인 존속으로 "우리"는 30억 년이라는 긴 시간을 지나면서도 결코 죽지 않았다. 산맥과 바다, 심지어 초대륙이 생성되었다가 사라졌어도 우리는 살아남았다.

물론 살아남기 위해서 무수한 위기에서 "내깃돈을 올려야" 했다. 개인에게는 죽음과 연결되는 이러한 지속적인 "내깃돈 올리기"가 종 수준에서는 진화로 표현된다. 생물은 같은 상태로 남아 있기 위해, 종종 진화하기 위해, 새로운 형태로 변화하기 위해, 혹은 단순히 자기 유지를 위해 언제나 음식물과 에너지가 필요하다. 고양이과, 꽃식물, 오징어를 포함하는 두족류 등의 계통은 유성 생식과 구성원들의 죽음을 통해 변하면서 존속했다.

　자기 생산을 하고 번식할 때 핵산을 복제하는 것과 마찬가지로 진화도 열역학적 소멸의 위협을 피하기 위해 "비틀거리며 나아가는 것"이다. 우리 몸을 구성하는 대부분의 원자는 수소인데, 수소는 별 생성 모형에 따르면 태양이 생겨날 때 기체 상태로 태양계 범위 밖으로 폭발해 나갔던 원소다. 그런데 오래 전에 사라졌어야 하는 수소 원자들이 시간과 공간을 뛰어넘어 생명과 연관이 깊은 물질로 나타났다. 현재 암모니아처럼 수소 원자가 많은 기체들은 거대한 외행성의 대기에만이 아니라 태양계 안쪽 행성(지구)에도 존재하는데, 지구의 생명은 존속하고 번식하기 시작한 이후 자신을 닮은 구조 속에 수소를 보존해왔다.

　실제로 생명이 탄생하기 전에 최초로 소산하는 화학적 성질을 보인 단백질과 핵산의 화학 시계는 아직 보존되고 있을지도 모른다. 생물의 가장 경이로운 양상 중의 하나는 바로 그 형체 안에 과거의 흔적을 지니고 있다는 점이다. 우리는 우리의 부모님을 닮았고, 몇 만 년 전에 살았던 누군가를 닮았다. 이렇게 현재 속에 과거가 보존되어 있어서 과학자들에게는 다행이다. 개개인의 몸이 생화학 박물관에 들어온 고마운 증여품이고 각 세균 세포는 계획하지 않았던 타임캡슐인 셈이다.

　생명의 기원은 셰익스피어가 표현했 듯이 "어슴푸레한 과거와 시간의 심연" 속에 묻혀 있지 않고 이제 재능이 뛰어난 화학자들이 풀어주기를 기다리는 공공연한 비밀이 되었다. 만일 생명이 자기 생산적이고 열역학적 평형 현상과 거리가 멀다면, 살아 있는 세포는 이전에 살았던 시스템의 주요 흔적을 지금도 지니고 있어야 한다. 생명의 기원을 보여주는 자취가 아직 남아 있어서 귀 기울일 만큼 인내심이 강한 과학자들에게 이야기를 더듬더듬 들려줄지도 모른다. 생명은 최초의 소산 구조와 화학적 자취도 물질대사 경로라는 형태로 지니고 있을지도 모른다. 결국, 생물은 미생물화석이나 실험실의 유리 기구 속에서 화학 물질에 전기 방전을 가하는 현대판 연금술보다 훨씬 가치 있는 것이다. 간과하기 쉽지만 지금 살아 있는 생물이 생명의 기원을 들여다볼 수 있는 물질대사의 창이라는 사실은 명백하다.

아름다운 RNA 세계

오늘날 독립생활을 하는 가장 작은 자기 생산적 존재는 아마도 500개의 유전자와 단백질을 지탱하기 위해 에너지와 양분을 요구하는 작은 구균인 혐기성 세균일 것이다. 아니면 최근까지도 너무 작아서 양의 뇌에 질병을 일으키는 반점의 사촌쯤으로 여겼던 마이코플라스마의 일종일 수도 있다. 이 간단한 세균에서조차 탄소, 수소, 질소, 산소가 결합된 분자가 물질대사에서 순환적으로 상호작용한다.

유전자인 DNA가 작용하기 위해서는 활동적인 RNA가 필요하다. DNA와 RNA가 합세하여 세포 구조물을 이루는 단백질을 만들며, 또한 유전자를 잘라내고 또 이어주는 효소를 만든다. 소위 유전자 암호라는 것은 사실상 DNA 염기 배열의 순서와 엄청나게 다양한 단백질의 아미노산 배열 순서 사이의 대응 관계를 일컫는다.

RNA의 도움으로 DNA 뉴클레오티드는 단백질을 구성하는 아미노산을 순서대로 배열한다. 우리의 혈액과 내부 기관, 손톱, 피부, 머리카락 등은 모두 단백질로 이루어져 있다. 영양학자들이 8가지 필수 아미노산을 먹으라고 권유하는 것은 이들 단백질 구성 요소를 음식물로 섭취하지 않으면 몸 안에서 따로 보충되지 않기 때문이다. 전구물질을 갖고 있음에도 불구하고 사람의 몸은 필수 아미노산을 합성하지 못한다.

사람이 필수 아미노산을 주변 환경에서 얻는 것과 대조적으로, DNA에 필수적인 디옥시리보오스 5탄당을 구하기 위해 환경을 뒤지는 생물은 없다. 차라리 세포 내에서 리보오스로부터 산소 하나를 떼어냄으로써 디옥시리보오스를 합성한다. RNA를 구성하는 5탄당인 리보오스는 종종 음식물의 형태로 외부에서 얻는다. 리보오스가 있으면 모든 세포가 디옥시리보오스를 만들 수 있다는 사실에서 리보오스가 먼저였음을 알 수 있다. 리보오스를 지닌 RNA가 DNA보다 먼저 진화했다. DNA 당 대사는 RNA 당에서 산소를 빼냄으로써 진화했다. 초기의 생물은 RNA 생물이었다가 나중에 DNA 체계로 진화했을 것이다. 그러므로 RNA와 DNA의 물질대사를 비교하는 것은 생명의 가장 오래된 기원에 대한 단서를 찾아 세포라는 창을 들여다보는 한 가지 예라고 할 수 있다.

또 다른 증거는 DNA가 "마스터 분자"로 생물의 생화학적 왕좌를 차지하고 있는 것에 대해 의문을 제기한다. DNA보다 다재다능한 RNA는 생명 기원 초기의 자기 생산 체계에서 복제 도구로서 더 나은 선택이었다. DNA가 이중나선 가닥을 이루는 당으로 디옥시리보오스를 이용하는 반면, 단일 가닥인 RNA는 리보오스 당을 이용한다. 암호를 해독하여 단백질을 만들기 위해 DNA는 RNA을 이용해야 하지만 RNA는 단독으로 자기 복제와 단백질 합성을 할 수 있다. 태곳적 RNA는 오늘날 DNA가 세포 내에서 수행하는 모든 일보다 더 많은 일을 해냈을 것이다. 세포에서는 DNA 이중나선의 두 가닥이 풀려 뉴클레오티드 배열의 일부가 드러나면 그 부분이 전령 RNA로 "복사"된다. 이 메시지를 두 종류의 다른 RNA(운반 RNA와 리보솜 RNA; 리보솜은 단백질을 만드는 세포 내 "공장"이다)가 받아들임으로써 전령 RNA의 정보가 유용한 단백질을 구성할 아미노산 단위로 "번역"된다. 원칙적으로 RNA는 DNA 없이도 단백질을 만들 수 있다.

노벨상을 수상한 독일 물리학자 알프레드 아이겐은 1960년대 말 일리노이 주립대학의 솔 스피겔만이 한 연구를 이어서 (괴팅겐 연구소의 동료들과 함께) 시험관에서 RNA 복제를 유도하는 방법을 발견했다. 아이겐은 RNA가 뉴클레오티드 단위를 일렬로 배열하여 RNA를 형성함을 보여주었다. 더욱 놀라운 사실은 시험관 RNA의 일부가 더 빨리 복제할 수 있는 RNA로 돌연변이를 일으키기까지 했다는 점이다. 물론 아이겐의 실험이 생명의 자연발생을 밝혀내지는 못했다. RNA 분자만 가지고 세포라고 할 수 없다. 만약 과학자들이 살아 있는 세포에서 단백질을 추출하여 RNA가 든 시험관에 첨가하지 않았다면 시험관 속의 RNA는 언제까지고 완전한 무생물로 남아 있었을 것이다.

하지만 아이겐의 RNA 분자는 바이러스와 흡사하다. 이들은 살아 있지 않음이 분명하지만 바야흐로 생명이 되려고 하는 힘을 보여준다. 컴퓨터 바이러스가 퍼져나기기 위해서 작동하는 컴퓨터가 있어야 하듯이 자연의 바이러스(완전한 자기 생산적 생물이 아니지만 단백질로 덮인 유전자를 가지고 있다)는 살아 있는 세포가 필요하다. RNA 바이러스도 DNA 바이러스만큼이나 위험하고 복제 또한 가능하다.

컬럼비아 대학의 도널드 밀스도 시험관에서 RNA 바이러스를 만들어 냈다. 이 RNA 바이러스는 밀스가 편의상 제공한 세균 안에서 세균의 효소를 이용하여 자신을 복제했다. 1980년대 초 콜로라도 대학의 토머스 체크와 예일 대학의 시드니 앨트먼은 어떤 종류의 RNA가 자신을 자르고 이어 맞출 수 있다는 사실을 발견했다. RNA가 마치 효소처럼 자신을 스스로 잘라 재배열함으로써 활성 단백질처럼 행동한다는 점에 착안하여 그러한 시험관 반응물질을 "리보자임"이라고 부른다. RNA와 단백질, 그리고 이들의 구성성분을 포함하는 혼합물인 리보자임은 시간에 따라 변화를 보이는데 이는 일종의 시험관 진화라고 할 수 있다. 캘리포니아 대학 샌디에이고 분교의 제럴드 조이스는 지금껏 진행된 실험 중 가장 흥미로운 생화학 실험을 수행했다. 블루밍턴의 일리노이 대학에 있는 잭 초스탁, 앨링턴과 함께 그는 RNA 복제 속도를 실제로 증가시켜 주는 효소와 관련 있는 리보자임을 발견했다. 이것은 시험관에서 이루

13.
A. D. Ellington and J. W. Szostak, "Selection *in vitro* of Single Stranded DNA Molecules that Fold into Specific Ligand-Binding Structures," *Nature* 335 (1992): 850–852.

어진 분자의 진화임이 틀림없다.[13]

따라서 RNA는 초기 생물의 초분자로 으뜸가는 후보다. 성장하는 동안 자신에게 작용함으로써 RNA는 가능성이 더 많아진 혼합물을 만들어냈을 것이다. 복제와 돌연변이가 가능한 RNA는 효소 역할과 유전자 역할을 둘 다 하면서 자신을 복제하는 것 외에도 더 많은 일을 수행할 수 있었을 것이다.

이제 우리는 태고대의 지구에서 기름방울 안에 갇힌 상태로 자기 생산을 향해 길고도 고된 여행을 떠나 복제와 정보 체계를 발달시킨 것이 RNA였음을 상상할 수 있다. 현재 DNA로 된 모든 생물의 세계는 이처럼 "RNA 세계"의 RNA 세포 내에서 진화한 것이다. RNA 세계는 하버드 대학 생물학자이며 노벨상 수상자인 월터 길버트가 1986년에 만들어낸 말이다.[14]

14.
W. Gilbert, "The DNA World," *Nature* 319 (1986): 618.

최초의 세포

보통 깨어 있는 상태에서 사람의 몸은 공기에서 흡입한 산소를 이용하여 당을 태운다(유기호흡). 그러나 격렬한 운동 뒤에 신체는 전혀 다른 물질대사로 되돌아간다. 초기 세균에 의해 발명된 무기호흡과 똑같은 방식으로 근육이 당을 발효하는 것이다. 이처럼 우리의 몸은 스트레스를 받으면 대기가 산소로 채워지기 전의 과거를 "기억"해낸다. 이러한 생리적 플래시백은 과거의 환경 조건과 그 속에서 살면서 진화해온 우리의 몸을 재연한다. 진정한 의미에서 오늘날의 모든 생물은 지구 최초 생물권의 흔적을 간직하고 있는 셈이다.

DNA나 RNA만으로는 생물을 만들어내기에 충분하지 않다. 미국의 생물리학자 헤럴드 모로비츠는 "물질대사는 생물발생의 단계를 반복한다"("생물발생"은 생명의 기원을 일컫는다)는 개념을 들면서 막이 세포 전구체를 둘러싸고 난 다음에야 물질대사의 거의 모든 양상과 형태, 단백질과 핵산의 합성이 비로소 진화했다는 해석을 내놓았다. 단백질이나 핵산 중 어느 것이 생명 기원에서 먼저 나왔든 분명히 막이 그보다 훨씬 앞서 나타났을 것이다. 그리하여 생명은 진정한 세포 현상이 되었을 것이다.

모로비츠는 생명이 물로 된 환경에서 발생했으므로 세포를 환경과 분리하는 비수성 장벽이 필요했을 것이라고 강조했다. "환경과 구별되는 하나의 실체가 되기 위해서는 자유로운 확산을 막는 장벽이 필요하다. 열역학적으로 분리되는 하부조직이 최소한의 생명 조건으로 필요하다. 그것은 물과 기름 둘 다에 친화성이 있는 막이 닫히면서 액포를 만드는 순간, 무생물에서 생물로 불연속적인 이행이 일어난 것이다."[15] 물질적으로 고려한다면, 물질과 에너지의 계인 생명은 막을 경계로 환경과 부분적으로 격리되어 있다고 볼 수 있다.

15.
Harold J. Morowitz,
*Beginnings of Cellular
Life : Metabolism
Recapitulates
Biogenesis*
(New Haven: Yale
University Press,
1992), p. 8.

개체성은 언제나 막으로 둘러싸인 단위인 세포에 기초를 두며, 오랜 세월 진화를 거치는 동안 어느 때보다 큰 통합의 수준에 이르렀다. 생물은 단순히 진화하는 존재가 아니라 진화를 통해 스스로를 구현한다. 세포막은 모든 자기 생산적 존재에 공통이며 반드시 손상되지 않은 상태로 남아 있어야 한다. 막은 세포의 물질대사를 위한 전제조건이다. 최초의 자기 생산적인 계는 DNA나 RNA 모두 없었더라도 세포였음이 거의 확실하다. 그것이 RNA로 채워진 세포가 되고 지질막과 DNA가 더해져, 자기 생산성이 더욱 향상되어 최초의 우리 선조로 진화했을 것이다.

이 장의 첫머리에서 우리는 생명이 세상에 의해 버려졌으나 그 세상이 어디론가 가버린 것은 아니라고 썼다. 우리는 그 말이 단순한 시적 은유 이상임을 보여주었기를 바란다. 생명은 세상과 물질의 한가운데 있다가 반투명한 반투성 막에 의해 세상과 분리된 것이다.

그렇다면, 생명이란 무엇인가? 생명은 과거 환경, 과거 화학의 표명이다. 초기 지구의 모습은 생명으로 말미암아 오늘날 지구에 남아 있다. 생명은 시공간이 막으로 둘러싸여 있고 물을 머금고 있는 캡슐이다. 죽음도 생명의 일부다. 죽어가는 물질도 일단 번식하면 복잡한 화학계와 새로운 소산구조가 만들어져 열역학적 평형에서 벗어나기 때문이다. 생명은 상대적으로 어리석고 무감각해 보이는 우주라는 부모 물질에서 감성과 복잡성을 증가시켜온 결합체다. 생명은 시간이 지남에 따라 흩어져버리는 열의 보편적 경향을 거스르면서 자신을 존속해야만 한다. 이러한 열역학적 관점은 생명의 편향성과 목적성을 설명해준다. 수억 년 동안 생명은 살아남기 위해 내깃돈을 올리는 데서 벗어날 수 없었다. 열을 잃고 해체되는 경향이 있는 우주에서 이러한 화학적 보존 패턴이 바로 생명이기 때문이다. 과거를 보존하고 과거와 현재 사이의 차이를 만들면서 생명은 시간을 구속하고 복잡성을 계속 확대하고 스스로 풀어야 할 새로운 문제를 창출한다.

4장

생물권의 지배자 세균

만일 화성에서 세균이 발견되었다면
세균에 대한 묘사는 훨씬 극적이었을 것이고
종종 과학소설 같은 세균 역사의 기이한 성질도
절대 놓치지 않았을 것이다.
소린 소네아와 모리스 패니싯*

어쩌면 내 독자들 중에는 감염이 생물에 의해 일어난다는 내 학설을
그저 웃어넘기는 사람도 있을 것이다.
아고스티노 바시**

* Sorin Sonea and Maurice Panisset, *A New Bacteriology* (Boston: Jones and Bartlett, 1983), p. 1.
** Gordon Rattray Taylor, *The Science of Life : A Picture History of Biology* (New York: McGraw–Hill, 1963), p. 221.

세균 행성의 공포

일부 미생물이 질병을 유발한다는 사실을 깨닫기 전까지 미생물은 자연사에서 부수적으로 존재하는 호기심의 대상일 뿐이었다. 1670년대에 현미경의 초기 형태를 발명한 안톤 판 레이우엔훅은 그 존재를 "극미동물(아주 작은 동물)"로 묘사했다. 그들의 재빠른 움직임과 기이한 형태와 미세한 크기에 레이우엔훅은 강한 인상을 받았다. 1831년에 반맹인 이탈리아 법학도 아고스티노 바시(1733-1856)는 곰팡이에 감염된 누에에서 다른 누에로 백강병이 퍼지는 것을 보고 감염을 입증했다. 바시가 질병이 자발적으로 생기는 것이 아님을 밝힌 지 한 세대 후가 됐음에도 불구하고 파스퇴르조차 세균을 오직 부패의 원인으로만 생각했다.

로베르트 코흐(1843-1910)가 탄저병에 걸린 소의 혈액에서 세균을 발견하자 전환이 일어났다. 작은 막대("간균")들이 세균의 단단한 포자에서 자라났다. 독일의 보건소원 코흐는 혈청을 공급해줌으로써 액체 배지에서 세균을 배양하는 법을 알아냈다. 그는 그 균을 염색하는 방법을 개발했고, 마침내 현미경에 사진기를 설치해 그 범인의 사진을 찍을 수 있었다. 그러나 세균이 전염병을 일으킨다는, 지금으로서는 상식적인 사실이 받아들여지기까지는 시간이 많이 걸렸다. 영국의 간호사로 박애주의자였던 플로렌스 나이팅게일(1820-1910)은 죽을 때까지 병원균의 존재를 인정하지 않았다.

전염병의 원인이 미생물이라는 세균설을 마침내, 그것도 아주 호되게 터득하게 되는 시기가 왔다. 다른 종류의 세균들이 탄저병이나 임질, 장티푸스, 나병에 연루되었던 것이다. 한때 작고 예외적인 형태로 사람들의 흥미를 끌었던 미생물이 이제 악마로 바뀌었다. 파스퇴르는 그의 뒤를 이은 하워드 휴스처럼 먼지와 병원균에 대한 공포증에 시달렸다.

그는 되도록 악수를 하지 않았다. 접시를 몇 번씩 닦았으며, 나무껍질이나 솜털 같은 불순물이 음식에 들어가지 않았는지 꼼꼼히 살폈다. 이제 미생물은 일상 대화의 즐거운 잡담거리가 아니라 타도되어야 할 악랄한 대상이었다. 나치는 대학살을 부추기는 선전술에 전염성 강한 악질의 세균에 대한 은유를 이용하기도 했다. 오늘날에도 여전히 세균을 소인국의 "병원균" 쯤으로 푸대접하는 경향이 있는데, 이는 모든 생물의 이익에 기여하는 세균의 엄청난 중요성을 가리고 있다.

1950년대까지 가장 오래된 화석으로 밝혀진 것은 5억 2000만 년 된 삼엽충과 멸종된 다른 해양 동물의 화석이었다. 이와 대조적으로 지구에서 가장 오래된 암석은 거의 40억 년이나 된 것으로 추정되었다. 현재는 미생물 화석이 가장 오래된 퇴적암층에서 발견되어 지구와 달이 형성된 후 이내 생명이 생겨났음을 말해준다.

1977년에 하버드 대학의 고생물학자 엘소 바군과 앤드류 놀은 34억 년 된 퇴적암에서 세균 화석(일부는 세포분열 단계에 있었다)을 약 200개 발견했다. 이전에 바군은 미국 온타리오 서부와 슈페리어호 경계 지역의 철광층에서 미생물을 발견한 적이 있었기 때문에 아프리카와 호주의 오래된 암석에서 세균 화석의 잔재를 발견하고도 그다지 놀라지 않았다. 1990년에 지질학자 모드 월시는 아프리카 남부의 바버톤 산악지대에서 처트라는 고대의 검은 암석을 수집했다. 처트는 개펄이나 화산 웅덩이에서 굳은, 규산 함량이 높은 암석이다. 월시는 처트를 루이지애나 주 보톤 루즈의 실험실로 가져가 얇게 쪼개고 갈고 닦은 다음 현미경으로 관찰했다. 그녀가 본 것은 단순한 세균이 아니었다. 그것은 모래층에 갇혀 35억 년 전에 번성했던 미생물 군집 전체를 입증하는 세균들이었다.[1]

현재 존재하는 세균이 최초 생물의 비밀을 밝히는 단서를 줄 수도 있다. 미국의 분자생물학자 칼 우스는 리보솜 RNA 때문에 다른 세균과 확

1.
바군과 월시의 미화석 및 다른 연구자들이 밝힌 현생누대 이전의 스트로마톨라이트와 미생물 세계에 대한 논의는 다음 책의 5장과 6장을 참고할 것. Lynn Margulis, *Symbiosis in Cell Evolution*, 2판, (New York: Freeman, 1993).

연히 구별되는 매우 강한 세균 세 종류를 발견했다. 소금기에 강한 "호염성 세균", 열에 강한 "호열성 세균", 메탄을 만들어내는 "메탄생성세균"이었다. 극한 환경에서 살아가는 이 세균들은 리보솜 RNA 면에서 공통점이 많아서 다른 모든 세균보다 자기들끼리 가까워 보인다. 우스는 이 강건한 세균들을 "고세균"이라 불렀고, 이들이 지구 최초 생물의 직계 자손이라고 보았다.

원시 세균이 해양저나 소의 위, 하수도, 옐로스톤 국립공원의 산성 온천과 같은, 산소가 희박한 환경에서 사는 것을 관찰했는데, 이는 오늘날 우리가 짐작하는 것처럼 대기 중에 기껏해야 약간의 산소가 있었을 뿐인 태고의 뜨거운 지구 환경과 일치한다. 산소는 남조류가 수소를 붙잡기 위해 태양에너지를 이용하여 물 분자를 분해하는 방식을 진화시킨 다음에야 대기로 방출되었다. 수소와 당시 풍부했던 이산화탄소로부터 끌어온 탄소 원자를 결합함으로써 남조류는 DNA와 단백질, 당, 기타 세포 구성 물질을 합성할 수 있었다. 빛이 필요한 이 세균은 태곳적 지구에서 햇빛이 들고 물이 있는 곳이면 어디에서든 빠른 속도로 퍼져나갔다. 그렇게 하는 과정에서 물에서 수소를 빼내고 난 뒤 남는 산소 분자를 엄청나게 많이 대기 중에 방출했다.

그리하여 진화하는 세균의 물질대사로 인해 지구 대기에 큰 변화가 생겼다. 가장 혁신적인 세균의 활동이 늘 있었기에 원래 산소가 없었던 지구 대기에 산소가 풍부해졌다. 메탄생성세균과 황을 이용하는 세균 등 지구에 처음 거주했던 혐기성 세균은 물질대사 과정에서 산소를 생산하지도 않았고 산소를 사용하지도 않았다.

생명은 세균이다

"생명이란 무엇인가"라는 질문에 대한 일리 있는 답변 중 하나가 바로 "세균"이다. 그 자체가 살아 있는 세균이 아닐지라도 모든 생물은 세균의 자손이거나 여러 세균이 합병된 것이다. 맨 처음 지구에 자리를 잡은 세균은 절대로 자리를 내놓지 않았다.

세균은 아마도 지구에서 가장 작은 생명체이겠지만 그들은 진화에서 위대한 도약을 이루어냈다. 세균은 다세포성을 고안해내기까지 했다. 자연계의 세균은 단세포일거라는 일반적인 믿음과 달리 대부분의 세균이 다세포다(도판 6). 다세포 세균에서 각 세포 단위가 바로 세균 하나다.

어떤 계통의 세균은 우리를 포함하여 많은 다른 종류의 생물로 진화해나갔다. 우리 모두의 세포 속에도 산소를 이용하여 에너지를 생성하는 이전의 세포가 있으니, 그것이 바로 미토콘드리아다. 광합성을 하는 남조류와 그들의 후손(식물의 엽록체)은 대기로부터 이산화탄소를 흡수하여 탄소를 생장에 사용하고 폐기물로 생기는 산소를 대기 중으로 내보낸다. 그 산소 중 일부만이 모든 식물세포에 존재하며 한때 광합성 세균이었던 엽록체와 공존하는 미토콘드리아에 의해 사용된다.

우리의 이웃 행성인 금성과 화성은 둘 다 대기의 90퍼센트 이상이 이산화탄소로 되어 있다. 그러나 지구의 대기는 반응성이 높은 혼합물로 산소의 비율이 높고 이산화탄소는 0.1퍼센트 이하다. 대기에서 이산화탄소를 제거하고 산소를 생성한 것은 바로 세균이었다. 결국 세균이 오늘날과 같은 지구 환경을 만든 것이다. 큰 생물은 모두 자신의 세포 안에 미토콘드리아를 가지고 있어 산소가 공기 중에 축적되기 전에 지구에서 살았던 세균의 살아 있는 후손인 셈이다. 지구의 생명은 상호의존적인 존재가 프랙털을 이룬 네트워크, 즉 홀러키다.

세균에 대한 두려움은 어떤 면에서는 생명에 대한, 어쩌면 진화 초기 단계의 우리 자신에 대한 두려움일지도 모른다. 이제 미생물이 우리에게서 강한 매력을 발견한다 해도 그리 놀랄 일이 아니다. 모든 생물의 탄소-수소 화합물은 이미 질서 있는 상태로 있기 때문에 사람의 몸은 다른 모든 생물과 마찬가지로 이 작은 생명체의 탐나는 먹잇감이다. 세균은 열역학적 평형을 거역하는 오랜 투쟁에서 자기 생산을 유지하기 위한 에너지원으로 우리 몸을 노린다.

우리의 몸은 죽은 후에도 불활성의 물질 상태로 돌아가는 것이 아니라 생태계를 지탱하는 세균의 질서로 돌아간다는 사실을 위안으로 삼아야 한다. 조르다노 브루노는 이렇게 썼다. "씨앗이 싹터 녹색식물로 자라고, 이삭을 맺고, 이삭의 곡식 알갱이는 빵이 된다. 빵이 양분이 되어 혈액을 만들고, 또 혈액으로부터 정액, 태아, 사람, 시체, 흙, 암석, 무기물로 변한다. 이렇듯 물질은 언제까지고 자신의 형태를 바꿀 것이며 자연의 어떤 형태라도 취할 수 있다."[2]

2.
Wolfgang E.
Krumbein and
Betsey Dyer, "This
Planet Is Alive:
Weathering and
Biology, a
Multi-Faceted
Problem," in The
Chemistry of
Weathering, J.I.
Drever 엮음
(Dordrecht and
Boston: D. Roidol,
1985), p.145.

젊음이나 최고로 매력적인 모습, 궁극적으로는 우리의 삶을 영원히 유지하려는 소망은 동물의 몸이라는 한계에 부딪혀 좌절된다. 그러나 우리 개인의 패배는 세균에게 승리이며, 바로 그들이 우리 몸의 수소-탄소 화합물을 살아 있는 환경으로 되돌려보낸다. 생명의 본디 구조에 훨씬 가까운 세균은 우리처럼 죽음을 향해 살지 않는다. 불행한 사고나 돌연변이, 다른 세균과의 유전자 교환만 막는다면 세균 세포 하나가 세포 분열로 자신의 복제품을 대대손손 만들어 본질적으로 영원히 원래의 형태로 살아남을 수 있다.

세균이 물질로 이루어진 불안정한 구조이듯이 우리 다세포 생물은 각자가 세포로 이루어진 불안정한 구조다. 한 종으로서의 인류, 심지어 동물계 전체도 세균에 비하면 훨씬 빈약하고 덧없는 존재다. 세균이라는 존재가 무기물에 비하면 훨씬 빈약한 것과 마찬가지다.

천부적인 물질대사 능력

세균은 동물처럼 헤엄칠 수도 있고, 식물처럼 광합성을 할 수도 있으며, 곰팡이처럼 부패를 일으키기도 한다. 이 미생물 천재 가운데 일부는 빛을 감지하고, 알코올을 생성하고, 질소를 고정하고, 당을 식초로 발효시키고, 바닷물의 황산이온이나 황 입자를 황화수소 기체로 바꿀 수도 있다. 세균이 이 모든 일을 하는 이유는 그들이 병원균이기 때문이거나 우리 인간의 환경을 깨끗이 해주기 위해서가 아니다. 생존이라는 지상 과제를 수행하다보니 지구에서 일어나는 중요한 물질대사 방식을 모두 고안해내게 된 것이다.

생물권에서 가장 작은 세균은 지름이 수소 원자의 천 배 정도에 불과하다. 만일 머리 핀 위에서 춤출 수 있는 천사가 있다면 세균이 바로 그 주인공일 것이다. 세균은 이미 나노 기술을 통달했다. 소형화에 성공하여 기술공학자들이 꿈꾸는 특정분자들을 마음대로 다루고 있는 것이다. 보통 세균은 어떤 컴퓨터나 로봇보다도 훨씬 복잡해서 먹이를 감지하고 그쪽으로 헤엄쳐 갈 수 있다. 세균은 세포막의 생체 모터에 달린 기다란 단백질 편모를 나사 모양으로 돌게 하여 그 추진력으로 목표물에 다가간다. 링, 작은 베어링, 로터를 완벽하게 갖춘 이 "양성자 모터"는 1분에 1만 5,000번쯤 회전하며, 배 밖에 설치된 전기 프로펠러가 배를 추진하는 것과 똑같은 방식으로 세균을 움직인다.

세균은 빠른 속도로 번식하므로 물과 양분이 적절히 공급되면 자신의 세포를 두 배로 늘리는 데 30분도 채 걸리지 않는다. 세균은 생물권을 유지하는 데 가장 중요한 역할을 해왔으며, 앞으로도 그럴 것이다. 광합성을 하는 남조류 한 마리가 이상적인 조건에서 생장하고 분열한다면 이론상 단 몇 달 만에 오늘날 대기 중에 있는 산소량 전부를 생산할 수 있다.

다른 모든 생물은 무수히 많은 세균이 살고 죽고 대사하는 활동에 의존해 살아간다. 우리의 건강과 복리는 토양이나 음식물, 애완동물의 안녕과 마찬가지로 주변 환경에 있는 모든 세균과 관계가 있다. 세균 세포는 아무것도 없고 단순해 보이지만, 세포 수준에서나 전 지구적인 차원에서 쉴 새 없이 바쁘다. 산소를 내놓지 않으면서 광합성을 하는 세균도 여러 종류 존재하는데, 이산화탄소와 수소를 생체 단백질에 통합하고 노폐물을 메탄가스로 바꾸는 세균도 있다. 또 다른 종류의 세균은 황산염을 황화물로 바꾸거나 불활성 질소를 이용한다. 오로지 세균 왕국의 주민들만이 이처럼 다양한 물질대사 능력을 타고났다. 그러한 대사 능력이 있다고 알려진 동물(메탄을 생산하는 흰개미)이나 식물(영양분이 고갈되면 뿌리에서 질소를 고정하는 콩 종류)은 세균 전문가를 끌어들였기에 그런 전문 기술을 구사할 수 있다. 이렇게 세균의 기술을 빌려 쓰는 일은 인간이 하얀 실험복을 입고 진행하는 생물 공학에서도 마찬가지로 일어난다. 우리 인간이 특허를 낼 만한 미생물을 "발명"하는 것이 아니다. 그보다는 유전자를 교환하는 세균의 오랜 성향을 인간이 이용하고 조종했다는 게 맞는 말일 것이다.

유전자를 거래하다

세균은 시카고 상품 거래소의 입회장에서 상품을 사고파는 거래원들보다 더 미친 듯이 유전자를 거래한다. 세균의 유전자 정보 교환은 진화의 새로운 개념을 이해하는 기초가 된다. 진화는 하나로 쭉 이어지는 가계도가 아니라 현재 지구 표면 전체에 걸쳐 자라고 있는 하나의 다차원 생물에게 나타나는 변화다. 처음부터 민감했던 이 지구 크기의 유기체는 지난 30억 년 동안 열역학적 평형에서 벗어나 진화하면서 더 발전했고 자신을 더 많이 성찰하게 되었다. 당신이 어느 찻집에서 녹색 머리의 사내와 스쳐 지나갔다고 상상해보자. 그 과정에서 당신은 남자의 유전자 중 일부를 새로운 특성 몇 가지와 함께 얻게 된다. 이제 당신은 녹색 머리 유전자를 자식에게 전달할 수 있게 되었을 뿐만 아니라 당신 자신도 녹색 머리가 되어 찻집을 나온다. 세균은 이런 식의 우발적이고 민첩한 유전자 습득에 항상 탐닉한다. 헤엄을 치면서도 자신의 유전자를 주변의 물에 흘린다. 만일 종이 교배 가능한 생물 개체군이라는 기본 정의를 세균에 적용한다면, 전 세계의 세균이 모두 하나의 종에 속할 것이다. 시생대의 지구는 성장과 유전자 이동이 놀랄 만치 빠르게 일어나는 혼잡한 곳이었으나, 머지않아 원생대에서는 더 크고 복잡한 원생생물이 등장했고 다음 장에서 다룰 이 원생생물에서는 유전자 교환에 제한이 생겼다.

유성생식을 하는 종의 세포에는 자신의 DNA 꾸러미가 든 핵이 있지만, 세균의 DNA는 세포질 속에 흩어져 있다. 세균 세포에는 핵이 아예 없다. 이 때문에 세균은 원핵세포로 이루어진 원핵생물이다. 원핵이란 문자 그대로 "핵 이전"을 의미한다. 핵이 없기 때문에, 아울러 붉게 염색되는, 단백질로 싸여 있는 염색체를 이루지도 않기 때문에 세균은 결코 유사분열로 번식하지 않는다. "염색체 춤"이라고 할 수 있는 유사분열은 식물, 균류, 동물의 세포가 둘로 나뉘는 세포분열 방식이다. 이 춤은 시생대에 이은 원생대의 원생생물에서 진화했다. 이와 달리, 세균은 길게 늘어진 DNA가 자라는 세포막에 붙어서 끌려가고, 완전히 자란 세포가 갈라져 동일한 딸세포 두 개를 형성한다. 일부 세균은 모체에서 작은 돌기를 내는 출아법으로 똑같은 유전자를 가진 자손을 낳는다.

우리에게 익숙한 식물과 동물 종들은 부모한테서 같은 수의 유전자(염색체)를 받아 새로운 자손이 태어나므로 "수직적"으로 번식한다고 할 수 있다. 그러나 세균의 경우 그러한 강제 조항이 없다. 오히려 세균

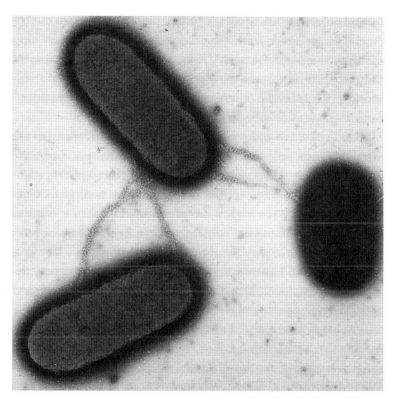

▶ 그림 6
세 세균의 유전자 교환. 지구에 있는 다른 모든 생물과 달리, 세균은 유전정보를 비교적 자유롭게 전파하므로 분류학상 다른 "종"들도 유전자를 교환할 수 있다. 핵이 있는 세포(진핵생물)의 진화에서 중요한 역할을 한 세균의 섹스는 세균이 산소를 많이 만들어내서 오존층을 형성하기 전에 이미 만연했던 것 같다. 전자현미경 사진에서 오른쪽의 웅성 세균이 박테리오파지로 덮인 두 개의 관을 통해 유전자를 보내고 있다. 모네라(세균)계, 프로테오박테리아문.

은 같은 세대의 동료로부터 새로운 유전자를 얻는 방식으로 "수평적"인 유전자 거래를 한다.

세균 세포는 종종 여분의 DNA, 즉 예비 유전자 세트를 가지고 있다. 이 유전자는 맨조각(플라스미드)이나 단백질에 싸인 형태(바이러스)로 거래되기도 한다. 일부 세균의 경우 유전자를 주는 세포와 받는 세포 사이에 다리가 만들어진다(그림 6). 이렇게 세포 다리를 내어 유전자를 보내는 과정을 접합이라 하는데, 이는 포유류의 섹스와 성격이 다르다. 세균 세포끼리 융합도 하지 않을 뿐더러 자손을 만드는 데 똑같이 기여하는 "부모" 역할도 하지 않는다. 한 세균("제공자")이 다른 세균("수령자")에게 일방적으로 유전자를 전달하며 수령자가 하는 보답은 없다. 그런데도 접합은 새로운 세균, 즉 여러 부모한테서 유전자를 받은 "유전적 재조합" 세균을 만든다는 점에서 생물 섹스의 최소 필요조건을 충족한다.

다리를 내어 접합하는 세균은 한정적이다. 접합을 할 수 없는 많은 종류의 세균은 바이러스 혹은 플라스미드 섹스에 탐닉한다. 접합 형태의 섹스를 하기 위해서는 세균에게 "성별" 차이가 있어야 한다. 즉, 제공자는 수령자가 필요하다. 어떤 세균 세포가 제공자가 될지 수령자가 될지는 하나의 "성(性)" 유전자에 의해 결정된다. 성 유전자 자체가 접합 과정에서 전달될 수도 있다. 그렇게 되면 웅성(제공자) 세균이 자성(수령자) 세균이 되기도 하고 그 반대도 일어날 수 있다. 한 번에 유전자를 여러 개 전달하여 수령자에게 단순히 세포 다리를 만드는 능력뿐만 아니라 비타민을 합성하는 능력이나 특정 항생제에 대한 내성처럼 다른 유용한 형질을 전해줄 수도 있다.

자외선을 쬐면 건강한 세균이 박테리오파지라는 작은 바이러스를 내놓으며 파열해버린다. 이 바이러스가 살아남은 세균에게 유전자를 퍼뜨린다. 초기 지구에는 태양의 자외선을 차단해주는 오존층이 없었기 때문에 유전자 교환이 오늘날보다 훨씬 더 일반적으로 일어났을 것이다. 자외선이 폭탄처럼 내리쬐는 태초의 지구는 수백 년 간 유전자 거래에 열중하는 세균 섹스의 현장이었을 것이다.

세균의 재조합은 생물공학자들이 개발한 유전자 재조합의 자연적인 형태이다. 이미 존재하는 세균의 기호를 교묘히 조작함으로써 생명공학 기술자들은 이를테면 대장균이 사람의 인슐린을 생산하게끔 만든다. 사람의 특정 유전자를 받아들인 대장균이 증식하여 개체군을 이루고, 정상적으로는 췌장에서 생성되는 호르몬인 인슐린을 대량으로 만들어내는 것이다.

죽어가는 세균에서 DNA를 분리하여, 순수한 DNA로든 단백질로 둘러싼 바이러스 입자로든, 다른 세균의 유전자 속에 끼워 넣을 수 있다.

수정되는 난자와 정자와는 달리 세균 세포는 결코 융합하지 않는다. 오직 유전자가 이동할 뿐이며, 이러한 흐름이 그들을 살아 있는 지구의 유전자 정기와 연결해준다. 만약 이것을 과학 소설로 쓴다면 휴고상(미국에서 과학소설 분야의 최고 작품에 주는 상은 따놓은 당상일 것이다. (새로 얻은 녹색 머리와 아울러) 푸른 눈을 가진 당신이 수영장에서 좀 더 흔한 갈색 눈 유전자를 꿀꺽 삼켰다고 상상해보라. 수건으로 몸을 닦을 때는 해바라기와 비둘기의 유전자가 우연히 딸려 들어온다. 이제 갈색 눈이 된 당신은 꽃잎을 싹 틔우고 날기 시작한다. 그리고 마침내 갈색 눈에 녹색 머리를 가진 다섯 쌍둥이를 낳는다. 이러한 공상은, 거래되는 유전 형질이 물질대사에 관계하거나 현미경을 써야만 보인다는 점을 제외하면 세균 세계에서는 흔한 일상이다.

우리의 멋진 친척

딱정벌레 역시 어떤 생물보다 종이 많지만 지구에서는 단연 세균이 가장 수가 많은 생물이다. 나머지를 모두 합쳐도 역시 세균이 가장 다양하다. 세균은 가장 오랜 세월 동안 진화했고, 다른 생물들이 사는 환경을 포함하여 다양한 서식지를 십분 활용할 수 있게 되었다.

유전자 거래를 통하여 새로운 유전 형질을 획득함으로써 세균은 수분 아니면 길어야 몇 시간 안에 그들의 유전적 능력을 확장한다. 지구 차원의 거대한 유전자 집합소에서는 일시적으로만 분류 가능한 세균 "종류", 즉 "균주"를 생성하지만, 이들은 환경 변화에 뒤지지 않게 빠른 속도로 급격히 변화한다. 공기, 물, 흙에서 사는 세균은 성장하는 지구 유기체의 세포와 같다. 우리의 유전자를 주변 환경으로부터 취하고 내놓는다. 물론 다른 모든 생물과 마찬가지로 세균도 영양분 고갈, 열, 염분, 건조 때문에 죽을 수도 있지만 정상적인 경우 이들 미생물은 죽지 않는다. 환경이 허용하는 한 세균은 계속 성장하고 분열하며 노화에서 자유롭다. 일단 성장한 후 반드시 죽는 포유류 몸과 달리, 세균의 몸은 한계가 없다. 진화하는 세계에서 내던져진 비평형 구조인 세균은 원칙적으로 불멸의 존재다. 무질서한 우주에서 질서를 격리시켜버린 고요한 세균 생태계는 모든 식물과 동물, 균류, 심지어 이 모든 생물의 선조인 원생생물보다 먼저 등장했다. 세균 생태계가 없었더라면 어떤 생물도 진화하지 못했을 것이며, 오늘날 어떤 생물도 살아 있지 못할 것이다.

세균은 지금까지 알려진 가장 끈질긴 생명체다. 시나이 사막의 극한 환경에서도 살아나가며, 홍해의 짠 바닷물에서도 살아간다. 어떤 세균은 남극의 바위에서 살고, 시베리아의 툰드라 지대에서 잘 자라는 종류도 있다. 방금 양치질을 끝냈다 하더라도 당신의 입 안에는 뉴욕 인구보다 더 많은 세균이 살고 있다.

세균의 끈기를 결코 과소평가해서는 안 된다. 이 지구 전체가 세균이다. 인류의 기술과 철학은 세균의 순열이다. 잡아먹고 감염하고 비가역적으로 합병함으로써 세균은 강력한 새 천재들, 즉 원생생물, 균류, 식물, 동물을 만들어냈다. 이들은 모두 자신의 선조인 세균의 물질대사와 운동을 생생하게 간직하고 있다.

처음에 과학자들은 사람의 혈액과 완두콩, 대두, 알팔파 등 콩과 식물 모두에서 붉은 단백질 색소인 헤모글로빈을 발견했을 때 무척이나 놀라워했다. 식물이 자신을 먹고사는 동물로부터 산소를 운반하는 붉은 철 분자를 차용했던 것일까? 그럴 수도 있다. 그러나 현재 헤모글로빈은 황을 산화하는 기다란 실 모양의 세균인 비트레오실라에서도 발견된다. 따라서 헤모글로빈이 식물과 동물의 공통 조상인 세균에서 진화했다는 설명이 훨씬 더 그럴듯하다. 헤모글로빈은 초기 생물의 "혈연"(혈액이 진화하기 훨씬 전에 진화한 혈연)을 보여주는 화학적 증거다. 다채롭고

꾀 많은 세균에서 진화한 녹색 엽록소나 붉은색 헤모글로빈과 같은 분자는 그들이 어느 정도까지 우리와 가까운 친척인지를 보여준다.

풍요에서 위기로

자신이 진화해 나온 물질의 냉담함에 위협받으면서 생물은 산더미 같은 위험에 둘러싸여 살았다. 진화의 매 지점에서 생물은 존재에 필요한 내깃돈을 올려나갔다. 자신을 극복하고 감수성과 능력을 키우면서 생물은 새로운 영역과 새로운 위험 속으로 뛰어든 것이다. 그것은 새로운 기회이기도 했다.

전적으로 세균 세계이던 시절에 생명은 놀랍도록 새로운 형태들을 모두 만들어냈다는 점을 생각해보라. 과학은 최근에야 비로소 생물의 진화 초기에 일어났던 눈부신 사건들을 밝혀냈다. 신생대에 등장한 생물인 우리는 미생물학, 분자생물학, 고생물학이 발전한 다음에야 자연사에서 가장 오래된 불가사의를 인식하고 이해할 수 있게 되었다. 미생물들의 난해한 화석 기록을 통해 보이지 않는 대사상의 변화, 그리고 토양과 대기 가스를 처리하는 지구의 힘을 짐작할 수 있다. 그리고 현재 생물권을 특징짓는 분자와 분자의 작용을 통해 과거의 흔적이 조금씩 밝혀지고 있다. 생물의 초기 진화로 형성된 변화는 세포막 경계 안으로 국한되지 않았다. 지질의 변화, 궁극적으로는 지구 행성의 변화가 일어났다. 시생대의 세균이 지구를 영구히 바꿔놓았다.

생물은 끝까지 번식하려는 경향이 있어서 고갈과 오염을 초래한다. 환경의 변화에 대응하면서 세균은 "위기"를 거듭 조성했다. 위기 때마다 새로운 물질대사 경로를 다수 진화시킴으로써 위기를 극복했지만, 그 이후에 다시 먹을거리가 고갈되었고 지구의 생물에게 새로운 물질

오염과 새로운 위험이 찾아왔다.

아침 식사는 발효로

세포라는 형태를 갖추고 번식하는 최초의 생명은 지구 전체로 빠르게 퍼져나갔다. 처음에 지구의 물질은 생물권 최초의 생물 몸 안에 있는 물질과 거의 다르지 않았다. 초기 세균은 발효로 자랐다. 이들은 당과 비슷한 작은 유기화합물을 분해하여 화학 에너지와 양분을 얻었다. 그 당시 생물권은 "1차 생산자"가 필요하지 않았다. 지구는 태양광선, 지구 내부의 요동과 열, 번개 등 생물이 나타나기 이전의 여러 작용으로 이미 만들어진 "먹을거리"가 풍부했다.

발효 세균은 먹은 음식물보다 에너지가 덜 포함된 화합물, 즉 산과 알코올을 내놓는다. 이를테면 현대의 발효 세균은 젖당에서 젖산을 만들고, 포도와 곡물의 당분을 분해하여 와인과 위스키의 알코올을 만든다. 비록 초기 지구에는 과일이나 식물이 없었을 테지만 발효 세균 선조는 당을 마음껏 즐겼을 것이다. 실험실에서 에너지가 넘치던 초기 지구의 활발한 대기 모형으로 실험을 해보면 에너지가 풍부한 유기물이 자연적으로 많이 생성되었음을 알 수 있다. 자연적으로 생긴 유기물에는 발효할 수 있는 당과 RNA의 리보오스 같은 간단한 당까지 포함된다. 초기 생물은 태고의 당분을 먹고 살면서 환경에 존재하는 탄소-수소 화합물을, 조성이 비슷하나 특이하게 자기 생산적인 몸을 구성하는 물질로 교체해나갔다. 공짜 점심 같은 것은 없었다 하더라도 생물은 우주의 공짜 아침에 해당하는 것을 즐긴 것 같다. 당은 발효 세균에게 자신과 자손의 탄소 화합물을 만드는 데 필요한 양분과 생명 유지에 필요한 에너지를 둘 다 제공한 것이다.

아주 초기의 생물과 유사하다고 여겨지는 발효 세균 중 한 종류가 서모플라스마다. 황을 이용하며 고온에서 사는 이 세균은 RNA 특성 때문에 고세균으로 분류된다. 모든 생물이 그렇듯이 서모플라스마도 세포막이 있다. 그러나 마이코플라스마를 제외한 다른 세균 세포는 모두 세포막 바깥에 세포벽이 있는데, 서모플라스마는 세포벽이 없다. 세포벽이 없기 때문에 서모플라스마는 형체가 분명치 않고 쉽게 변한다. 대부분의 세균에서 세포벽은 당이 결합한 펩티드(펩티도글리칸)로 이루어지며, 이 세포벽은 인지질과 단백질로 구성되는 유연한 세포막과 전혀 다르다. 서모플라스마처럼 세포벽이 없는 세균은 아마 세포벽이 진화하기 전의 세균에서 진화했을 것이다. 아니면 세포벽을 잃은 것인지도 모른다. 세포벽이 없는 일부 감염성 세균은 페니실린이나 다른 항생제가 듣지 않기 때문에 사람에게 위험할 수 있다. 페니실린과 같은 항생제는 세포벽의 성장을 방해하여 세균의 번식을 막는데, 이것이 바로 항생제가 동물세포에 직접 해를 미칠 수 없는 이유다(사람의 세포는 세포벽이 없고 세포막만 있다).

세포벽이 없는 발효 생물은 달콤한 원시 환경으로부터 당이나 다른 에너지가 풍부한 화합물을 이용함으로써 음식을 공짜로 얻어먹은 셈이었다. 초기의 세균은 스스로 양분을 만들도록 강요받지 않았다. 그러나 어느 시점에서 개체수의 증가 속도가 이용 가능한 양분의 충당 속도보다 더 빨리 늘어났다. 위기는 필연적이었다.

녹색세균, 적색세균, 자색세균

생물학자들은 양분을 생산할 수 없어 외부로부터 탄소와 에너지를 얻는 종속영양생물로 세균을 분류한다. 사람을 비롯한 거의 모든 동물

또한 종속영양생물이다. 색소체나 공생 조류가 없기 때문에 우리 몸은 광합성을 하지 못한다. 우리는 식물조직이나 식물을 먹고 자란 동물과 균류 같은 다른 생물체로부터 양분과 에너지를 얻어야 한다. 종속영양 생물인 세균이 생물학적 위기를 맞게 되는 최초의 파도는 단지 시간문 제였을 뿐이다. 환경이 제공하는 양분 공급이 제한되고 예측이 불가능해지고 점점 희귀해졌다. 발효 생물들은 지구의 식료품 저장실에서 줄어들고 있는 당분에만 의존할 수 없었다. 기아에 직면하자 일부 운 좋은 발효 세균이 어떻게 해서인지 스스로 양분을 만들 수 있는 능력을 진화시켰다. 이렇게 해서 녹색세균과 자색세균이라는 위대한 혈통이 시작되었다.

지구 역사상 가장 중요한 물질대사 혁신은 광합성이었다. 광합성을 통해 생물은 에너지 결핍에서 해방되었다. 그때 이후로 생물이 주로 받은 제약은 구성물질의 부족이었다. 광합성은 세균에서 나타났다. 햇빛에서 에너지를 채굴하는 최초의 양분 제조자(아마도 오늘날의 클로로비움 같은 녹색황세균)는 자신과 생물권의 나머지 생물들을 위해 사용 가능한 양분과 에너지를 생산해냈다. 그들은 최초의 독립영양생물이었다.

지구 표면에 도달하는 광선 중 생물에게 가장 중요한 형태는 생화학 작용을 파괴하는 짧은 파장의 자외선도 아니고, 사람이 열로 감지하는 긴 파장의 적외선도 아니다. 그보다 생물은 중간 파장의 가시광선에 의존한다. 광합성에서는 태양의 가시광선에서 나오는 광자 에너지가 엽록소 분자의 전자를 흥분시키고 여분의 에너지를 ATP 분자로 전달한다. ATP가 생물에게 크게 기여한 것은 햇빛이나 양분이 있어서 에너지 이용이 가능한 바로 그 순간이 아니라 생물에게 에너지가 필요할 때 에너지를 사용할 수 있게 해준다는 점이다. ATP는 생물이 미래를 위해 저축하는 일차 방식이다. 그러나 에너지 저장 도구로서 ATP는 한계가 있다. 공기 중의 이산화탄소와 몇몇 수소원으로부터 당을 만드는 데 ATP를 이용함으로써 에너지를 더 오래 더 많이 저장할 수 있다. 광합성은 세포가 내부에서 당과 유전자를 만드는 것을 가능하게 함으로써 환경에서 당을 얻어내는 초기 식생활로부터 생물을 자유롭게 해주었다.

클로로비움 비노숨 같은 오늘날의 녹색황세균은 광합성을 한다. 이들의 선조는 아마도 최초의 광합성 생물에 속했을 것이다. 오늘날에는 산소가 해를 미치지 못하는 지하 세계로 세균이 한정되어 있지만, 태초에는 그들이 이 지구 표면을 장악했을 것이다. 산소가 없는 초기의 대기는 그들을 괴롭히지 않았을 것이고 더군다나 엄청난 양의 이산화탄소도 있었다. 녹색황세균의 혐기성 대사는 과거의 대사 방식을 물려받은 것으로 보인다.

초기의 발효 세균이 점점 줄어드는 유기물 조각으로 근근이 살아가야 했던 반면에 초기 광합성 세균은 말 그대로 공기에서 난데없이 나타났다. 수소가 여전히 지구에 기체 상태로 존재했으므로 광합성 세균들은 당 합성에 필요한 수소를 얻는 데 아무런 문제가 없었다. 최초의 광합성 생물은 대기로부터 끌어온 수소 기체와 이산화탄소로부터 자신의 작은 몸체를 만들어냈다.

또 다른 준비된 수소원은 황화수소였다. 한때 불모지였던 대지를 재생하고 부드럽게 만든 녹색황세균은 갈라진 지각의 분기공이나 화산이 뿜어내는 황화수소(H_2S)를 먹고 살았다. 폐기물로 황 원소(S)를 내놓았기에(지금도 마찬가지다) 황세균이라는 이름이 붙었다. 물(H_2O)을 분해하여 수소 원자를 얻는 조류나 식물과 달리, 녹색황세균은 산소를 내놓지 않았다. 대신 그들은 황 원소를 아무렇게나 쌓아두었다. 수소기체가 대기에서 사라지고 난 후에도 지각 변동 운동이 쉴 없이 일어난 덕택에 황화수소는 풍부하게 남아 있었다. 이렇듯 황화수소를 이용하는 광합성 경로는 초기 생물을 위한 훌륭한 전략이었음이 판명되었다.

시간 여행을 하는 눈으로 시생대의 수평선을 훑어보았다면 다채로운 색깔들이 번쩍이는 것을 볼 수 있었을 것이다. 선홍색, 녹색, 자주색, 오렌지색 등 다양한 색깔의 광합성 세균들이 용암류, 굳은 경석, 반짝이는 검은 모래를 잠식하면서 새로 생긴 화산지대의 표면을 장악했다. 환상적일 만큼 성공적인 세균 중에는 새로운 식량원을 찾기 위한 수단으로 헤엄치는 능력을 진화시킨 종속영양생물도 있었다. 이들 가운데 일부가 적색세균인데, 이들의 붉은색은 빛에 민감한 색소인 로돕신 때문이었다. 로돕신은 녹색 색소인 엽록소처럼 에너지를 붙잡아 ATP에 저장하지만 다른 파장의 빛을 이용한다. 오늘날 (소금기를 좋아하는) 여러 호염성 고세균에서 발견되는 로돕신은 기본적으로 생물의 화학 작용이 잘 보존되어 있음을 보여주는 좋은 예다. 로돕신은 바다 어류의 망막 간상세포에서도 발견되며 사람의 시각 작용에서도, 특히 빛이 희미할 때 이용된다.

시간 여행의 눈을 녹색황세균과 적색 호염성 세균이 등장한 시기에서 앞으로 옮기면 마침내 새로운 광합성 형태, 자색황세균을 발견하게 된다(도판 7). 이들이 이루어낸 혁신은 광합성에 다른 색소를 쓴 것보다 산소를 견디는 능력에 있었다. 그러나 그들의 내성은 완전하지 않았다. 현존하는 자색황세균은 해질녘 같은 일시적인 어둠 속에서만 산소를 견딜 수 있다. 그러나 자기 생산이라는 과제를 받은 광합성 생물은 햇빛 아래서 살아야 한다. 어떤 광합성 생물도 어둠 속에서 장시간 살 수 없다.

산소 대소동

시생대의 자색황세균이 산소를 견뎌낼 수 있었던 것은 하나의 강점이었다. 산소는 이제 환경으로 슬며시 진입하기 시작했다. 물을 이용하는 새로운 형태의 세균, 이른바 남조류가 산소를 내놓기 시작한 것이다.

아직도 종종 식물이나 "남조류"로 불리는 남세균은 식물도 조류(藻類)도 아니다. 남세균은 전무후무할 정도로 지구 환경을 심하게 파괴했다. 생물은 수소가 풍부한 생활환경인 물(H_2O)에서는 항상 존재했었다. 그런데도 세균 몸체를 이루는 유기화합물을 만들기 위한 수소는 포도당($C_6H_{12}O_6$)이나 공기 중의 수소나 황화수소로부터 얻었다. 광합성 세균이 자색 선조로부터 변형된 독특한 엽록소 조직을 얻어 물에서 수소 원자를 이용할 수 있게 되자 남세균이 진화했다. 이들은 산화수소(물)를 구성 원자로 쪼개고 수소를 자신의 몸속으로 끌어넣었다.

다행히도 냄새가 고약한 황화수소보다 맑은 물이 훨씬 더 풍부했다. 물과 햇빛을 접할 수 있는 곳이면 어디든지 남세균이 자랐다. 오늘날에도 햇빛과 물이 있는 곳이면 산소를 만드는 이들 광합성 세균이 지금도 먼 옛날 도입한 대사 기술을 이용하여 계속 번창하고 있다. 알려진 종류만도 1만 가지가 넘는다. 사실상 이들은 어디서나 발견된다. 동굴 입구의 습하고 어슴푸레한 벽, 냉장고에서 물이 새는 곳, 배 갑판, 물가의 바위, 해안 절벽, 배수관, 화장실 물탱크, 샤워 커튼 등 도처에서 이들을 찾아낼 수 있다. 이들은 홍해뿐 아니라, 펄펄 끓는 온천, 원자로 냉각 탱크, 시나이 사막, 시베리아의 툰드라 지대, 남극의 얼음 밑에도 존재한다. 일부 과학자들은 화성의 붉은 표면과 극지방의 드라이아이스 빙관도 남세균이 증식하여 널리 퍼진 흔적일 거라고 추측한다.

남세균의 맹렬한 성장은 지역적인 현상이 아니었다. 청록색의 남세균은 증식하는 곳 어디에서든 H_2O를 이용했는데 H는 몸으로 끌어들이고 O는 O_2, 즉 산소 기체로 공기 중에 내보냈다. 산소로 인한 소규모의 생물학적 폭발은 모든 세포에 아주 파괴적이어서 초기의 대다수 생물체에게 산소 기체는 치명적이었다. 오늘날에도 고농도의 산소는 유독하다. 산소는 위험하게도 효소, 단백질, 핵산, 비타민, 지질과 결합한다. 그리고 산소가 생성하는 "유리기"는 수명이 짧고 반응성이 높은 화학물질이며 물질대사를 방해한다. 영양학자들은 유리기가 사람의 노화와 관계 있다고 믿으며 비타민 E(토코페롤) 같은 항산화제를 많이 섭취하라고 권한다.

시생대에 산소는 때때로 수소, 암모니아, 메탄, 황화수소 같은 대기 중의 기체들과 격렬히 반응했다. 생명 기원을 연구하는 이론가들은 지구의 생물이 이곳에서 다시 진화할 기회가 거의 없거나 전혀 없다고 말한다. 왜냐하면 생명에 절대적으로 필요한, 수소가 풍부한 화학 물질을 산소 기체가 산화시켜버릴 것이기 때문이다. 그러나 태양계의 외행성이라면 이야기가 다르다. 목성 같은 행성이나 타이탄 같은 위성에서는 산소가 대기를 구성하는 주요 성분이 아니다. 실제로 생명이 다시 진화한다면 유리 산소가 없어서 산소에 치명적인 초기 생물의 화학 조직을 방해하지 않는 외행성의 수소-탄소 기체 환경에서 훨씬 일어나기 쉬울 것이다.

산소를 내놓음으로써 남세균은 세계를 산소 원자로 둘러쌌다. 산소는 화학 반응의 속도를 올림으로써 변화를 가속했다. 자색 동료들을 밀어내고 남세균은 해수면 아래 200미터까지밖에 안 되는, 햇빛이 비치는 곳에서 바글거렸다. 따뜻한 계절이면 남세균은 더욱 왕성하게 번식했다. 표면을 끈적끈적하게 뒤덮고 퇴적물에 달라붙으면서 이들은 해안을 따라 암초를 형성했고 내륙에서는 축축한 직물 같은 덩어리를 만들었다.

세균이 내놓은 산소가 물에 녹은 철과 반응하자 녹, 즉 산화철이 형성되었다. 철은 지구에서 다섯 번째로 많은 원소이기 때문에 산화철은 실로 엄청난 양이 만들어졌고, 매년 호수와 바다 밑바닥, 최근에 운석이 떨어져 패인 웅덩이에 조용히 가라앉았다. 더울 때는 번창하고 추울 때는 서서히 자란 남세균은 계절이나 기후 변화에 맞춰 산소를 더 많이 혹은 더 적게 생성했다. 환경이 주기적으로 바뀌자 철광석의 산소 함유량에 변화가 생겼다. 이를테면 자철석은 덜 산화된 상태이고, 적철석은 더

산화된 상태다. 산소를 생산하는 세균 군집의 구성과 크기, 그리고 물질 대사는 기후와 계절에 따라 변했고 환경조건도 변화했다. 그 결과 줄무 늬를 가진 거대한 암석층이 형성되었다. 북아메리카에는 고대에 형성 된 줄무늬 철광층이 현재 온타리오 주 동부에서 슈피리어호 서부 끝까 지 뻗어 있다. 이 지층이 바로 디트로이트 자동차 공업에 쓰이는 철의 출처다.

20억 년 전에는 철뿐만 아니라 황, 우라늄, 망간도 전 세계에서 산화 되었다. 세균이 내놓은 폐기 가스(산소)에 노출되어 적철석, 황철석, 우 라나이트, 이산화망간이 되었다. 대기 중의 산소량이 증가함에 따라 산 화된 철은 산소와 결합하지 않은 광물들 사이에 끼게 되어 전세계에서 줄무늬, 이른바 "붉은 지층"을 만들어냈다. 지각에 나타난 산화 광물의 암석 기록은 22억 년 전부터 18억 년 전 사이의 4억 년 동안 지구 대기에 산소가 더해졌음을 증명한다. 마침내 더 이상 산소와 반응할 광물이 남 지 않았고, 갈 곳이 없어진 산소 기체가 공기 중에 축적되기 시작했다.

오염자이지만 최고의 재활용자

자연을 존중하는 겸손한 마음에서 오늘날 인류는 우리 지구의 오염 에 대해 걱정한다. 오염은 괴로운 일임이 분명하다. 그러나 결코 비정상 적인 일이 아니다. 남세균에 의해 야기된 예전의 완전히 자연적인 오염 위기는 최근 우리가 겪고 있는 것보다 더 심각했다. 그때 오염은 지구 환경을 불안정하게 만들었고, 지구를 불타기 쉽게 만들었다. 과거에 남 아돌던 산소가 오늘날까지 존재하지 않았다면 성냥불도 켤 수 없다.

인류의 산업 기술은 오존을 고갈시키는 염화불화탄소의 대기 중 농 도를 약 100배가량 증가시켰다. 이 정도의 변화로는 남세균이 지구 대기에 끼쳤던 영향력과 비교조차 할 수 없다. 남세균은 대기 중의 산소 농도를 10억 분의 1도 되지 않던 수준에서 5분의 1(20퍼센트)로 높였다. 자외선을 차단하는 지구의 보호막인 오존층(O_3, 산소가 셋 있는 분자)도 처음에는 "완전히 자연적인" 오염에 의해 주로 형성되었다.

만일 오염이 자연적이라면 재활용도 자연적이다. 신선한 공기는 5분의 1이 산소다. 오늘날까지 오존층은 우리와 같은 동물을 피부암, 백내장, 면역계 이상 등으로부터 보호해준다. 진화에서 위대한 전환 중 하나는 바로 한때 치명적인 공기 오염원 중 하나이던 산소가 탐나는 자원으로 바뀐 것이었다.

산소는 지구를 파괴하기는커녕 지구에 에너지를 불어넣었다. 비평형계에서 폐기물은 필연적으로 축적된다. 그러나 어떤 생물에게는 쓰레기인 것이 다른 생물에게는 식량이나 요긴한 물질이 될 수 있다.

물질대사 혁명가인 세균은 최대의 오염자일 뿐 아니라 재활용을 잘하는 최고의 청소부다. 산소를 이용하여 에너지를 얻는 우리의 화학적 능력은 세균에서 유래한다. 세균은 오염된 자연을 재활용하는 능력을 다른 여러 물질에도 발휘했다. 녹색황세균과 자색황세균이 황화물을 이용하고 내놓는 폐기물인 황 입자와 황산염(둘 다 좀 더 산화된 형태임)은 바닷물에 떠 있거나 녹아 있다. 이 황을 발효 세균이나 황산염을 환원하는 세균이 재활용하여 순환시킨다.

지구를 대상으로 벌이는 대규모 마술로 세균은 공기 중의 질소를 "고정"하여 단백질 합성을 위해 질소를 꼭 필요로 하는 다른 모든 생물에게 돌려준다. 단지 몇 종류의 세균만 이러한 극소형 공장 기능을 할 수 있는데, 이는 질소 분자의 강한 삼중결합을 끊고 질소 원자를 산소 없이 유기물에 결합시킬 수 있는 세균이 드물기 때문이다. 이렇게 해서 세균은 대기 중에 월등히 많은 기체인 질소를 지구의 모든 생물에게 필요한 유기화합물에 "고정"한다. 이질낭이라고 불리는, 질소를 고정하는 구조가 22억 년 전 화석 기록에 남아 있다. 이질낭은 대개 사슬처럼 연결된 작은 세포들 가운데 몇 개가 커져서 만들어진 특수한 세포다. 이질낭을 가진 남세균은 질소를 고정하고 양분으로 이용할 수 있다(도판8).

세균의 독창적인 재활용 물질대사는 자기 생산이라는 필요성과 맞물려 질소, 황, 탄소 등이 생물권에서 순환되도록 보장한다. 예컨대 세균의 이질낭 안에서 일단 질소가 단백질이나 핵산으로 고정되고, 고정된 질소가 먹이 사슬을 통해 순환되면(아미노산으로 분해되어 다양한 구성 물질에 쓰이며 일부는 노폐물로 공기 중에 배출된다), 세균은 오직 그들만이 할 수 있는 일, 즉 질소를 유기분자에 고정하는 일을 하기 위해 다시 소환된다. 단백질과 아미노산에 유기 결합된 질소는 여러 경로를 거친다. 일부는 다양한 세균에 의해 암모니아로 분해된다. 암모니아는 다시 다른 세균 전문가에 의해 아질산이나 질산으로 산화된다. 아질산과 질산은 다시 물에 녹아 남세균 등이 자라는 데 필요한 양분으로 이용된다. 일부 세균은 아질산과 질산을 들이마시고 일산화질소("웃음 가스")와 질소(N_2)를 공기 중에 배출한다. 그러면 다시 대기 중의 질소 기체가 고정되어야 한다. 이 복잡한 순환은 결코 멈추지 않는다. 아직까지는 플라스틱의 탄소-수소 화합물을 분해하는 세균이 없지만, 결국 어떤 세균이 진화할 것이고 식량의 공급이 제한되지 않는다면, 그들은 생물권 전체에 걸쳐 이 매립지에서 저 매립지로 산불처럼 번져나갈 것이다.

살아 있는 양탄자와 자라는 돌

지구의 일부 외떨어진 곳의 "미생물 매트"는 마법의 양탄자처럼 과학자들을 과거로 데려다주는 위력이 있다. 미끈거리는 점액질로 때로 고약한 황 냄새를 풍기는 미생물 매트는 산소가 공기를 채우기 전 초기 지구의 태곳적 모습을 간직하고 있다. 바다에서 살짝 들어온 내륙에서 발견되는 다채로운 색깔의 축축한 매트는 맨발에 차가운 느낌으로 와닿는다. 바닷말 줄기, 나방파리의 알, 이따금씩 머리 위로 날아가는 갈매기, 고생물학자들의 발자국을 제외하면 미생물 매트에서 세균 이외의 흔적은 매우 드물다.

오늘날 미생물 매트와 더께는 세계 도처에서 발견할 수 있지만, 더 큰 생물에 가려 제대로 눈에 띄는 장소가 별로 없다. 미국 노스캐롤라이나 주의 해안 도시 보퍼트 시를 마주 보는 멕시코의 바하칼리포르니아의 라구나 피게로아와 게레로 네그로에서, 메사추세츠 주의 플럼 아일랜드와 시퓨이세트에서, 그리고 유타 주의 그레이트솔트 호수와 스페인의 불규칙하게 뻗은 에브로 강을 따라 미생물 매트가 뚜렷이 눈에 띄는 정도다. 너무 덥거나 추워서, 아니면 바람이 세차게 불거나 소금기가 많아 다른 큰 생물이 살아갈 수 없는 지역에서 볼 수 있는 미생물 매트는 수십억 년 전 세균 세상이던 지구가 어떤 모습이었을지 보여준다.

다양한 세균들이 대사 능력을 통합하고 층층이 조직화하여 자신이 만드는 미생물 매트에서 번성한다. 햇빛을 좋아하는 남세균은 위층에서 살면서 탄소, 질소, 황, 인을 미묘하게 끊임없이 변환하여 자신들이 부양하는 아래쪽 생물에게 공급한다. 이들 대부분은 다세포로 된 미끄러지듯이 움직이는 실 모양이며, 일부는 단세포로 되어 있다. 모여서 실 모양이나, 공 모양, 가지 모양을 이루는 남세균은 물에서 녹색의 둥근 젤리 공 모양을 형성한다. 광합성 세균 중에서 가장 열에 강하고 건조에 잘 견디는 종류가 미생물 매트의 맨 위층에 산다. 황화수소를 이용하며 희미한 빛을 찾는 종류는 아래층에 동거한다. 자색황세균은 중간층을 돌아다니면서 아래쪽에서 오는 황화수소 필요량과 위쪽에서 오는 햇빛 요구량 사이에서 균형을 맞춘다.

허파와 마찬가지로 세균 군집에서 매일 기체가 아래와 위로 순환할 뿐만 아니라 구성원 집단도 움직인다. 이스라엘 에일럿 만 해양 기지의 에후다 코헨과 그의 동료들은 해질 무렵 황세균의 자색 층이 1센티미터의 몇 분의 일 가량 올라간 것을 확인했다. 햇빛이 사라지면 남세균은 갑자기 광합성을 멈춘다. 희미한 빛이 돌아오는 순간 남세균은 광합성을 재개하고 아래쪽의 자색세균과 녹색세균을 향해 산소를 내보내기 시작한다. 자색 층은 후퇴한다.

호주 샤크 만의 얕은 바다에는 스트로마톨라이트라는 암석이 있는데, 등껍질을 드러낸 채 행진하는 바다거북 무리처럼 보이며, 층을 이루는 둥근 돔 모양이다(도판 9). 미국의 지질학자 찰스 월코트(1850-1927)는 이와 흡사하나 매우 오래된 뉴욕 주 앨버니에 있는 암석을 "크립토조안"(그리스어로 "숨겨진 동물"이라는 뜻)이라고 불렀다. 시라토가 온천과 스키드모어 대학 부근의 지역 주민들은 오늘날 이 암석을 "콜리플라워 석회암"이라고 부른다. 월코트는 이 둥근 암석의 "머리"가 생물에 의해 형성되었으리라고 어렴풋이 짐작했다. 하지만, 최근에 이르러 크립토조안이 거대한 세균 무리에 의해 만들어진 스트로마톨라이트라는 사실이 밝혀졌다. 본질적으로 이들은 더 장관을 이루는 고대 스트로마톨라이트의 전형적인 형태인 기둥이나 암초, 팬케이크 모양이라기보다는 돔 모양으로 화석화된 미생물 매트다(도판 10a와 10b).

남세균이 이끌어온 이 미생물 군집은 죽기 전에 탄산칼슘과 흑요석 알갱이를 붙들어 침전시킨 후 거기에 달라붙는다. 지금도 살아 있는 세균 군집의 활동으로 스트로마톨라이트가 형성되고 있는 호주에서는 이와 같은 부착 과정을 직접 연구할 수 있다.

(탄산염만이 아니라 종종 주변의 이산화규소나 철까지도 이용하는) 스트로마톨라이트는 광합성 세균들이 점액과 화학 조성이 비슷한 탄수화물 덮개인 다당류 껍질을 스르르 벗어나며 미끄러지듯이 기어다니는 동안 한 번에 한 층씩 자란다. 껍질은 끈끈하여 모래가 잘 들러붙는다.

살아 있는 남세균이 햇빛을 향해 미끄러지듯 지나가고 남겨진 껍질에는 은신처를 찾는 다른 미생물이 거주한다. 퇴적물이 붙잡히고 물속의 탄산염이 침전되면서 복잡한 매트 군집 중 일부가 굳어 거품과 파도에도 버티는 생물 요새를 구축한다. 여러 종류의 광합성 세균들이 뒤따르는 세균들을 먹여살려주기 때문에 요새는 번창한다. 나선균, 스피로헤타, 구균, 그리고 포자를 형성하는 세균은 활기 넘치는 군집 안에서 공간과 양분과 위치를 차지하기 위해 서로 겨룬다.

(아프리카의 퐁골라군이나 호주 서부 필바라 지역의 와라우나군, 남아프리카공화국의 스와질랜드의 암석에 있는 것처럼) 일부 스트로마톨라이트 화석은 현미경으로만 판별할 수 있는 세균의 흔적을 아직 간직하고 있다. 흑색 처트가 들어 있는 이 이산화규소 스트로마톨라이트는 시생대 생물에 대한 가장 훌륭한 증거를 제공하는 미생물 화석을 지니고 있다는 점에서 주목할 만하다.

이렇듯 세균은 다른 성취와 아울러 최초의 동물이 진화하기 20억 년 전에 단단한 구조를 만들었다. 나지막한 언덕처럼 쌓인 스트로마톨라이트층은 시생대 후반에 어디에서나 볼 수 있는 흔한 풍경이었을 것이다. 대성당 모형처럼 보이는 이 구조물은 생명이 과잉 상태를 다룰 수 있는 능력을 지녔음을 보여주는 초기 징후였다. 샤크 만에 있는 것과 유사한 풍경은 생명이 시작된 이후 지구 어딘가에서는 항상 존재했을 것이다.

지구 차원에서 보면 (살아 있는 양탄자로 보든 자라는 돌로 보든) 미생물 매트의 복잡한 조직은 우리 몸의 폐와 간이 우리에게 중요한 것처럼 생물권의 기능에서 매우 중요한 역할을 한다. 세균은 종 내에서 유전자를 이동시키는 능력과 대사 능력을 전 세계로 퍼뜨림으로써 이 세계를 장악했고 지금도 경영하고 있다.

그렇다면, 생명이란 무엇인가? 생명은 세균이다. 세균이 아닌 생명은 세균인 생명에서 진화했다. 시생대 말기에는 불모지란 불모지는 모두 미생물 매트와 일시적인 더께로 뒤덮였다. 황이나 암모니아가 있는 뜨거운 웅덩이마다 개척자들과 밀려드는 이주자들이 가득 찼다. 세균은 소금 알갱이에 끈끈한 점액을 배출했고, 철분이 많은 연못에서 자철광을 침전시켰다. 극지방 근처의 차갑고 메마른 바위에 들러붙고, 열대의 얕은 바다에서 화산암 조각을 뒤덮어 지구를 푸르게 하면서 광합성 생물은 자신들이 만든 양분을 배고픈 기회주의자들에게 내주었다. 발효 세균의 노폐물은 운동성이 있는 호산성 세균의 먹이가 되었으며, 황산염을 환원하는 세균들의 고약한 숨결은 녹색 클로로비움이나 붉은색 크로마티움 세균들에게 값진 원료를 공급했다. 지구에서 이용 가능한 곳은 모조리 개화된 생산자, 분주한 변혁가, 극한의 개척자들인 세균으로 채워졌다. 자연선택을 받은 자손은 살아남았지만, 그것은 개체군의 동료로부터 플라스미드에 들어있는 유전자를 빌렸을 경우에만 가능했다. 유전자 교환은 분해될 단백질, 유해한 망간 찌꺼기, 산화되거나 환원되어야 하는 위협적인 구리 등 환경의 독소를 제거해야 하는 생물에게 필수 불가결한 것이었다. 유전자를 운반하며 복제할 수 있는 플라스미드는 전체적으로 생물권이 소유하고 있다. 물질대사의 천재인 세균은 플라스미드를 빌려오고 되돌려주는 과정을 통해 대부분의 국지적인 환경 위험을 덜 수 있었다. 물론 이것은 플라스미드가 환경의 위협을 받는 세균 속으로 일시적으로 합병되는 것을 전제로 한다. 이 조그맣고 고색창연한 유물은 지구 어디든 퍼져나갔고, 모든 미생물이 너무나 빠르게 번식했으므로 유한한 세계에서 모든 자손이 살아남을 수는 없었다. 은밀한 존재로 눈에 띄지 않았지만 당시 생명은 세균의 경이로운 자손이었다. 그리고 지금도 그러하다.

5장

영구적인 합병

나는 또한 선충처럼 생긴 극미동물도 보았다.
이들은 그 수가 대단히 많으며,
너무나 작아서 500마리나 600마리를 이어 붙여도
선충 성체의 길이에 못 미칠 것이다.
하지만 이들은 아주 민첩하게 움직이며 뱀처럼 몸을 휠 수 있고
창꼬치가 물속에서 입질하듯이 재빨리 먹이를 낚아챈다.

안톤 판 레이우엔훅 *

우리는 유기체의 경이로운 복잡성을 짐작도 하지 못한다.
그렇지만 여기 이 가설에 따르면 복잡성은 증가해왔다.
각 생명체는 소우주, 즉 상상할 수 없을 정도로 작으며
자기 증식을 하는 유기체가 하늘의 별만큼이나 많이 모여 이룬
작은 우주라고 보아야 할 것이다.

찰스 다윈 **

가장 최우선적으로 나누어야 할 분류는 동물과 식물의 구분이 아니다.
오히려 그 축에 끼지도 못하고 무시되었던 미생물 내에서의 구분이다.
핵이 없는 원핵생물과 진핵생물인 원생생물의 구분이 그것이다.

스티븐 제이 굴드 ***

10억여 년 전에 있었던 원생생물 세포의 출현은
지구의 생물 진화에서 두 번째로 중대한 사건이며,
계통이 이어져 그로부터 직접 우리의 복잡한 몸과 뇌, 그 밖의 모든 것들이 나왔다.

루이스 토머스 ****

* C. Dobell, *Antony van Leeuwenhoek and His "Little Animals"* (New York: Russel & Russel, 1958).
** Charles Danwin, *The Variation of Animals and Plants Under Domestication*, vol. 2 (New York: Organe Judd, 1868).
*** 다음 책 1판에 스티븐 제이 굴드가 쓴 머리글, *Kingdoms: An Illustrated Guide to the Phyla of Life on Earth*, 2판, Lynn Margulis · Karlene V. Schwartz (New York: Freeman, 1988).
**** Lynn Margulis, Heather I. McKhann, and Lorraine Olendzenski, *Illustated Glossary of Protoctista* (Boston: Jones & Bartlett,1993), pp. ix–x.

위대한 세포분열

약 20억 년 전에 지구 곳곳에서는 새로운 세포들이 세균의 상호작용 덕분에 진화했다. 세균 공생자들의 통합으로 생긴 새로운 복합 세포의 진화는 생명이 원생대로 나아가는 길을 터주었다. 새로운 세포는 활발한 번식으로 우글거리게 된 세균의 굶주림과 목마름의 결과였다. 최초의 원생생물인 새 세포의 등장으로 개체성, 세포의 조직, 성(性), 그리고 우리 동물에게는 너무나 익숙한 죽음이라는 피할 수 없는 운명(개체의 예정된 죽음)이 생겨났다. 세균은 합병했다. 광포한 성질을 죽이고 독립을 포기함으로써 생존하고 번식하는 새로운 길을 개척했다.

핵을 가진, 즉 우리처럼 진핵세포로 이루어진 생물은 동물이 등장하기 훨씬 전에 시작되었다, 다른 세포를 잡아먹거나 침입하는 와중에 서로에게 감염되어 통합된 생물은 자신의 영구적인 "질병"을 받아들임으로써 활기를 되찾았다. 새로운 종류의 세포인 진핵세포는 어떤 특성을 물려받아서가 아니라 세균 공생자를 새로 얻었기 때문에 진화했다. 단세포나 다세포로 된 원생생물을 구성하는 이 새로운 종류의 세포가 결국 지금도 지구에서 진화를 계속하고 있는 최종적인 3계, 즉 동물계, 균류계, 식물계를 이끌었을 것이다. 우리의 다세포 생물 조상은 굉장히 기묘해서 그 존재에 대해 상세한 이야기를 들려주면, 쉽사리 잘 속는 중세의 우화작가늘조차 무슨 황당한 헛소리냐고 조롱할 것이다.

지구의 모든 생물은 단 두 종류의 세포 가운데 어느 하나로 되어 있다. 우리를 비롯한 동물, 곰팡이, 식물, 그리고 원생생물의 세포는 핵을 가지고 있는 종류다. 그리고 다른 한 종류는 핵이 없는 세균 세포다. 1937년에 프랑스의 해양 생물학자인 에두아르 샤통은 핵이 없는 세포 형태를 가리켜 원핵세포(procaryote; "pro-CARRY-oat"로 발음된다)라 이름 지었으며, 이러한 세포를 가진 생물을 원핵생물이라 명명했다. 나머지는 세포에 핵이 있는 진핵생물(eucaryote; "you-CARRY-oat"로 발음된다)이다(그림 7). 막으로 둘러싸인 핵이 있으면 진핵세포다. 모든 진핵생물은 원생생물에서 비롯되었지만 세균은 그렇지 않다. 진핵생물의 유전자인 기다란 DNA 분자는 핵 속에 최소한 둘에서 많게는 수천 개에 이르는 염색체로 편성되어 있다(사람의 염색체 수는 46개다). 귀중한 유전자를 특수한 막 속에 격리시키고 DNA를 특정한 염색체에 특정한 순서로 단단히 결합시킨 덕분에 (세균 세계에서 수용되었고 아직도 실행되고 있는)난잡한 유전자 교환을 피할 수 있게 되었다.

기린은 진핵세포로 이루어진 진핵생물이다. 데이지꽃 역시 그러하다. 아메바도 마찬가지다. 원핵생물과 진핵생물이 보이는 행동, 유전적 특성, 조직, 물질대사, 특히 구조상의 차이는 식물과 동물 사이의 어떤 차이보다 훨씬 더 극적이다. 이러한 차이가 세포들 사이의 분수령이 된다. 그리하여 원핵생물과 진핵생물은 지구 생물의 두 "거대 그룹"을 이룬다.

이쪽 초거대 그룹 전체와 다른 쪽 초거대 그룹의 상당 부분이 미생물계에 속한다. 세균, 작은 원생생물, 효모, 그 밖의 작은 균류는 모두 미생물이다. 원생생물과 균류의 진핵세포는 세균의 원핵세포보다 크지만 다른 세포와 마찬가지로 현미경을 통해서만 볼 수 있다. 두 거대그룹 간의 이행 경로는 분명하지 않다. 원핵생물에서 진핵생물로, 세균에서 원생생물로 진화한 사건은 "대칭성 붕괴"로 생물을 대단히 복잡한 수준으로 끌어올렸지만 그와 동시에 다른 잠재력도 생겼고 위험도 야기되었다. 최초의 진핵생물은 점진적인 돌연변이만으로가 아니라 갑작스러운 공생 연합으로 탄생했을 것이다.

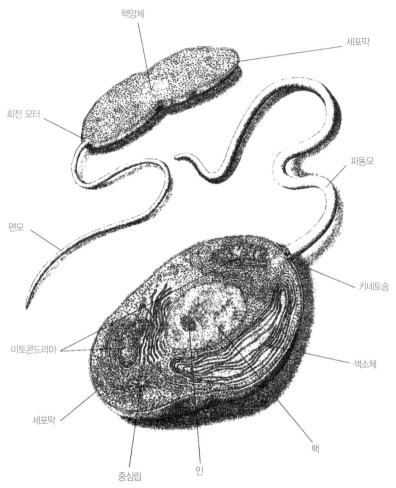

핵양체

세포막

회전 모터

파동모

편모

키네토솜

미토콘드리아

색소체

세포막

핵

중심립

인

▲ 그림 7

원핵세포(세균, 위)와 진핵세포(핵이 있는 세포, 아래)의 비교. 지구의 모든 살아 있는 세포는 원핵세포이거나 진핵세포다. 세균을 제외한 계(원생생물, 균류, 식물, 그리고 동물)는 모두 진핵세포로 이루어진 유기체다. 진핵세포는 물질대사를 하고 침입하고 감염하고 동거하는 세균의 공생으로 진화했다.

왜 동물과 식물로만 나누어야 할까

최초의 진핵세포는 영구적인 세균 합병으로 진화한 원생생물이었다. 물 위를 떠다니거나 자유롭게 헤엄치는 원생생물 중 일부가 동물, 균류, 식물이 되었다.

원생생물은 매우 광범위한 계로 불명확하고 다양한 생물들을 포함한다. 오늘날에는 작은 아메바류, 규조류, 거대한 켈프(다시마 등 대형 갈조류), 홍조류를 포함하여 약 25만 종의 원생생물이 있는 것으로 추정된다. 바로 이 무리에서 결국 소나무나 대합과 같은 우리에게 친숙한 식물과 동물이 진화한 것이다. 그러나 10억 년 전까지만 해도 단 한 종류의 동물이나 식물, 심지어 균류도 살지 않았다. 생물권의 기능은 전적으로 세균과 원생생물이 이끌어가고 있었다.

어색하게 들리는 원생생물이라는 이름은, 마찬가지로 매력적이지 않은 이름을 가진 영국의 자연학자 존 호그(1800-1861)가 도입한 것이다. 그는 죽기 바로 전, 1861년에 발표한 글에서 "식물과 동물의 차이에 관하여, 그리고 자연의 네 번째 계에 관하여"(그가 발표한 세 번째 계는 무기물계였다)라는 제목으로 자신의 견해를 밝혔다.[1] 그 당시 호그는 물론이고 누구도 원핵세포와 진핵세포의 존재에 대해 알지 못했다. 그러나 호그는 많은 생물이 식물도 아니고 동물도 아님을 확인했다.

"최초의 동물"이라는 뜻의 원생동물(protozoa)이라는 용어는 유공충에서 점균류에 이르는 생물이 어쨌거나 모두 동물이라는 부적절한 뜻을 함축하고 있지만, 원생생물(protoctist)은 "최초의 생물"을 의미할 따름이다. 원생생물은 동물이 아닐 뿐더러 단세포일 필요도 없다. 단세포이거나 크기가 작으면 단세포 원생생물(protist)이라 불린다. 동물은 모두 다세포 배아에서 자라므로, 정확히 말하자면 단세포 동물은 없다. 이른바 단세포 동물은 작은 원생생물에 속한다. 호그는 이 원시 왕국을

1.
John Hogg, "On the Distinctions of a Plant and an Animal, and on a Fourth Kingdom of Nature," *Edinburgh New Philosophical Journal* 12 (1861): 216–225.

"원생생물계"로 부르자고 제안했다. 지금은 이 계의 창립 단원들이 식물과 동물보다 앞서 등장했고, 원생생물은 오늘날까지 지구에서 계속 번창하고 있음이 밝혀졌다.

독일에서도 에른스트 헤켈이 새로운 계를 주장하고 나섰다. "이들 흥미롭고도 중요한 생물은 원시생물, 즉 원생생물이다."[2] 모네라(세균)는 헤켈이 제안한 원생생물의 일부였다. 미생물을 죽이기 위해 고기즙을 끓인 라차로 스팔란차니의 실험에 헤켈이 설득당하지 않았음을 상기해 보라. 그에게는 그때까지 발견된 어떤 생물보다 단순한 원시생물이 존재해야 하는 것이 너무나 당연했다. 진화론과 자연발생설의 열렬한 신봉자였던 헤켈은 "양분을 취해 번식할 수 있고 완전히 균일하며 구조가 없는 물질, 살아 있는 알부민 단백질 입자"를 찾고자 했다.[3]

2.
Ernst Haeckel,
History of Creation,
vol. 2 (New York: D.
Appleton, 1889),
p. 45.

3.
Ernst Haeckel,
Evolution of Man,
vol. I (New York: D.
Appleton, 1887),
p. 180.

영국의 생물학자 토머스 헨리 헉슬리(1825-1895)는 원시 단백질 입자라는 헤켈의 개념을 받아들였다. 아일랜드 북서부 연안의 해저에서 채취한 10년 묵은 진흙 표본을 조사하다가 헉슬리는 신비한 흰색 진흙을 발견했다. 헉슬리는 그것이 헤켈이 주장한 태초의 원생생물이 아닐까 추측했다. 자세히 조사한 결과 알갱이 형태의 그 진흙은 미세한 석회질 딱지로 이루어진 것이었다. 흥분한 헉슬리는 자신이 원시 생명체를 발견했노라고 헤켈에게 편지를 썼다. 발견의 감격에 도취한 헉슬리는 그 "생물"에 헤켈의 이름을 붙여 자신의 동료에게 경의를 표했다. 두 사람은 바시비우스 헤켈라이라는 원시 생물이 마침내 발견되었다는 놀라운 소식을 세상에 알렸다.

얼마 지나지 않아 바시비우스 헤켈라이가 그저 해양 퇴적물이라는 사실이 밝혀졌다. 헉슬리가 흰색 진흙을 보존액에 담글 때마다 나타난 흰 점액은 해파리의 자세포를 포함하는 유기물이 알코올을 만나 형성한 침전물일 뿐이었다. 그 원시 진흙은 우리의 원시 부모와 친척 관계이기는커녕 생물조차 아니었다. 그럼에도 불구하고 헤켈의 개념 덕분에 식물과 동물이라는 이분법적 분류 체계를 벗어나는 생물체로 과학적 관심이 집중되었다.

오늘날에도 생물을 동물 대 식물로 나누려는 경향이 남아 있다. 일반적인 상상에 따르면 곰팡이는 일종의 회색 식물이다. 작은 원핵생물과 세균(일반적인 생각으로는 생물도 아니다)은 그냥 무시해버리거나 "병원균"으로 싸잡아 다룬다. 학계에서는 생물 연구 분야를 식물학과 동물학 둘로 나눈다. 이 방식에 따라 균류와 세균, 일부 원핵생물이 종종 식물로 분류되어 식물학자들의 관할권에 들어간다. 이렇게 불합리한 식물-동물 분류법은 진화를 반영하지 않는다. 식물과 동물의 선조는 그 중 어느 한쪽이 아니라 통합을 통해 새로운 종류의 세포를 형성한 세균 군집이었다.

최초의 현대적 분류는 캘리포니아 주 새크라멘토 시립 대학의 생물 교사이던 허버트 코펠랜드(1902-1968)가 창안했다. 코펠랜드는 모네라(세균), 식물, 동물, 원생생물이라는 네 계를 주장했다. 그는 모든 균류(곰팡이, 버섯, 말불버섯 등)를 호그의 원생생물에 속하는 아문(亞門)으로 분류했다. 코펠랜드가 자비로 출판한 책 〈하등 생물의 분류〉는 코넬 대학의 생태학자 로버트 휘터커(1924-1980)를 제외하면 거의 아무도 읽지 않았다. 휘터커는 코펠랜드의 원핵생물에서 균류를 떼어내어 별개의 "다섯 번째 계"로 인정함으로써 가장 유용한 분류법을 고안했다.

오늘날의 시각으로 보면 휘터커의 5계 분류 체계는 진화상의 유연관계를 가장 훌륭히 반영하고 있다. 우리 중 한 사람(린 마굴리스)은 휘터커가 정의한 원생생물의 흐릿한 경계를 명확히 하기 위해 보스턴 매사추세츠 주립대학의 동물학자 카를렌 슈바르츠와 공동연구를 진행했다. 그 결과 휘터커가 단세포 생물과 아주 작은 다세포 생물로 한정했던 원생생물계는 이제 해조류처럼 식물도 동물도 균류도 세균도 아닌, 더 큰 생물을 포함하게 되었다.

생명계통수의 엇갈림

진핵세포로 이루어진 인간이 어떻게 아메바 같은 단세포 진핵생물로부터 진화했는가 하는 이야기는 기괴하기 짝이 없다. 더구나 이 기괴한 이야기는 핵을 가진 세포 하나가 진화했다는 전제가 있어야 가능하다. 정말 어떻게 해서 그러한 세포가 진화했을까?

선뜻 내놓을 수 있는 대답은 다른 종류의 세균 사이에 합병이 일어나 진화했다는 것이다. 원핵생물은 공생을 통해 진화했다. 생명이라는 나무에서 가지나 잔가지는 갈라져 나올 뿐만 아니라 하나로 합쳐지기도 한다. 공생이란 두 종류의 생물이 맺는 생태적 물리적 관계로 대개의 연합보다 훨씬 더 긴밀하다. 예를 들면, 아프리카에 사는 악어새는 겁 없이 악어의 벌린 입에 내려앉아 기생충을 쪼아 먹는다. 여기서 새와 야수는 행동 공생자로, 악어새가 포식하는 동안 악어는 이빨이 깨끗이 청소되는 것을 즐긴다. 우리의 치아와 장에는 세균이 살고 있으며, 속눈썹에는 진드기가 붙어살기도 한다. 이런 미생물들은 모두 우리 몸에서 떨어져 나온 세포나 세포가 분비한 여분의 양분을 섭취하며 살아간다. 공생은 결혼처럼 좋든 싫든 함께 살아나가는 것을 의미한다. 그러나 결혼이 서로 다른 두 사람의 결합인 반면, 공생은 서로 다른 종류의 생물 둘 또는 그 이상 사이에서 이루어진다.

생물은 여러 형태의 공생을 이루지만 가장 경이로운 것은 내부공생으로 알려진 극도로 긴밀한 제휴다. 내부공생은 미생물과 같은 생물이 단순히 다른 생물(숙주) 근처에서 사는 게 아니라(숙주 위에서 영구히 사는 것도 아니다) 다른 생물 안에서 살아가는 관계다. 내부공생에서 생물은 서로 합병해버린다. 참여자가 다른 종이라는 점만 빼면 내부공생은 오래도록 지속되는 성 결합과 비슷하다. 실제로 어떤 내부공생은 영구적 결합이 되었다.

일반적으로 공생의 대가인 세균은 최소한 네 가지 이유 때문에 최고의 내부공생자이기도 하다. 첫째. 세균은 수십 억 년 동안 서로 안정된 관계를 맺어 왔기 때문에 영속적인 관계를 엮어내는 데 뛰어나다. 둘째, 세균의 작은 몸체는 유동적으로 유전자를 잃기도 하고 얻기도 함으로써 빠른 유전적 변화를 기꺼이 따른다. 셋째, 세균은 개체성의 발현이 한정적이다. 몸을 지키기 위해 순환하는 항체가 따로 없어서 면역계를 가진 동물처럼 "감염"을 거부하지 않으므로, 평생 연합하고 "함께 진화"할 수 있는 기반을 형성할 수 있다. 넷째, 세균은 대사할 수 있는 화학물질의 범위가 매우 넓어서 서로에게 보완적인 물질대사를 수행하는 경향이 있다. 이러한 상보적 경향성은 개별화된 식물과 동물 종들 사이의 연합에서는 잘 나타나지 않는다. 물론 시간만 충분히 주어진다면 일부 동물과 식물도 세균이 했던 것처럼 긴밀한 관계로 합칠 수 있을 것이다.

공생은 새로운 개체를 만들어낸다. "우리"는 소화관에 사는 세균이 없다면 비타민 B나 K를 합성할 수 없을 것이다. 소와 흰개미는 소화게 속에서 헤엄치는 발효 생물, 즉 풀과 나무껍질을 분해하는 원생생물과 세균이 없다면 지금처럼 존재하지 못할 것이다. 반투명한 편형동물의 몸 안에서 살아가는 어떤 조류는 너무나 훌륭하게 양분을 공급하는 바람에 그 동물의 입 기능을 퇴화시켜 버렸다. 입이 막힌 녹색 벌레는 애써 먹이를 찾기보다 "일광욕"을 즐기고, 내부에서 공생하는 조류는 이 벌레의 노폐물인 요산을 양분으로 재활용하기까지 한다.

이처럼 기묘한 협력 관계는 수없이 많다. 예를 들면, 약 2,000종으로 추정되는 지의류는 조류와 균류, 또는 남세균과 균류의 공생 협력으로 시작되었다. 그러나 가장 중요한 공생은 진핵세포를 이끈 것이었다.

오늘날 대다수의 원생생물 세포와 모든 식물, 동물, 균류 세포에는 미토콘드리아가 들어 있다. 가장 젊은 계인 이 네 계에 속하는 생물을 살아 있게 만드는 산소 호흡은 미토콘드리아라는 특수한 세포소기관 안에서 일어난다(몸 안의 기관처럼 세포소기관은 진핵세포 안에 있는 기능 구조다). 미토콘드리아는 세균처럼 생겼다. 이들은 더 큰 세포 안에서도 자신의 속도로 자라고 둘로 나뉘기까지 한다. 미토콘드리아는 세균에서 비롯되었다고 여겨지지만, 수십 억 년 동안의 연합으로 말미암아 세포 범위를 벗어나면 살지 못한다.

식물, 조류, 일부 원생생물의 세포에는 또한 색소체라는 색이 다채로운 세포소기관이 있다. 식물과 조류에서 수행되는 광합성은 모두 DNA가 있는 색소체 안에서 일어난다. 산소를 발생시키고 해양에서 번성하는 구 모양의 남세균에서 발견되는 것과 동일한 색소와 기타 생화학 물질을 색소체는 가지고 있다. 우연의 일치일까? 그런 것 같지 않다. 사실, 홍조류인 포피리디움 세포 내 색소체의 DNA는 그 홍조류의 핵에 든 DNA보다 어떤 남세균의 DNA 염기 서열에 더 가깝다.

이러한 유전적 증거는 세포소기관이 자유롭게 살아가던 세균으로부터 기원했음을 분명히 한다(이제는 사실상 논란이 없다). 이렇게 계를 교차해서 나타나는 유전적 유사성은 고대의 "지문"이 생물학적으로 남아 있는 것이라 할 수 있고, 광합성 소기관이 식물과 조류의 선조 DNA에서 일어난 돌연변이가 축적되어 점진적으로 진화한 것이 아니라, 공생 세균이 갑자기 더 큰 세포 안에 자리 잡았을 때 진화한 것임을 증명한다. 잠시 후 우리는 미토콘드리아나 색소체가 된 세균이 어떻게 세포 내부에서 현재의 안락한 자리를 차지하게 되었나 하는 문제로 돌아갈 것이다. 그러나 연대순으로 살펴보기 위해 더욱 오래되었고 관계가 더 깊은 공생을 먼저 알아보는 게 좋겠다.

세포에 운동성을 부여하다

오늘날에는 거의 모든 생물학자들이 어떤 세균이 화학적 협상과 유전자 전이 기간을 거친 후 공생자처럼 시작했다가 더 큰 세포의 미토콘드리아나 색소체가 되었다는 것을 사실로 받아들인다. 그러나 대부분의 생물학자들이 또 다른 의견을 거부하거나 무시한다. 그럼에도 불구하고 관련된 정황 증거들을 맞춰보면 두 가지 세포소기관의 획득에 앞서 더 오래된 세균 공생이 일어났음을 알 수 있다.

산소를 이용하는 세균이 헤엄치는 혐기성 원생생물을 감염시키고 연합체를 이루기 전에, 그리고 이 연합체가 남세균을 삼키기 전에, 훨씬 빠른 세균이 결합했던 것으로 보인다. 빠르게 헤엄치는 스피로헤타는 자유 생활을 하던 세균에서 더 큰 세포의 일부로 바뀌면서 선조 세포가 될 희생물의 외부에, 그 다음에는 내부에 상당한 운동력을 부여했을 것이다. 오늘날의 스피로헤타는 탄수화물을 발효하며, 나선형으로 맹렬히 회전 운동을 하는 양성자 엔진을 단 세균이다. 원핵생물 전체에서 최고로 빠른 수영 선수인 스피로헤타는 말 그대로 진흙, 조직, 점액을 뚫고 나사 모양으로 돌면서 전진한다.

침습성의 스피로헤타는 침, 굴의 결정(소화조직), 흰개미의 뒤창자 등 수많은 기발한 장소(niche, 생태적 지위)에서 번성하는 지구상에서 가장 성공한 생물형태 가운데 하나다. 대개 이 세균은 연합체를 이루는데, 종종 자신보다 더 큰 생물에 붙었다 떨어졌다 하면서 그 생물을 전진시키기도 한다. 믹소트리카 파라독사와 트리코님파 같은 일부 원생생물 세포는 자유 생활을 하는 스피로헤타가 돌고 있는 엔진과 함께 잠시 "도킹"할 수 있는 구조를 진화시키기까지 했다(그림 8). 스피로헤타는 자신이 붙었던 세포의 대사 찌꺼기를 열심히 먹는다. 이러한 공생의 이점은 명확하다. 빠르게 헤엄치는 스피로헤타는 자신을 먹여 살리는

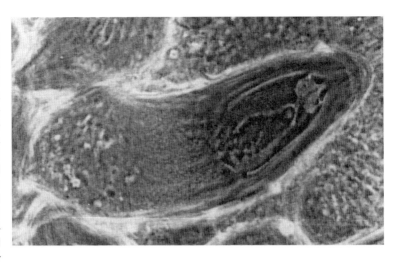

▶그림 8
트리코님파, 키메라 원생생물. 원생생물계, 원시원생생물문. 중세 동물우화집에 나오는 어떤 존재보다도 구조적으로 더 기이한 이 생명체는 큰 원생생물 숙주, 파동모(앞쪽에 있는 세포소기관), 뒤쪽에 부착해서 공생하는 스피로헤타 세균 무리로 이루어진다. 트리코님파도 흰개미의 뒤창자에서 공생하는데, 그곳은 여러 다른 종류의 원생생물과 세균이 살고 있어서 동물원과 같으며 나무의 소화를 돕는다.

세포를 움직이게 해준다. 스피로헤타가 없는 믹소트리카나 크리코님파 세포는 모터 없는 배나 오토바이 없는 폭주족과 마찬가지다. 느린 선조들보다 빠르게 헤엄칠 수 있는 연합체는 먹이를 찾고 포식자를 피하고 또 배우자를 만나는 데 더 많은 기회를 누릴 수 있다. 그러나 스피로헤타가 외부에 부착하는 것이 이야기의 전부는 아니다(그림 9).

세균에 비해 거대한 원생생물 세포의 내부는 끊임없이 움직인다. 세균 세포는 내부 움직임이 없고 진짜 염색체도 없어서 유사분열을 하지 못한다. 말하자면 이들은 "염색체의 춤"을 추지 못한다. 세포 증식 과정에서 염색체가 증식하는 방식인 유사분열은 원생생물 사이에서 널리 행해지며 동물과 식물, 균류에서는 훨씬 보편적이다. 일종의 초미니 발레단처럼 짝을 이룬 염색체들이 줄지어 서서 반대편 극을 향해 움직인다. 동물과 많은 원생생물의 유사분열 극에는 회전식 전화 다이얼을 닮은 구조인 중심립이 있는데 아마 이것이 오래 전 더 큰 세포로 들어간 스피로헤타의 자취일 것이다(그림 10).

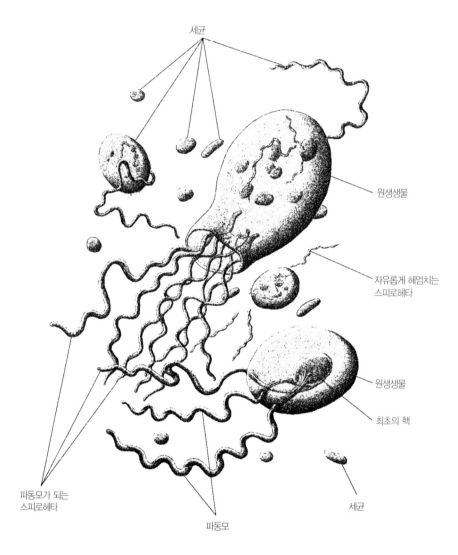

세균

원생생물

자유롭게 헤엄치는
스피로헤타

원생생물

최초의 핵

파동모가 되는
스피로헤타

파동모

세균

▲ 그림 9
스피로헤타가 다른 세균에 붙어서 마침내 더 큰 세포(오늘날 진핵세포)의 파동모가 된다.

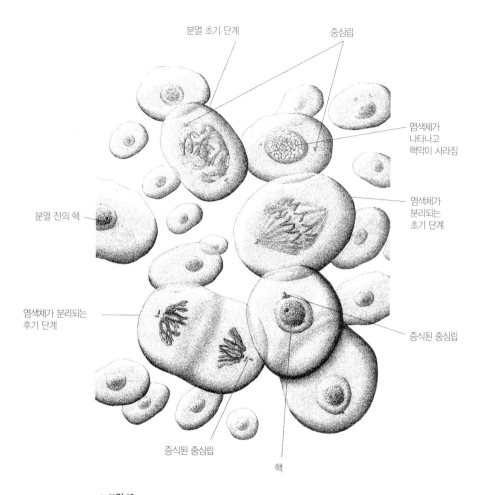

분열 초기 단계

중심립

염색체가
나타나고
핵막이 사라짐

염색체가
분리되는
초기 단계

분열 전의 핵

증식된 중심립

염색체가 분리되는
후기 단계

증식된 중심립

핵

▲ 그림 10
세포가 증식하는 동안 염색체가 분리되는 일반적인 방법인 유사분열의 여러 단계. 세포 내부의 움직임과 핵은
세균에는 없는 것으로, 20억 년 전에 빠르게 움직이던 스피로헤타가 남긴 흔적이다.

대다수 진핵세포의 분열 방식인 유사분열에서는 두 배로 늘어난 모체의 염색체가 딸세포 두 개로 똑같이 나뉘어진다. 유사분열은 진핵세포에 있는 막대한 양의 DNA를 정리하여 보관하고 분배하는 장치로 꼭 필요한 단계였을 것이다. 유사분열 때마다 단백질로 된 가는 관인 미세소관 세트(이 전체를 방추사라고 한다)가 나타난다. 하나의 세포가 둘로 되는 세포분열 말기에 방추사는 사라진다. 방추사에 부착된 염색체는 세포의 적도판을 따라 배열된다. 이미 두 배로 늘어나 있는 염색체는 반쪽이 각각 세포의 양극으로 이동하면서 둘로 갈라진다. 극에 도달한 염색체는 세포가 둘로 나뉘는 동안 풀어진다. 이때 수수께끼 같은 방추사는 점점 사라져 나중에는 보이지 않게 된다(도판 12).

많은 동물에서 중심립(전화 다이얼 같은 구조)은 세포 가장자리로 이동한 후 축을 형성하면서 키네토솜이 된다. 키네토솜의 단면을 잘라보면 특징적인 9(2)+2 구조로 되어 있음을 볼 수 있다. 두 개씩 아홉 쌍의 관이 둥근 축 주변에 빙 둘러 배열되어 있고, 가운데 한 쌍의 관이 있다. 키네토솜과 중심립은 동일한 세포소기관을 축 있는 단계와 축 없는 단계로 구분하여 다르게 붙인 이름일 뿐이다. 이처럼 동일한 것에 이름이 여러 개 붙는 것은 대개 그렇게 이름을 붙일 필요가 있기 때문이라기보다는 우연이다. 이 경우는 둘 사이의 관계를 알기 훨씬 전에 뚜렷한 두 단계가 발견되어 각기 이름이 붙여졌기 때문이다.

식물과 동물, 균류, 원생생물에서 발견되는 키네토솜 구조의 보편성은 기원이 같다는 강력한 증거다. 예컨대 9(2)+2의 대칭성은 우리의 속귀에 위치한 평형기관의 세포에서도, 헤엄치는 원생생물인 유글레나의 꼬리(편모)에서도 발견된다. 9(2)+2의 배열은 사람의 정자 세포 단면에서도 볼 수 있다. 이러한 유사성 때문에 키네토솜에서 자라 나오는 9(2)+2 구조는 모두 하나의 이름으로 부르는 것이 바람직하다. 우리는 이것을 "파동모"라고 부른다.

유사분열에 의한 세포 증식은 일부 원생생물과 모든 동물, 식물, 균류의 세포에서 놀랍도록 유사하며, 이들 네 계의 가장 오래된 선조에서 진화했음을 말해 준다. 식물, 동물, 균류의 선조인 원생생물은 핵을 지닌 새로운 세포의 증식에 필요한 이러한 운동 장치를 가진 최초의 생물이었다. 그러나 작은 원생생물이 파동모와 세포 내부 운동을 고안해냈는지 의심스럽다. 그보다 운동성은 생물 중 가장 오래된 계가 준 선물이었을 것이다.

몇 가지 감질나는 증거로 짐작하건데, 중심립-키네토솜의 기원은 아마 세균이었을 것이다. 이 세포 내 구조에서는 DNA와 RNA가 둘 다 발견된다고 보고되었다. 뉴욕시 록펠러 대학의 데이비드 럭과 존 홀은 녹조류인 클라미도모나스의 두 중심립-키네토솜에서 기묘하게도 세균과 비슷하게 생긴 DNA 사진을 촬영했다. 그러나 예일 대학의 조엘 로젠바움과 그의 동료들은 다른 여러 과학자팀과 마찬가지로 이 녹조류에서 중심립-키네토솜 DNA를 확인할 수 없었다.

살아 있는 세포는 여러 이름으로 불리는 파동모로 장식되어 있다. 여기에는 모든 섬모와 대다수 정자의 꼬리가 포함된다. 이를테면 황소 정액 속에 있는 꼬리가 하나 달린 정자와 수고사리에서 방출된 수백 개의 꼬리가 달린 정자는 둘 다 9(2)+2 구조를 가진다. 우리 눈 망막의 간상세포와 원추세포는 운동성이 없는 섬모의 잔재가 있으며, 여성의 난자를 자궁 쪽으로 밀어 주는 나팔관 세포의 섬모, 그리고 우리의 기관(氣管)에서 먼지를 밀어내는 섬모들은 또 다른 예다.

공생으로 파동모(세포의 꼬리와 염색체를 움직이는 방추사를 모두 포함한다)가 된 스피로헤타는 파트너와 너무 깊이 통합되어 단순한 흔적과 유전자 그림자만 남기고 자신의 옛 모습은 잃어버렸다. 어려운 작품을 힘들이지 않고 해내는 듯이 보이는 예술가처럼 이전의 스피로헤타 유전자들은 세포의 기능에 너무 깊이 결부되어 있기 때문에 오늘날

거의 탐지할 수 없는 것인지도 모른다. 옥스퍼드 대학의 생물학자 데이비드 C. 스미스는 그러한 공생의 흔적을 루이스 캐롤의 〈이상한 나라의 앨리스〉에 나오는 가공의 고양이 체셔 캣의 웃음에 비유한다. 그 고양이는 서서히 사라지다가 히죽히죽 웃는 얼굴이 되어 공중을 떠다닌다. "생물은 점차 자신을 조금씩 잃어버리고 서서히 배경 속으로 스며들어 이전의 자기 존재는 약간의 흔적으로 남아 있을 뿐이다."[4]

4.
David C. Smith,
"From Extracellular to
Intracellular: The
Establishment of a
Symbiosis,"
*Proceedings of the
Royal society,
London* 204 (1979):
115–130.

운동성 증여자가 남긴 흔적은 광합성과 산소 호흡이라는 선물을 준 세포가 남긴 자취보다 더 적고 흐릿하다. 우리의 관점에서 운동성은 초기 진핵생물이 내부공생으로 획득한 최초의 산물이었다. 꿈틀거리는 스피로헤타는 진화하는 동안 자신의 일부를 잃었고, 진핵세포가 될 세포에 침입하여 생기를 불어넣었다. 오늘날 그 증거는 시간상의 문제 때문에 더욱 희박하다. 사진은 거의 바랬고, 책장은 낡아 부스러졌다. 세포의 역사를 미약한 단서만으로 재구성해야 할 판이다.

스피로헤타의 공생이 다른 공생보다 선행되었다고 생각하는 이유는, 파동모는 있으나 미토콘드리아는 없는 원생생물이 최근에 많이 발견되었기 때문이다. 이들 원시원생생물에게 산소가 치명적이라는 사실은 원생생물 선조가 미토콘드리아로 진화할 호기성 세균과 공생을 시작하기 전에 이들이 등장했음을 암시한다. 염색체가 방추사 위에 나란히 정렬하는 유사분열은 동물, 식물, 균류의 세포에서 보편적이다. 하지만 원생생물의 경우 어두운 곳에서 살고 산소를 꺼리며 운동성이 있는 소수의 "미토콘드리아가 없는 원생생물"과 이들의 분명치 않은 친척들(원시원생생물)은 유사분열에 관한 한 중요한 변이 형태다.

세균과 얼핏 정도에서 벗어나 보이는 이러한 원생생물 사이에 중간 형태가 없다는 사실은 세균에서 핵이 있으나 아직 혐기성인 생물로의 진화가 임의적인 돌연변이만으로 일어나지 않았음을 짐작케 한다. 공생으로 먼 옛날에 운동성이 생겼다고 보면, 핵과 9(2)+2 구조의 운동 소기관을 가진 세포의 갑작스런 진화를 가장 잘 설명할 수 있다. 파동모와 유사분열 기구의 밀접한 관계가 현존하는 혐기성 세포에서도 관찰되므로 공생은 모든 과학적 해석 중 가장 경제적인 것이 된다. 사실, 이렇게 비교해보면 파동모의 기원을 돌연변이로 설명하려는 것은 억지처럼 보인다.

오늘날 온천에서 사는 세균 서모플라스마의 태곳적 조상을 생각해보자. 그 조상이 스피로헤타의 공격을 받고 있다고 상상해보라. 그 조상의 보호막은 침입에도 끄떡없었을 것이다. 별 수 없이 스피로헤타는 몸체 바깥에 붙어 서모플라스마의 노폐물을 먹고 살아가면서 연합체를 구축하게 된다. 결국 그 가운데 어떤 놈이 침입에 성공하여 쇠약해진 서모플라스마와 합병함으로써 배를 저어가는 노처럼 그 생물을 이끌어가는 노가 되었을 것이다.

일단 내부로 들어간 스피로헤타 공생자는 자신의 운동 기술을 희생자가 될 숙주의 내부 작용에까지 확장한다. 두 종류의 파트너가 그럭저럭 공존하게 되어 일종의 생화학적 휴전이 이루어진다. 오늘날 유전자의 중앙 사령부 역할을 하는 핵은 공격하는 스피로헤타가 서모플라스마의 DNA를 먹어 치우지 못하도록 (핵)막이 급격히 자라는 사이에 진화했을 것이다. 여전히 움직이지만 사로잡힌 스피로헤타는 결국 염색체를 움직이는 역할을 맡게 된다. 이렇게 해서 유사분열이 진화했다. 스피로헤타가 부착되면서 중심립-키네토솜이 생성되었다. 생식력을 지닌 이들 구조의 일부는 아마도 여전히 DNA를 가지고 있을 것이다.

진핵생물의 운동성이나 호흡과 광합성 능력을 어떻게 획득했는가 하는 정확한 시나리오가 무엇이든 간에, 그 이야기에서 가장 확실한 것은 공생이 일어났다는 것이다. 긴밀한 공생은 세포의 진화에서 빠질 수 없는 부분이었다.

새롭고 낯선 산물

스피로헤타와 서모플라스마가 합병하여 운동성이 있는 원생생물이 되었다는 가설은 현재 연구 중이다. 이들 합병 생물은 세균 연합체의 초기 구성원으로 여기에서 더 큰 생물들이 모두 진화했을 것이다. 그렇다면 다른 공생 세균은 어떻게 된 것일까? 그들은 어떻게 가담하게 되었을까?

지구를 산소 기체로 오염시킨 청록색 세균(남세균)의 경우로 돌아가 보자. 황산염(SO_4)이나 자철광(Fe_2O_3), 적철광(Fe_3O_4) 같은 새로운 무기물을 만들어내는 반응을 끝낸 뒤 산소는 지구 표면 전체에 걸쳐 대기 중에 축적되기 시작했다. 새로이 나타난 산소 기체는 생물을 일일이 열거할 수 없을 정도로 많이 죽였다. 오늘날에도 어떤 남세균은 자신이 생산해낸 산소 때문에 해를 입는다. 예를 들어 포르미디움은 자신이 생산해내는 치명적일 수 있는 농도의 산소를 재빨리 써버릴 수 있는 다른 생물이 가까이 있는 진흙에서만 산다.

일찌감치 세포는 낮은 농도의 산소에 대한 내성을 진화시켰다. 현재 많은 원핵생물들은 아직까지도 약 10퍼센트 정도의 산소 농도(오늘날 대기의 표준 산소 농도의 절반 수준)에서 기능을 가장 잘 발휘한다. 산소에 잘 견디는 세균은 카탈라아제, 페록시다아제, 수퍼옥시드 디스뮤타제 같은 효소를 만들어낸다. 이들 효소는 위험한 활성 산소를 무해한 유기물과 물로 바꿔준다. 만일 이러한 화학적 완충제가 없다면 생물 조직의 탄소는 산소에 타서 쓸모없게 되어버릴 것이다.

그런데 우리 세포의 미토콘드리아는 산소를 피하지 않고 그저 견뎌내는 것에 그치지 않는 세균에서 비롯되었다. 모계를 통해 전달되는(오직 난자만이 미토콘드리아를 사람의 배로 전한다) 미토콘드리아로 진화한 세균은 산소의 엄청난 반응성을 활용할 방안을 개척했다. 환경에 유해한 플루토늄을 이용하여 우주선의 동력을 공급하는 방법을 개발한

166

핵물리학자처럼, 미토콘드리아의 선조는 위험천만한 것을 아주 새로운 기회로 바꿔 놓았다.

아마도 재활용 면에서 가장 위대한 예가 될 텐데, 세균은 반응성이 높은 산소를 세포의 에너지 전환 과정을 개선하는 데 이용했다. 태양에 너지로 생성한 물질을 산화시킴으로써 자색 광합성 세균은 에너지를 저장하는 화합물인 ATP(모든 생물의 모든 세포에서 사용되는 생화학적 "화폐")를 대사하는 능력을 높였다. 유기물을 분해하여 이산화탄소와 물을 생성하는 동안 세균은 산소의 자연 연소를 자신들의 목적에 맞게 전환했다. 당 분자의 발효(무기호흡)에서는 ATP를 평균 2분자 생성하는 반면, 새롭게 진화한 호흡 방식(유기호흡)으로는 같은 당 분자로 ATP를 36분자나 생성할 수 있었다. (미토콘드리아의 선조를 포함해서) 새로운 세균은 산소에 해를 입었던 선조보다 15배 이상의 효율로 당 분자에서 에너지를 얻게 되었다.

우리의 미토콘드리아 선조가 호기성 자색세균이었다는 사실은 DNA 염기 서열 분석으로 의문의 여지없이 밝혀졌다. 야만인들이 마을을 약탈하지만 그 마을에서 문명화되듯이 호기성 세균은 자신이 공격했던 발효 생물 안에서 미토콘드리아라는 일꾼으로 일하게 되었다. 최초의 숙주는 아마 열과 산에 잘 견디지만 산소에는 견디지 못하는 서모플라스마 비슷한 고세균(이미 스피로헤타 공생자를 얻어 운동성을 가지게 되었을 것이다)이 아니었을까 추측한다. 이러한 연합체가 최초의 원생생물로 진화했고, 그들의 스피로헤타는 파동모가 되었다. 서모플라스마 계통은 오늘날 살아 있는 대표 종들이 진핵세포의 핵질 부분과 비슷하기 때문에 이 주요한 진화 사건에 연루되어 있음이 분명하다. 예컨대 서모플라스마 애시도필룸은 동물, 식물, 균류와 일부 원생생물에 거의 보편적으로 존재하지만 원핵생물에는 없는 히스톤류 단백질을 지닌다. 사람의 염색체에 있는 히스톤 단백질은 원시미토콘드리아에게 침입당한 원생생물로부터 직접 물려받은 유산일 것이다.

그 침입자는 아마도 칼 우에스에 의해 분류된 "자색세균 계열"이었을 것이다. 원시미토콘드리아는 파라코커스 디니트리피칸스와 같은 오늘날의 호기성 간균과 비슷했을 것이다. 이 세균은 40가지가 넘는 효소를 사람의 미토콘드리아와 공통으로 지니고 있다. 또 이들은 델로비브리오나 답토박터(오늘날의 약탈적인 원핵생물로 큰 세균에 감염하여 그 내부에서 증식한다)와도 닮았을 것이다. 마침내 숙주인 희생자는 파열되고 침입 대원들은 유유히 헤엄쳐 나간다. 답토박터, 델로비브리오, 이들과 유사한 이름 없는 세균들은 다른 생물의 죽음에 의존하여 살아가는 괴사생물이다. 그런데 기생 감염으로 시작했다 할지라도 미토콘드리아 선조는 그 방식에 머물지 않았다. 숙주생물 안에서 양분을 얻고 보호받음으로써 원시미토콘드리아는 산소를 견디지 못하는 숙주를 파괴하지 않고도 한층 더 잘 살게 되었다.

오늘날 미토콘드리아는 자신의 DNA를 지니고 있으면서 세균처럼 분열도 한다. 하지만 독자적으로는 살지 못한다. 기생 생활이 영구화되어 벗어날 수도 없고, 분리되면 살아남을 수도 없게 되었다. 최초의 원생생물은 이처럼 기묘한 커플로 한때 독립적인 생물이던 둘 혹은 적어도 셋(식물의 경우)이 융합한 결과였다. 고대 그리스 신화에 나오는 괴물 키메라는 암사자 머리에 염소의 몸통과 용의 꼬리를 달고 불을 내뿜는 상상의 산물이었지만, 이들은 실재였다.

어떻게 약탈자가 공생자가 되었을까? 어떻게 치명적인 감염을 몸의 일부로 받아들이게 된 것일까?

한국계 미국인 생물학자인 테네시 주립대학의 전광우 교수는 그러한 변신을 실험실에서 목격했다. 그의 실험 덕분에 위의 질문에 대한 답은 완벽한 수수께끼 수준을 벗어났다. 전광우 교수의 실험은 세균이 어떻게 독성 병원균에서 세포소기관으로 바뀔 수 있는지를 극적으로 보여준다.

과학의 놀라운 발견들이 흔히 그러하듯이, 전광우 교수의 발견도 준비된 마음에 우연처럼 찾아왔다. 어느 날 실험실의 배양 접시에서 자신이 배양하던 아메바들이 죽어가고 있는 것을 발견한 그는 처음에는 몹시 당황했다. 현미경으로 조사해 본 결과, 각 아메바(아메바 프로테우스)는 약 15만 마리의 낯선 세균에 감염되어 있었다. 몇몇 아메바만 빼고 모두 죽었다. 다 죽어가다 살아남은 아메바에 대해 이상하게 생각한 그는 죽은 아메바에서 채취한 감염성 세균을 건강한 새 아메바에 주입해보았다. 새로 감염된 아메바들은 대다수가 며칠 만에 죽었지만, 또 일부는 어떻게 해서인지 살아남았다. 여러 달 후에도 생존한 아메바들은 모두 감염되어 있었다. 그러나 이 생존자들한테서는 죽은 아메바보다 훨씬 적은 수의 세균이 발견되었다.

감염된 아메바를 여러 세대에 걸쳐 배양한 후에 전 교수는 그들 일부로부터 핵을 끄집어냈다. 미세 수술로 핵이 제거되었고 건강하며 세균이 없는 아메바에 그 핵들을 이식했다. 이식된 핵을 가진 아메바들은 전 교수가 "감염" 세균을 주입해주지 않으면 삼사 일째에 죽어버렸다. 그야말로 병이 약이 되었다. 치명적인 세균이 생명 유지에 필요한 세포의 일부분이 된 것이었다.

전 교수가 감염시킨 아메바는 수십 년이 지난 지금도 미국 테네시 주 녹스빌에서 잘 살고 있다. 그의 실험은 무수히 반복되었고, 이제 전 교수는 그 아메바들이 한 번도 감염되지 않은 선조와 많이 다른 특성을 보이는 것을 관찰하고 연구 중이다. 최소한 네 가지 경우에 병원균이 공생자가 되었다. 그리고 공생자들은 매번 세포소기관이 되었다. 침입자와 피침입자가 합병하여 새로운 생물로 진화했다. 생물 계통수 가지는 항상 갈라지기만 하는 것이 아니다. 때로는 합쳐져서 미묘한 새 열매를 맺기도 한다.

윌린의 공생자

1927년 미국 생물학자 아이번 윌린(1883-1969)은 이렇게 썼다. "주로 질병과 관련 있는 생물인 세균이 종의 기원에 근본적인 원인을 제공하는 요인일 수 있다는 것은 다소 놀라운 제안이다."[5] 그는 동물 "숙주 세포" 밖에서 미토콘드리아를 배양했다고 주장했다. 윌린은 동료들의 공공연한 비난에 시달리다가 40대 나이에 미토콘드리아의 세균 기원설을 변호하는 것을 포기해버렸다.

윌린이 잘못 생각했음은 거의 분명하다. 왜냐하면 지금까지 누구도 미토콘드리아를 독립적으로 키울 수 없었기 때문이다. 그렇지만 윌린이 주장한 이론에는 선견지명이 있었다. 식물과 동물은 이른바 "공생" 또는 "미생물 공생 복합체의 형성"을 통해 나타났다고 그는 주장했다. 그의 주장은 공생 세균을 영구히 받아들임으로써 새로운 종이 생겨남을 의미했다.

오늘날 윌린의 주장은 정당한 것으로 입증되었다. 그가 1927년에 쓴 고전 〈공생과 종의 기원〉은 세포 진화에서 공생의 중요성을 체계적으로 밝힌 영어권 최초의 책이었다. 겨우 수십 년 전에는 이단으로 몰렸지만, 현대의 생물학자들은 동물, 균류, 식물이 공생하는 세균 연합체로부터 기원한 원생생물 조상에서 진화했다는 데 동의한다.

윌린이 죽기 바로 직전에야 알려졌고 그의 이론을 입증한 결정적인 증거는 미토콘드리아와 색소체가 자신의 DNA를 가진다는 발견이었다. 그러나 윌린은 미토콘드리아와 색소체가 마치 초기 야생시절 충동의 잔재를 드러내듯이, 자신들이 속해 있는 세포와는 다른 주기로 증식하는 경향이 있음을 알았다. 전 교수의 아메바를 감염한 세균처럼, 호흡하는 세균이 운동성 진핵생물과 합병하여 아메바 비슷한 더 큰 생물의 선조, 즉 호기성 원생생물을 만들어낸 것이다. 물질대사와 유전자를 통합

5.
I. E. Wllin, *Symbionticism and the Origin of Species* (Baltimore: Williams & Wilkins, 1927), p. 8.

하면서 서로 다른 계통의 호기성 원생생물들이 동물과 균류로 진화해 갔다.

조류와 식물의 경우에는 이 이야기에 새로운 챕터가 하나 추가된다. 이미 자색세균(이제는 미토콘드리아)과 완전히 합쳐진 헤엄치는 원생생물이 뒤이어 일어난 공생을 통해 색소체를 지니게 되었다. 어떻게? 바로 소화불량 때문이었다. 소화되지 않은 녹색세균(먹이)이 채식주의자인 투명한 원생생물의 몸 안에서 살아남은 것이다. 그 결과 광합성 산물(포획된 광합성 세균이 만든 양분)이 원생생물에게 지속적으로 공급되었고, 원생생물은 햇빛이 비치는 물을 찾는 취미를 재빨리 개발했다. 식료품점에서 물건을 사기보다 자기 집 앞 채소밭에서 수확하는 농부처럼, 자신의 포로를 합병한 원생생물은 점차 자급자족할 수 있게 되었다. 잡아먹힌 광합성 세균은 양분을 제공하는 대가로 살아갈 곳이 생겼고 빛으로 향하는 특급열차를 공짜로 얻어 탄 셈이었다.

나중에 조류로 진화한 이들 운동성 원생생물은 살아 있는 온실이었다. 먹이가 될 뻔하다가 정말로 내부에서 공생하게 된 세균은 살아 있는 세포라는 호화로운 감옥에서 광합성을 했다. 원래의 소화되지 않은 먹이는 아마도 프로클로론과 유사했을 것이다. 이 연두색 세균은 해삼과 같은 해양생물의 배설강에서 자란다. 프로클로론류의 세균이 조류와 식물세포의 색소체에 자리 잡은 것은 탁월한 과학적 선택이었다. 구균인 프로클로론과 간균인 프로클로로트릭스라는 세균(모양은 다르나 비슷한 연두색이다)은 녹조류와 식물이 만드는 것과 정확히 똑같은 색소를 만들어낸다.

해파리와 산호의 친척뻘이며 촉수가 많은 히드라는 흰색이지만, 녹색 광합성 미생물이 공생하면 엷은 녹색이 된다. 달팽이의 일종인 플라코브란쿠스는 측족 아래 소화관의 일부로 정원처럼 배열되어 있는 녹색 색소체가 있다. 대형 이매패인 거거는 녹조류의 주거지가 된다. 많은

171

생물들이 광합성 세균이나 조류와 연합하고 있다. 역사는 되풀이된다.

연두색 세균과 청록색 세균(남세균)은 조류와 식물세포의 색소체의 독립적인 변형이다. 조류의 색소체는 녹색일 필요가 없다. 조류의 색소체는 높은 산봉우리의 눈이 늦은 봄과 여름에 드문드문 붉은 빛을 띠는 것과 관계가 있다("수박색 눈"; 도판 13a, 13b, 13c). 그리고 탄자니아의 나트룸 호수를 내리 덮치는 홍학 떼와도 관계가 있다. 자색 광합성 세균과 붉은 색소체를 지닌 조류는 당근의 카로티노이드 색소와 동일한 색소를 가지고 있으며 호수에서 자란다. 홍학이 분홍색으로 보이는 것은 먹이 사슬의 맨 밑에 있는 미생물의 색소가 계속 농축되어 이 흥미로운 새의 몸을 물들였기 때문이다.

현장에서 채취한 정자의 DNA와 용의자의 DNA가 일치하여 법정에서 강간범에게 유죄 판결을 내릴 수 있을 만큼의 정확성으로, 유전적 증거물인 DNA, RNA, 단백질의 서열 정보는 홍조류의 색소체가 어떤 남세균과 관련 있음을 알려준다. 색이 다채로운 시생대 세균들은 어디론가 사라진 것이 아니었다. 그들은 다른 세포와 결합하여 오이에 든 코발트색 엽록체(녹색 색소체)가 되었다. 다른 것들은 해안가의 대형 켈프와 같은 갈조류의 갈색체(갈색 색소체)가 되었다. 또 다른 세균들은 덜스의 홍색체(홍색 색소체)로 오늘날까지 잠복해 있다. 만일 농작물을 우주 궤도나 화성 또는 생물로 녹화된 다른 행성에서 재배한다면 그것은 인간의 힘을 초월한 현상으로 30억 년 훨씬 전의 시생대 해변에서 시작되었던 세균의 확장과 같은 것이다.

다세포성과 예정된 죽음

식물과 동물은 너무나 복잡해서 그들의 원래 신분이 잡종 군체라는 사실을 잊기 쉽다. 그런데 이따금씩 우리는 우리가 다세포라는 사실을 상기하게 된다. 워싱턴에 살았던 헨리에타 레인이라는 한 여성의 자궁 경부에서 떼어낸 헬라 세포는 1950년대에 그녀가 자궁경부암으로 죽고 난 뒤에도 전 세계 실험실에서 계속 자라고 있다. 이러한 병리학적 사실은 우리 몸의 본질이 진핵세포들이 조직된 거대한 집합체임을 증명해 준다.

공생을 통해 서로 다른 여러 세균들이 결합하여 핵을 가진 세포를 만들어냈다. 이들 진핵세포는 종종 세포분열 후에도 그대로 붙어 있다가 여러 세포로 된 군체를 이루기도 한다. 짚신벌레나 유글레나는 "개체" (단세포)인 진핵세포인데, 다양한 생물들 가운데서도 이미 충분히 매력적이다. 그러나 식물과 동물, 균류는 자신을 복제하여 다세포 상태를 만듦으로써 독립생활을 하던 원생생물 세포를 더 복잡하게 확장시켰는데, 그 다세포 복제품이 결국 생식 조직이나 신경 조직처럼 뚜렷한 기능을 가진 분리된 조직으로 진화했다.

약 10억 년 전에 본격적으로 시작된 원생생물의 일부 후손들은 세포분열로 번식한 후에 서로 떨어져나가는 데 실패했다. 그들은 군체로 번식했고, 일부 세포는 세대마다 죽어나갔다. 이렇게 해서 어떤 원생생물의 군체가 개체군에서 물리적으로 큰 구성원이 되었고, 원생생물의 다양성도 진화했다. 오늘날 원생생물을 조사해보면 군체가 어떻게 개체 세포로부터 형성될 수 있었는지 알 수 있나. 동물은(물론 우리 인간을 포함해서) 원생생물 세포 군체의 변형인 셈이다.

찰스 다윈은 어떤 개체들이 다른 개체들보다 자손을 더 많이 남기고 자신의 특성을 물려줌에 따라 진화가 일어난다고 강조했다. 그러나 항상 변하고 있는 개체의 특성은 상대적일 수밖에 없다. 세포들은 다양한 형태로 배열하고 서로 작용한다. 이들이 합친 크기도 다양하고 개체들 간의 상호의존도도 다양하다. 한 개의 커다란 엽록체를 지니는 녹조류

클라미도모나스는 세균 복합체다. 클라미도모나스와 비슷한 원생생물 세포가 구 모양의 연합체를 이룬 볼복스는 (동물이 헤엄치는 원생생물의 다세포 후손인 것과 꼭 마찬가지로) 클라미도모나스의 다세포 후손이다(도판 14).

반면 "개체"로 존재하는 대형 유기체에서는 유전자 전달 과정이 통합적으로 이루어진다. 쉽사리 예전 상태로 복구되지 않는 이러한 통합 과정은 독립생활을 하는 원생생물에서 군체를 이루는 원생생물이 진화하면서 최초로 안정되었다. 볼복스는 다른 원생생물이나 균류, 식물, 동물과 마찬가지로(그러나 세균은 다르다) 아무 일도 아닌 듯이 유전자를 쉽게 교환하지 않는다. 대형 생물은 세균처럼 간단히 유전자를 거래하지 못한다.

단세포 원생생물, 식물, 균류, 동물은 모두 한 종의 일원이다. 원생생물은 종을 형성한 최초의 생물이자 최초로 멸종한 생물이다. 모두 같은 종에 속하는 개체들의 기원은 최초의 원생생물의 기원과 동일하다. 캐나다 미생물학자 소린 소니어는 세균은 유전자 교환이 전 지구적 규모에서 가역적으로 일어나므로 진정한 의미의 종이 없다고 주장하는데, 이는 아주 훌륭한 지적이다. 종은 그 구성원끼리 서로 교배할 수 있는 개체군이다. 지구의 모든 세균은 원칙적으로 서로 교배할 수 있으므로 전 지구적 규모로 하나의 종을 이룬다고 말하는 편이 나을 것이다.

따라서 종의 경계는 원생생물에 훨씬 더 적절히 적용할 수 있는데, 실제로 종의 경계는 원생생물에서 처음 나타났다. 감수분열이 동반되는 유성생식도 마찬가지였다. 우리 인간과 같은 미래 생명체의 역사를 위해 숙명적으로 원생생물에서 성별 구분(유성생식)은 죽음과 결부될 수밖에 없었다. 세균은 죽임을 당할 수 있지만 자연적으로는 죽지 않는다. 일부 원생생물, 특히 섬모충류와 점균류는 세균과 달리 외부 환경이 최적일 때도 노화한다. 살아 있는 세포가 예측 가능한 시기에 쇠퇴하는 노화와 죽음은 유성생식을 하는 원생생물에서 처음 진화했다. 물질대사가 최종적으로 멈추는 "예정된" 죽음은 생명이 탄생했을 당시, 그리고 이후로도 장구한 시간 동안 존재하지 않았다.

우리와 달리 세균은 죽지 않는다. 그들은 외부 조건이 자기 생산을 방해하기 전까지 계속 살 것이다. 반대로, 많은 원생생물은 우리처럼 일정한 기간 간격을 두고 노화하여 죽는다. 노화와 죽음은 기술적 전문 용어로 "아폽토시스"라고 부르는 내적 작용인데, 성 구분이 있는 개체가 진화하는 동안 어느 시기에 우리 미생물 선조에서 나타났다. 이상한 이야기지만, 죽음 자체가 진화했다. 실제로 그것은 성을 통해 전달되는 최초의(그리고 여전히 가장 심각한) "질병"이다.

미생물 세계에서 성이 시작되다

동물의 성은 항상 감수분열을 동반한다. 유사분열처럼 감수분열에서도 염색체가 방추사에 붙어 딸세포에 나뉘어 들어간다. 그러나 감수분열에서는 염색체를 두 배로 만드는 중요한 단계가 생략된다.

따라서 감수분열은 원래의 부모 세포에 존재하던 염색체의 절반만을 지닌 딸세포를 둘 만들어낸다. 이를테면 염색체가 46개 할당된 사람 세포는 감수분열 후 염색체를 23개씩 지닌 난자와 정자 세포가 되어 "나머지 반쪽"을 찾을 준비를 한다. 각 세포에서 염색체의 수를 절반으로 줄이는 감수분열과 그 수를 다시 두 배로 불리는 수정(성교, 수분, 원생생물과 균류의 접합 후 일어난다)은 손을 맞잡고 가야 한다.

생명의 역사에서 동물이 나타나기 훨씬 전에 유사분열을 하는 원생생물로부터 감수분열을 하는 성이 진화했다. 그런데 오늘날 일부 원생생물은 유사분열도 감수분열도 하지 않는다. 예를 들면, 민물에서 사는 대형 아메바(펠로믹사 팔루스트리스)는 커다란 단세포인 몸의 가운데가 함입되고 많은 핵들도 반으로 나뉘는 방식으로 번식한다. 쌍편모조류는 독특하게 변형된 방식으로 유사분열을 한다. DNA는 히스톤 단백질에 싸여 있지 않으며, 다른 미생물과 달리 세포분열 동안에도 핵막이 그대로 남아 있고 염색체도 볼 수 있다.

감수분열은 유사분열의 변형이다. 감수분열은 유사분열로 이미 둘로 나뉜 세포에서 진화했을 가능성이 크다. 최초의 수정 사건은 아마도 합병이 아니라 잡아먹으려는 강한 충동에 응한 결과였을 것이다. 이것은 포식자 원생생물이 동족을 잡아먹을 때 일어날 수 있었을 것이다. 생물학자들은 배고픈 세포가 주변의 다른 세포를 집어 삼키는 싸움을 현미경으로 종종 목격한다(그림 11). 그러나 삼킨 세포를 언제나 소화할 수 있는 것은 아니다.

하버드 대학의 생물학자 르뮤엘 로스코 클리블랜드(1898-1971)는 잡아먹히는 원생생물이 반쯤 먹힌 채로 살아가는 것을 목격했다. 그가 연구한, 9(2)+2 구조의 파동모로 덮인 원생생물은 하이퍼마스티고트라고 불린다. 염색체 한 벌만을 지니는 보통의 하이퍼마스티고트는 나무껍질을 먹는 흰개미와 바퀴벌레의 창자 뒷부분이 부풀어 오른 곳에서 산다. 클리블랜드는 하이퍼마스티고트가 서로 잡아먹는 것을 보았다. 그는 한 개체가 다른 개체를 일단 삼키고 나면 둘의 막이 합쳐져 이중 세포가 되는 데 주목했다. 대부분의 이중 세포는 죽었다. 그러나 그들 중 일부가 번식하는 것도 볼 수 있었다. 어설프기는 하지만, 2배가 된 기형 미생물은 세포분열을 거쳐 또 다른 2배의 기형 미생물을 만들어냈다.

클리블랜드는 어떻게 해서 잡아먹기가 중단되고 최초로 2배가 된 염색체 세트를 만들 수 있었는지 알아냈다. 게다가 합병되었던 미생물들이 비정상적인 세포분열(우리 몸의 세포에서 일어나는 감수분열의 전조)로 염색체가 한 벌이었던 원래 상태를 되찾기도 했다. 성의 진화에

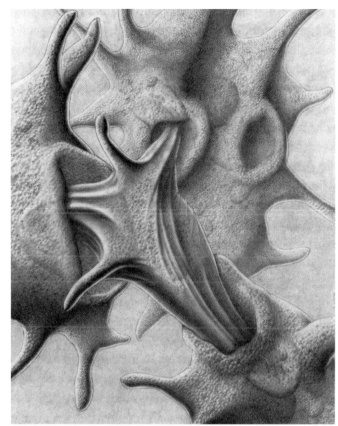

▶ 그림 11
네글레리아, 원생생물. 원생생물계, 주마스티고타문. 이 그림은 같은 종류의 이웃을 잡아먹으려는 네글레리아 아메바를 보여준다. 먹힌 후 소화되지 않고 내부에서 계속 살아남는 것은 진화상 세포 공생을 시작하는 중요한 수단이었다. 동종의 원생생물을 삼켰지만 서로 소화하지 않으면 이들은 핵과 염색체를 합병하는데, 이는 최초의 수정이나 짝짓기로 볼 수 있다.

서 일어났음직한 이러한 단계가 클리블랜드의 실험실에서는 원생생물에서 단 몇 시간 만에 일어났다. 보이지 않는 이 과정이 자연계에서는 아주 오래 전부터 여러 번 자연적으로 일어났음이 틀림없다. 오늘날에도 어떤 하이퍼마스티고트는 융합하면서 단단한 세포벽으로 둘러싸이고 저항성이 있는 구조인 포낭을 형성하므로 결핍 상태를 견딜 수 있다. 2배가 된 형태(처음에는 포식 행위에서 비롯되었다)는 원시적인 유성생식을 하는 생물이 그 속에서 살 수 있도록 보호해주었을 것이다.

먼 옛날에는 잡아먹기와 짝짓기가 동일한 것이었다고 생각된다. 우리 인간의 성적 욕구의 기원이 미생물의 소화불량이었다니 낭만과는 거리가 먼 것으로 들릴지 모르겠다. 그러나 배고픈 하이퍼마스티고트가 우연히 짝짓기를 했다는 클리블랜드의 묘사는 희극과 공포가 혼합되어 있어서 성의 기원에 어울린다. 궁핍한 시절에 우리의 단세포 원시 부모는 필사적으로 서로 잡아먹으며 살았을 것이다. 그러다가 때로는 그들의 세포막이 합쳐지기도 했을 것이다. 2배가 되거나 일부만 2배가 된 채로 단단한 세포벽으로 둘러싸인 포자 속에서 좋은 시절을 기다렸다. 불완전한 염색체 세트를 지니게 된 비정상적인 것들은 대다수가 죽었을 것이다. 반면 원래의 한 벌 상태로 되돌아간 것들이 자연선택으로 살아남았을 것이다. 오직 그들만이 다시 정상적으로 번식을 시작할 수 있었기 때문이다. 2배가 된 것이나 다른 기형 생물들은 죽기 쉬웠을 것이다. 그렇지만 살아남은 것들은 잡아먹히다가 융합이 된 상태 덕분에 종종 먹이가 부족한 계절이나 건조한 시기를 견딜 수 있었다. 동족을 잡아먹기 꺼려한 것들은 성에 의해 유도되는 포자 단계라는 정지 상태로 들어갈 수 없었던 탓에 굶어 죽거나 말라 죽었다.

우리와 같은 동물의 세포는 원생생물처럼 염색체를 한 벌 가지는 반수체 상태의 난자와 정자를 제외하고는, 염색체가 두 벌 존재하는 이배체 상태다. 동물의 몸은 일종의 이배체 껍질이다. 반수체 생식 세포는 매 세대 새로운 육체를 생성함으로써 "개체"의 죽음을 뛰어 넘어 존속하지만, 몸은 사라진다. 이배체의 몸은 반수체 생식세포의 전달을 위해 최고의 대가(죽음)를 치르는 것이다.

곤궁한 상태에서 서로 잡아먹다가 염색체가 2배가 된 원생생물이 우리의 조상일 것이다. 사람을 비롯한 모든 동물은 이 초기 진핵생물로부터 죽음을 물려받았다. 각 세대는 바로 앞선 주자가 떠난 자리에서 시작하며, 누가 살아남느냐에 따라 각기 조금씩 다른 경로를 밟는다. 이런 식으로 장구한 세월이 흘러 새로운 종이 탄생할 수 있었다.

모여서 군체를 이룬 진핵세포의 층은 결국 조직으로 진화했다. 모든 접합자(배아로 발생하는 수정란 세포)가 단순히 수가 많은 세포로 구성되는 것이 아니라 여러 종류의 세포가 모여서 별개의 조직을 이루는 식물이나 동물로 자란다는 것은 놀라운 사실이다. 동물과 식물에서 일어나는 조직 분화가 훨씬 더 인상적이기는 하지만 원생생물 역시 각기 다른 일을 맡는 여러 종류의 세포로 구성될 수 있다. 원생생물은 서로를 알아본다. 물이나 양분이 부족할 경우 동종의 세포들끼리 모여 군체를 이루기도 한다. 세균을 먹는 아메바성 생물인 점균류의 경우, 대사산물을 써서 정보를 교환하며 자신과 같은 종류를 찾아낸다.

양분이 풍부하면 아메바는 혼자서 먹이를 찾아다닌다. 그러나 양분이 고갈되면 개개의 굶주린 세포들이 화학물질을 분비하여 서로 유인한다. 그리고 아메바들은 화학물질의 농도가 가장 높은 쪽으로 움직인다. 세포들이 한 곳에 모여들어 움직이는 하나의 "슈모"[신문만화에 나오는 서양배 모양의 가상 동물]를 형성한다. 이 끈적끈적한 덩어리는 위쪽으로 자라고, 결국 머리 부분이 터지면 단단한 세포벽이 있는 포자를 바람이나 물을 이용해 안전하게 퍼뜨린다. 만일 포자가 적합한 환경에 떨어지면 새로운 아메바 세대가 시작될 것이다.

점균류의 위력

이처럼 우리의 기원을 더듬어 올라가 원생생물을 만나면서 우리가 가져야 할 태도는 겸손이다. 우리가 아메바 같은 종류의 생물과 친척 관계에 있다는 것을 부정해서는 안 된다. 인간은 아메바성 생물이 통합된 군체다. 아메바성 생물(원생생물)이 세균이 통합된 군체인 것과 마찬가지다. 좋든 싫든 우리는 점균류에서 비롯되었다.

약 25만 종으로 추정되는 원생생물이 호수와 강, 폭포, 온천, 축축한 땅, 일시적인 빗물 웅덩이, 이슬, 서리, 그리고 수영장이나 파이프 벽에서 살아간다. 식물과 동물, 균류 등 우리가 볼 수 있는 생물계는 원생생물계라는 왕국의 봉토에 불과한 것에서 시작되었다. 그 왕국의 초기 구성원들이 십억 년이나 먼저 진화하고 나서야 나머지 세 왕국의 생물이 분화되었다.

오늘날 지구의 해양에는 돌말이나 유공충, 방산충과 같은 아름다운 결정체 생물들이 많이 살고 있다. 원생생물은 열대 지방에 가장 풍부하게 서식하므로 확신컨대 알려진 것보다 알려지지 않은 종이 훨씬 더 많을 것이다. 가장 잘 연구된 종류에는 수면병, 샤가스병(아메리카트리파노소마증)이나 리슈마니아증을 일으키는 트리파노소마와 같은 몇몇 악명 높은 살인마도 포함된다. 리슈마니아증은 형체를 망가뜨리는 열대병으로, 운동성을 가진 원생생물이 태아의 점막을 먹어서 입이나 코가 없는 아기가 태어날 수도 있다. 그러나 대다수의 원생생물은 온화한 생화학적 기법으로 지구를 요람으로 만드는 데 이바지한다. 해양 바닥에 널리 분포하여 식량원이 되고 산소를 공급하며, 토양을 일궈주고, 표면의 세균을 깨끗이 먹어 치운다. 또한 황, 인, 규소, 탄소의 전 지구적 순환을 돕는다.

원생생물은 지구의 생리 현상에도 가담한다. 아마 가장 수적으로 많은 것이 코콜리토포리드일 것이다. 현미경으로밖에 보이지 않지만 이 단세포 조류는 인공위성에서 뚜렷이 보이는 몇 안 되는 생물체 가운데 하나다. 코콜리토포리드의 "번성"으로 유럽 해안에서 200킬로미터 떨어진 먼 바다까지 푸른 물색이 희게 되기도 한다.

실험실에서 변색된 바닷물을 원심 분리기로 농축하고 그 침전물을 약 1만 배로 확대해보자 하얀 얼룩의 실체가 무엇인지 드러났다. 그것은 코콜리토포리드의 비늘이었다. 개개의 코콜리토포리드에는 수많은

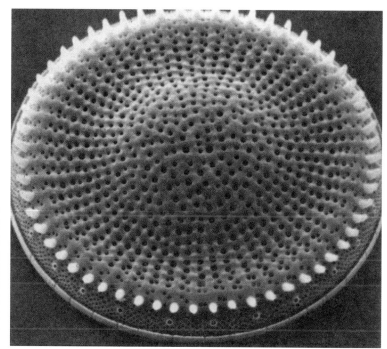

백악질 "단추" 무늬가 있다. 비늘과, 비늘 사이의 공간은 자연산 블라인드와 같아서 이 조류의 색소체에 햇빛을 최적의 강도로 공급해주는 역할을 한다. 미생물이 죽으면 떨어져 나가는 비늘(1밀리리터당 수백만 개의 단추가 있다)이 바닷물을 뿌연 우윳빛으로 바꿔버리는데, 이는 배 위에서보다 위성에서 더 잘 보인다.

염분이 세포 내에 농축되어 세포를 파괴할 수도 있으므로 코콜리토포리드는 황화합물을 만들어 내부 이온 농도의 균형을 맞춰야 한다. 이 황화합물은 불안정해서 디메틸설파이드로 분해된 후 공기 중으로 흩어져 버린다. 방출된 디메틸설파이드 기체는 산소와 반응하여 황산염이 되고 안개와 같은 작은 에어로졸 입자를 형성한다. 이들 입자가 수증기의 응축핵으로 작용해 구름 형성에 관여하는 것으로 보인다. 구름은 빛을 우주 공간으로 반사해서 기온을 떨어뜨리기 때문에 코콜리토포리드의 번성은 지구의 에어컨 역할을 해줄 것이다.

코콜리토포리드나 다른 광합성 원생생물을 통해 막대한 양의 물질이 이동한다. 식물이 아니라 원생생물이 해양 먹이사슬 전체의 기초다. 부유하는 원생생물은 먼 대양 생태계의 요구에 기꺼이 부응한다. 부착 종들은 해변 가까이에서 거대한 군집들을 부양한다.

백악, 유리, 유기섬유, 심지어는 황산스트론튬이나 황산바륨 같은 희귀한 염까지 골격을 만드는 데 동원함으로써 일부 원생생물은 바다에서 미량 원소를 채굴한다. 이들이 몸의 단단한 부분을 만든 후 떼 지어 죽을 때 바다 경치가 바뀐다. 규조(돌말)는 세계적인 규모로 해양에서 이산화규소를 고갈시키면서 정교한 집을 짓는다(그림 12). 방산충은 유백색 골격을 형성하며 나중에 바다 밑에서 굳어 방산충 판암이라고 불리는 부싯돌 비슷한 퇴적암이 된다. 유공충은 이집트의 거대한 피라미드를 이루고 있는 석회암의 일부를 구성한다.

원생생물은 전 세계 어디에나 분포하며 깊은 바닷속이나 땅속까지 침투한다. 스핑크스처럼 원생생물도 재조합되고 합성된 존재다. 원생생물은 유성생식을 하는 종을 형성한 최초의 생물이다. 그 세포에서 일어난 변덕이 바로 우리 인간 성(性)의 핵심이다. 원생생물 단계에서 일어난 변화 때문에 그 뒤를 이은 모든 생물계에서는 죽음이 생리학적으로 필요하게 되었다. 원생생물은 세균과 더불어 살아 있는 지구 환경을 창조하는 최고의 건축가들이다.

그렇다면, 생명이란 무엇인가? 생명은 공생으로 진화한 개체들의 진귀하고도 새로운 산물이다. 움직이고, 접합하고, 유전자를 교환하고, 우위를 차지하면서 원생대 동안 긴밀히 연합한 세균은 무수히 많은 키메라를 만들어냈고, 그 중 극히 일부만이 우리로 대표된다. 종이 다른 개체들이 몸을 합병한 결과, 유성생식의 감수분열, 예정된 죽음, 복잡한 다세포성이 새롭게 등장했다.

생명은 다음 세대, 다음 종으로 이어지는 존재의 확장이다. 그것은 최고의 우발사건을 만드는, 가령 잡아먹기의 서투른 시도도 동물을 만들어내는 바로 그 독창성이다. 생명은 세포나 생물체보다 더 큰 무엇이다. 생명은 생물권, 즉 바닷구름의 형성부터 해양의 화학적 특성 조절에 이르기까지 원생생물과 선조들이 관여한 지구 표면의 환경 전체를 포괄한다.

이 두 영역 사이에 우리가 아는 모든 생명이 존재한다.

▲ 도판 1A
우주에서 본 지구

▼ 도판 1B
마이코플라스마. 모네라(세균)계, 아프라그마박테리아문.
가장 작은 세균에 속하며, 세포의 지름이 0.5마이크로미터보다 작다.

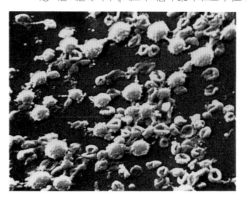

▲ 도판 2
딱정벌레의 한 종류인 파크노다. 동물계, 절지동물문. 이 근접 촬영 사진은 딱정벌레의 창자에 있는 나뭇가지 모양의 기관을
보여주는데, 이곳에 메탄가스를 만들어내는 세균이 산다. 수천 세대 동안 창자에서 살면서 이 메탄생성세균은 자신이 살 곳
을 발견했을 뿐만 아니라 이와 같은 공생 기관이 발생하도록 유도했다.

▼ 도판 3
NASA에서 찍은 태양의 X선 사진. 러시아 과학자 블라디미르 베르나드스키에 따르면, 지구의 생명체는 별의 에너지가 생물로 전환되는 물질계다. 생명은 지구적 현상일 뿐만 아니라 행성-태양 시스템의 현상이다.

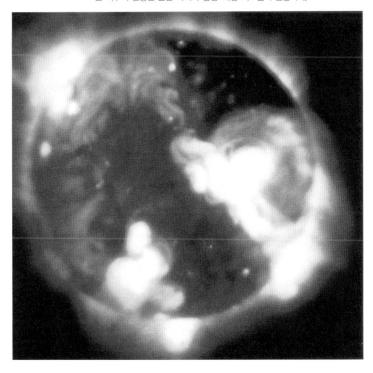

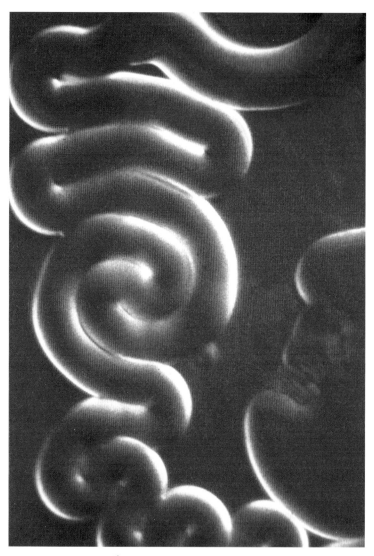

▲ 도판 4
데이비드 디머의 실험실에서 수화/탈수 반응의 반복으로 만들어낸 인지질 원
통. 여기서 고배율 광학 현미경으로 보여주는 것처럼 인지질은 마침내 갈라져
리포솜을 형성한다. 이처럼 세포 전 단계의 유기체 형성은 시생대에 흔히 일어
났다. 초기 지구는 늘 무수히 많은 실험을 수행하는 거대한 실험실과 같았다.
유기화학자 시릴 폰남페루마가 던진 농담처럼 "신은 유기화학자다."

▼ 도판 5A

프로테우스 미라빌리스, 세균. 모네라(세균)계, 옴니박테리아 문. 세균이 한천 배지 표면에서 성장하고 이동하는 주기를 반복함에 따라 동심원 계단이 겹쳐 있는 패턴이 생긴다. 이 사진이 보여주는 생물의 기하학적 구조는 삽화 5B의 무생물 소산구조를 연상시킨다.

▲ 도판 5B

도판 5A에서 보여주는 것과 똑같은 종류지만 다른 물질을 이용하는 자기촉매 화학반응. 반복 구조를 형성하는 이러한 반응이 생명의 탄생을 이끌었다고 본다. 이 특별한 "화학 시계"는 벨로소프–자보틴스키 반응에서 나타나는 소산구조다. 시간이 지남에 따라 증가하는 복잡성이 생명을 닮았다. 그러나 생명은 번식을 통해 몇 분이 아니라 수십 억 년 동안 복잡성을 더했다.

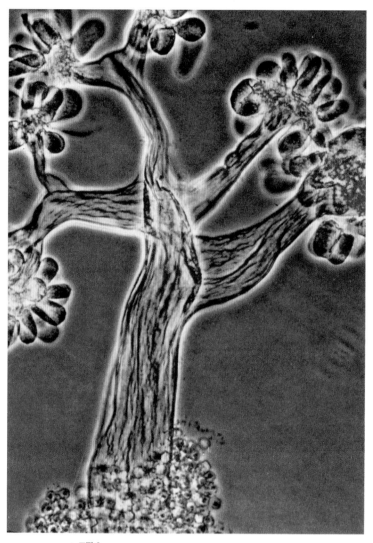

▲ 도판 6
믹소코커스, 다세포 세균. 모네라(세균)계, 믹소박테리아문. 이 세균은 영양분이나 물이 고갈되면 서로 뭉쳐서 "나무"를 형성하는데 그 높이가 1밀리미터까지 된다. 흔히 생각하는 것과 달리, 다세포성은 큰 유기체만의 특성이 아니라, 원핵생물에서도 이미 자리 잡은 특성이다.

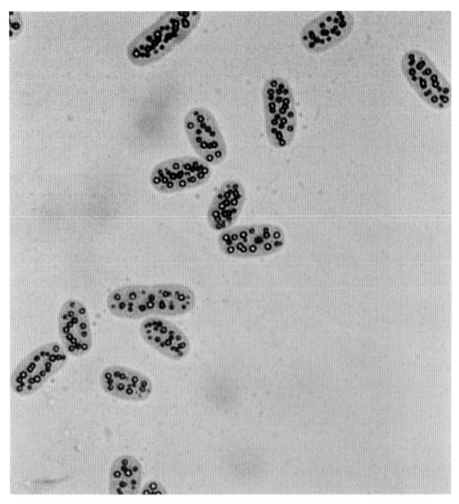

▲ 도판 7

크로마티움 비노숨, 자색황세균. 모네라(세균)계, 프로테오박테리아문. 이 광합성 미생물(길이는 5마이크로미터까지 이를 수 있고, 폭은 0.5~1마이크로미터다)은 식물이 진화하기 훨씬 전부터 광합성을 했다. 자주색 내용물은 색소와 효소를 지니는 틸라코이드 막이고, 구 모양은 황이다. 어두운 곳에서만 산소를 견딜 수 있는 이들의 존재는 광합성이 산소가 공기 중에 나타나기 오래 전에 진화한 혐기성 과정임을 증명한다.

▼ 도판 8

피스체렐라, 남세균. 모네라(세균)계, 남세균문. 세균의 대사적 "우수성"을 보여주는 일
례로, 이 남세균은 이질낭(하나의 지름이 1마이크로미터 정도임) 안에서 공기 중의 질
소를 고정하여 단백질을 만든다. 생화학적으로 다양한 대사 능력 때문에 세균은 전 지
구 차원의 생물 기능 면에서 매우 중요한 역할을 한다.

▲ 도판 9
호주 샤크 만에 있는 스트로마톨라이트. 살아 있는 세균으로 이루어진 "마천
루" 돌이다. 오랜 세월이 지나면서 미생물 매트가 이렇게 기이한 돔 모양을 만
들어낸 것으로 보인다. 이 사진은 자라는 세균이 가득한 살아 있는 스트로마톨
라이트를 보여준다. 이러한 구조는 일반적으로 훨씬 더 작고 눈에 잘 띄지 않
으며, 전 세계의 해안가에 있는데, 살아 있는 형태와 화석 형태 둘 다 발견된다.
세균 세계의 풍경이 남아 있는 거대한 스트로마톨라이트는 암석 기록에서 흔
히 나타난다. 동물, 균류, 식물이 진화하기 전에 세균이 우세하던 지구가 남긴
기념품이다.

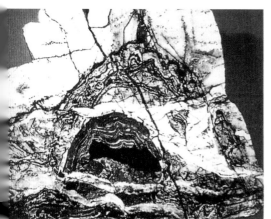

▲ 도판 10A와 10B
석화된 화석 스트로마톨라이트(남아프리카, 와라우나)를 살
아 있는 미생물 매트(쿠바, 마탄사스)의 단면과 비교하여 보
여준다.

▼ 도판 11

미리오넥타 루브라. 원생생물계, 섬모충문. 빠르게 헤엄치며 광합성도 하는 이 미생물은 발트해 가까이 바닷물과
민물이 섞이는 염분이 적은 물에서 산다. 이들과 유연관계가 있는 미생물이 북극과 남극에도 있다. 식물도 아니고
동물도 아니어서 식물과 동물로 분류하는 옛날 체계를 혼란에 빠뜨리는 전형적인 예다. 내부의 붉은 색소는 공생
조류에서 유래한 것이다.

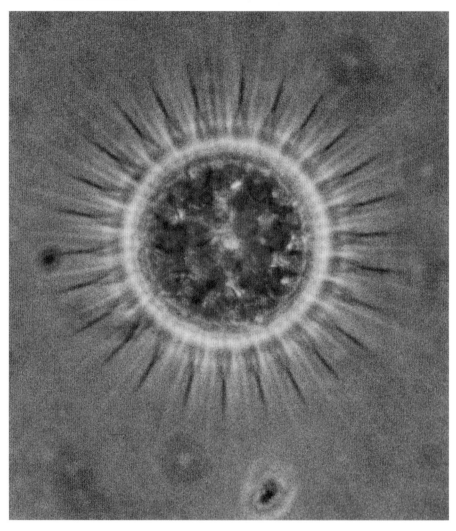

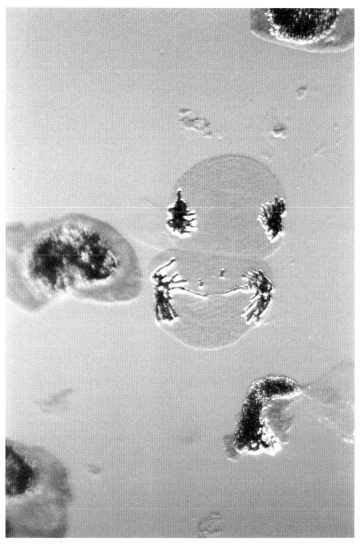

▲ 도판 12

헤만투스 종. 식물계, 속씨식물문. 꽃 안쪽 깊숙이 있는 세포가 유사분열 말기 상태에 있다. 유사분열은 모든 동물, 식물, 균류, 원생생물 대부분 등 진핵생물의 전형적인 세포분열 방식이다. 유사분열에서는 염색체가 먼저 2배가 된 다음 둘로 나뉘고 분리되어 딸 세포의 핵이 된다. 이 사진에서는 꽃의 염색체가 붉게 염색되어 있다.

A

▲ 도판 13A

클라미도모나스 니발리스, 조류, 원생생물계, 녹조식물문. 이 남극 대륙 사진에서 볼 수 있듯이 눈에서
사는 조류는 붉은 색소가 있어서 엽록소의 녹색을 가린다. 녹조류, 식물, 해양 홍조류의 DNA를 분석한
결과를 보면, 색을 띠는 부위가 남세균에서 유래했음을 알 수 있다. 남세균은 더 큰 세포와 연합하여 마
침내 해조류부터 단풍나무까지 광합성을 하는 모든 "고등" 생물의 색소체로 진화했다.

▼ 도판 13B

눈에서 사는 조류인 클로로모나스 종과 균류의 균사체. 이 광합성 생물의 색소 때문에 산에 쌓인
눈이 오렌지 빛을 띤다.

▼ 도판 13C

눈에서 사는 붉은 클라미도모나스 니발리스의 현미경 사진. 흔히 수박색 눈이라고 한다. 붉은색의
카로티노이드 색소는 강한 햇빛으로부터 몸을 보호하는 역할을 한다. 실제 세포는 이 사진에 보이
는 것보다 400배 더 작다.

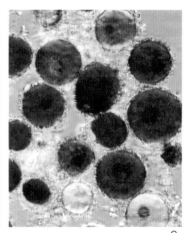

B

C

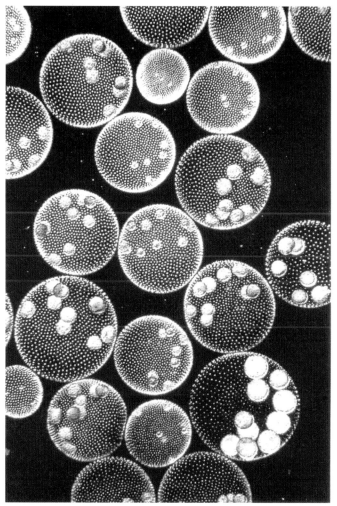

▲ 도판 14

볼복스의 군체. 원생생물계, 녹조식물문. 이 녹조류의 개별 세포는 독립생활을 하는 클라미도 모나스 세포와 비슷하다. 단세포에서 다세포 "개체"로의 진화는 중대한 사건으로 여러 차례 일어났다. 전자 통신 기술로 상호 교류하는 인류가 생존에 필요한 네트워크를 형성해가는 동 안 이와 같은 사건이 다시 발생할지도 모른다.

▲ 도판 15

림바 스카브라, 가리비, 동물계, 연체동물문. 동물의 연한 부분을 보여주는 성체 사진. 이 쌍각 조개류는 플랑크톤 같은 유충에서 성장하는데 유충은 포배에서 발달한다. 포배는 모든 동물을 정의하는 특징이다. 육상 생활을 하는 우리의 생각과 달리, 대부분의 동물 문에는 푸에르트리코 앞바다에서 사는 이 가리비처럼 해양에서 사는 구성원들이 있다. 최초의 연체동물은 아마도 6억 년 전 바다에서 진화했을 것이다.

드로소필라 멜라노가스터, 초파리. 동물계, 절지동물문. 여기 보이는 것은 포배에서 더 발달한 배로, 어린 동물의 신경계를 살펴보기 위해 붉은 염료로 염색한 것이다. 초파리는 알에서 성체로, 또 다시 알로 배양하는 데 몇 주밖에 걸리지 않으므로(실험실에서는 작은 우유병에서 키운다), 유전자와 염색체, 신경계의 발달, 근육과 호르몬, 감각 기관, 짝짓기 습성 등 생물학적인 면에 대해 인간을 포함하여 다른 어떤 동물보다도 더 많이 알려져 있다. 초파리가 속하는 절지동물은 매우 다양하고 성공적인 문으로 모든 곤충과 거미류뿐만 아니라 게와 가재 같은 갑각류도 포함한다.

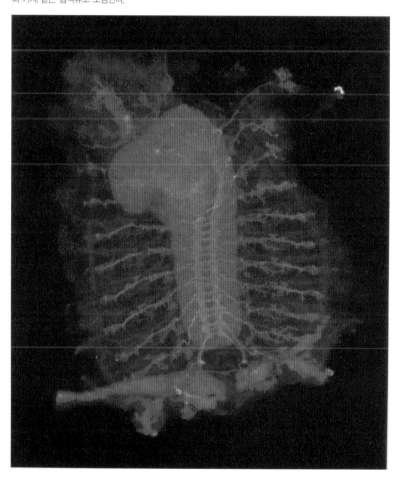

▼ 도판 17

파동모의 단면. 미세소관으로 이루어진 9(2)+2 배열을 볼 수 있다. 이 특이한 배열은 사람에서 은행나무까지 자연계의 다양한 생물들의 정자 세포에서 발견된다. 짚신벌레의 운동기관인 섬모와, 여성의 나팔관에서 난자를 밀어주는 섬모를 전자현미경으로 관찰하면 마찬가지로 9(2)+2 패턴을 볼 수 있다. 모든 파동모의 폭은 0.25마이크로미터 정도이며, 길이는 1마이크로미터 이하부터 3000마이크로미터(3밀리미터)까지 다양하다.

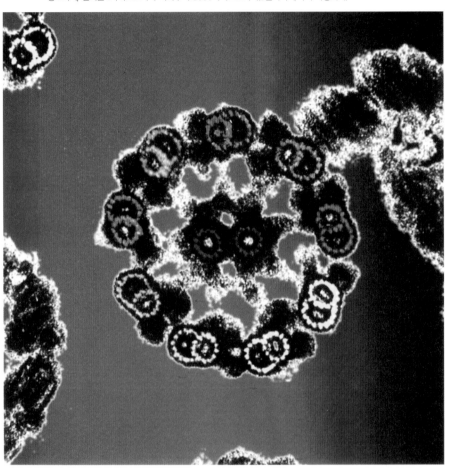

▲ 도판 18A
생체발광 반점과 지느러미를 가진 아귀. 동물계, 척삭동물문. 이 물고기가 속하는 과는
어둠속에서 빛을 내는 비브리오 세균을 몸속에서 기르고 있어서 생체발광을 한다. 심해
에 사는 이 물고기는 생체발광 공생기관을 이용해서 먹잇감을 유인하는데, 돌출한 부속
기관을 작은 물고기로 착각하고 다가온 먹이를 잡아먹는다.

▼ 도판 18B
포토박테리움 피스체리. 세균. 모네라(세균)계, 프로테오박테리아문. 이 배양접시는 생체
발광 세균 군집을 보여준다. 여러 종류의 어류가 특별한 기관에 공생 세균을 키우면서
이들이 내는 빛을 이용하여 포식자를 피하거나 먹이를 비추거나 짝짓기 신호를 보낸다.

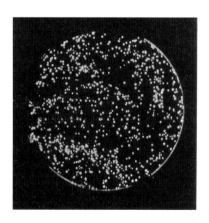

▼ 도판 19A
▼ 도판 19A
루술라 팔루도사. 균계. 담자균문. 숲에서 비교적 흔하게 볼 수 있는 버섯으로 뿌리가 공생
하는 근처의 나무와 연결되어 있다.

▼ 도판 19B
스키조필룸 코문. 균계. 담자균문. 이 버섯의 담자기는 사진에서 보이는 버섯주름의 하얀 이
중선에 매달려 있다.

A

B

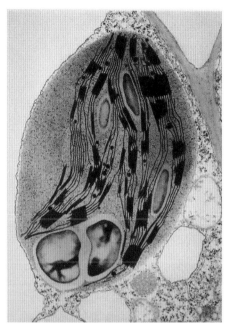

◀ 도판 20
엽록체, 광합성을 하는 세포내 구조물. 전자현미경으로 찍은 확대 사진이다. 이 세포소기관은 길이가 약 1마이크로미터, 폭이 0.7마이크로미터다. 식물임을 보증하는 증거인 엽록체는 최근에 유전자 비교로 "증명"되었듯이 식물이 등장하기 오래 전에 세계를 푸르게 만들었던 남세균에서 진화했다. 조류와 식물은 모두 큰 세포가 작은 세포와 합병한 후에 진화한 것 같다. 큰 세포는 한때 독립생활을 하던 남세균을 잡아먹었으나 소화하지는 못했다.

▲ 도판 21
포퓰러스 트레물로이데스, 사시나무. 식물계, 속씨식물문. 콜로라도 산후안 산에 있는 사시나무. 유타 주에 있는 비슷한 나무는 지구에서 가장 큰 "유기체"로 지명되었다. 나무들이 모두 하나의 몸체에서 나온 것으로 유전적으로 동일하다. 사진 속의 사시나무는 색깔이 동시에 변한다. 유타 주에 있는 것은 13만 평을 덮고 있고 무게가 6,000킬로그램에 달한다.

▼ 도판 22
나비쿨라 쿠스피다타, 규조, 원생생물계, 부등편모생물문, 감수분열로 배우자를 형성하는
규조, 모든 원생생물과 마찬가지로 조류는 물에서 산다. 식물은 마침내 큐티클 같은 방수
층과 리그닌 같은 지지구조를 진화시킴으로써 물을 벗어나 육상으로 진출했다.

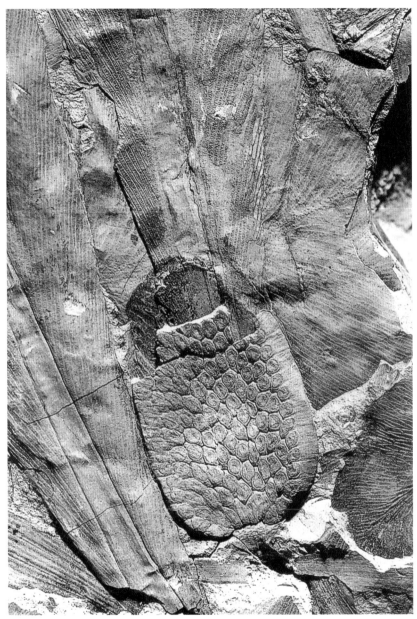

▲ 도판 23
글로소프테리스 스쿠텀, 종자고사리 화석. 글로소프테리스는 공룡이 진화하기 전, 2억 2,500만 년 전에
숲을 이루었던 멸종 생물군 중 하나다. 그 고대의 숲은 떠다니는 지각 아래 파묻혀 석탄이 되었다.

▲ 도판 24

정핵이 든 꽃가루가 발아하여 꽃의 배낭 깊숙이 있는 난세포 핵과 수정하기 위해 아래로 자란다. 이중수
정은 모든 속씨식물의 특징이다. 정핵 하나가 난세포 하나와 수정하고, 또 다른 정핵 두 개가 "극핵" 두
개와 결합하여 형성하는 배젖은 자라는 배에 영양을 공급한다. 이 사진에서 꽃가루의 세포질과 핵은 오
렌지색으로 염색되어 있고, 꽃가루관은 엷은색으로 보인다. 꽃가루(웅성)와 배낭(자성)은 속씨식물의 배우
체 세대여서 수정 전에는 모든 핵이 염색체를 한 벌만 지니고 있다. 염색체가 한 벌 있는 상태를 생물
용어로 "반수체"라고 한다. 사람의 경우, 정자와 난자 세포만이 반수체다. 그러나 식물은 몸 전체(생활사
에서 나타나는 식물체 전체)가 반수체일 수 있다.

▼ 도판 25
파파버 솜니페룸, 양귀비. 식물계, 속씨식물문. 양귀비 이름은 "잠을 부른다"는 뜻인데, 톡 쏘는 마약
성분 즙의 효과 때문이다. 속씨식물의 진화는 동물의 진화와 긴밀한 관계가 있다. 지금도 먹고 마시고
사랑을 나누는 사람들에게 꽃은 마법을 건다. 에드워드 윌슨의 생명애 가설에서는 다른 생명체에 정
서적으로 반응하는 패턴이 우리에게 유전적으로 각인되어 있다고 본다. 꽃식물이 발산하는 색, 냄새,
맛은 1억 년 된 심미적 유산의 힘으로 마음을 사로잡는다.

▲ 도판 26

지구의 위성사진이 숲, 사막, 산악지대 등 주요한 식생대를 보여준다. 움직이는 거대한 판으로 보이는 대륙은 지구 역사의 긴 세월 동안 위치를 바꾸었다. 지각 변동에 근거를 두는 새로운 지질학과 진화생물학은 서로 보완하는 정보를 제공하여 살아 있는 지구와 고대 역사에 대한 이해의 폭을 넓혔다. 하나의 생물권을 형성하는 지구의 표면은 태양에너지를 변환하고, 가스를 교환하고, 유전자를 거래하며 환경을 바꿔 놓는 생명체들의 연합체로 화학적으로 활발한 상태에 있다.

6장

경이로운 동물의 세계

자연선택이 한편으로는 기린의 꼬리처럼 파리나 쫓는 하찮은 기관을,
다른 한편으로는 아직도 충분히 밝혀내지 못한,
아니 흉내조차 낼 수 없는 완벽한 구조를 가진 눈과 같은 놀라운 기관을
만들어냈다고 하면 믿을 수 있겠는가.
찰스 다윈*

족히 다섯 길 바다 밑에 그대의 아버지가 누워 있도다
그의 뼈는 산호,
그의 눈은 이제 진주로다
그에게서 사라진 것이 아무것도 없네
바다의 힘이
호화롭고 생소한 무언가로 바꿀 수 있나니
윌리엄 셰익스피어**

그리하여 인간이 되기 위해 애쓰는 벌레는
모든 형태의 꼭대기를 통과하며 올라간다.
랠프 왈도 에머슨***

* Charles Darwin, "Difficulties on Theory," in *On the Origin of Species* (reprint, New York: Penguin Books, 1985), p. 205.
** William Shakespeare, *The Tempest, Act* I, scene two.
*** Ralph Waldo Emerson's poem May–Day.

바우어새와 꿀벌

동물은 모두 하나의 단세포에서 발생한 다세포 집합체다. 정자가 헤엄쳐서 난자 속으로 들어가 수정을 한다. 그러면 수정란이 둘, 넷, 여덟 등으로 분할하여 동물 특유의 포배를 형성한다(그림 13).

곤충류, 거미류, 갑각류를 모두 포함하는 절지동물문처럼, 각 동물문(門)은 현재 거대한 집단이거나 예전에 거대한 집단이었다. 예컨대 조개와 비슷하나 연체동물이 아닌 완족류는 고생대의 해양 암석에서 흔히 화석으로 발견된다. 우리 인간이 속한 척색동물문에는 도롱뇽, 비둘기와 함께 연골 어류와 아래턱이 없는 물고기가 포함된다. 한 분류 체계에 따르면, 약 38개 문이 현존하는 동물로 구성되며, 나머지 문에는 오래 전에 멸종된 구성원들이 있다.

지금까지 우리는 생명의 기원과 세균계, 그리고 원생생물계를 살펴보았다. 더군다나 우리의 논의는 시대 순으로 진화에 따라 복잡성이 증가하는 방향으로 진행되었다. 그렇다면 왜 이 책의 맨 끝부분이 아닌 여기에서 동물 이야기를 꺼내는 걸까?

화석을 보면 동물이 식물이나 균류보다 먼저 진화했음을 알 수 있다. 해양 동물은 고생대 초기부터 풍부한 화석 기록을 남기기 시작했다. 그러나 껍질을 지닌 동물이 나타나고 1억 년이 넘게 지난 뒤에도 식물이나 균류의 흔적을 찾아볼 수 없다. 오늘날까지도 동물은 육상보다는 수중에 더 많은데, 이는 생물이 물에서 진화했으므로 당연하다. 오직 식물과 균류만이 전형적인 육상 생물이다. 새로운 계(界)가 육상에서 진화하기에 앞서 미생물들은 과감히 뭍으로 진출해야 했다.

동물세포는 식물세포에 비해 상대적으로 단순하다. 식물, 동물, 균류 모두 자신의 유전자를 핵 속에 지니며, 산소 호흡을 담당하는 미토콘드리아라는 세포소기관을 갖추고 있다. 식물세포에는 태양에너지를 이용하기 위한 복잡한 소기관(색소체)이 추가로 더 있지만 동물에는 색소체가 없다. 그렇지만 동물계의 구성원들에게도 자랑할 만한 훌륭한 유산이 있다. 실제로 동물은 감각과 운동 면에서 상당히 놀라운 능력을 진화시켰다.

식충 박쥐는 사람이 들을 수 없는 초음파를 쏘아 깜깜한 밤하늘 아래서도 먹이를 감지할 수 있다. 물체에 부딪혀 되돌아오는 반향으로 박쥐는 주변 사물들의 존재와 위치를 알아내는 것이다. 귀를 막아 버리면 장님이 되고 마는 이들 박쥐의 초음파 영상은 오늘날 뱃속의 태아를 초음파로 보는 것과 비슷하다. 박쥐가 눈뜬장님이라는 사실은 3장에서 언급했던 라차로 스팔란차니가 밝혀낸 것이다.

호주와 뉴기니에 사는 바우어새 수컷은 정교하고 다채로운 집을 짓는다. 날개를 퍼덕이거나 의기양양하게 걸으면서 수컷 바우어새는 보라는 듯이 한껏 몸을 부풀리고 큰소리로 우짖는다. 암컷 바우어새가 확실히 자신을 선택하도록 수컷은 나무껍질이나 으깨진 과일, 목탄, 맹수에게 뜯긴 깃털, 심지어 푸른색 세제 가루까지 동원해서 1평방미터 넓이에 높이 30센티미터 정도의 정자를 꾸민다. 암컷의 환심을 사기 위해 수컷 바우어새는 매일 싱싱한 꽃이나 달팽이 껍질 조각으로 정자를 새로 치장한다. 그렇지만 일단 암컷 새가 용기를 내어 정자 안으로 들어오면 수컷은 정자가 부서질 정도로 난폭하게 짝짓기를 하고, 볼일이 끝나면 암컷을 쪼거나 할퀴고 자신의 보금자리에서 쫓아낸다. 이러한 정욕의 희비극은 자기 영역을 거들먹거리며 활보하는 것으로 일단락된다. 수컷은 조금 쉬고 나서 결국 다른 젊은 수컷이 지은 정자를 부수러 간다.

어떤 종류의 게는 촉수가 있는 말미잘을 업고 다니면서 자기를 잡아먹으려는 포식자들에게 무기처럼 휘두른다. 재갈매기는 대합이나 쇠고둥 등의 조개류를 수미터 상공에서 떨어뜨려 단단한 껍질을 깨고 먹는다. 등이 녹색인 일본의 왜가리는 연못에 나뭇가지를 떨어뜨려 물고기

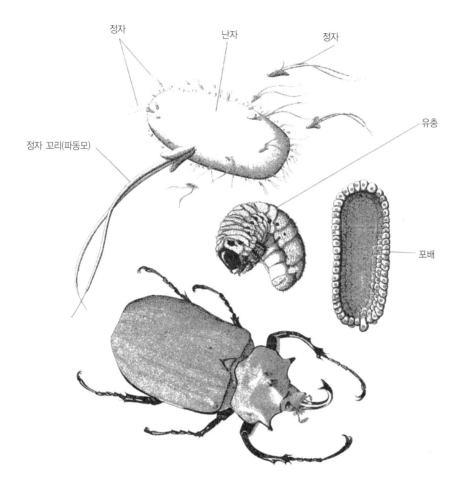

정자

난자

정자

유충

정자 꼬리(파동모)

포배

▲ 그림 13

디나스테스, 딱정벌레의 유성생식 생활사. 동물계, 절지동물문. 털이 많은 분절 구조의 유충은 동물 배 중 포배 단계(그림에서 오른쪽에 있음)의 속이 빈 세포 덩어리에서 만들어진다. 포배는 모든 동물을 구분하는 특징이며, 정자와 수정한 난자로부터 세포분열을 여러 번 거쳐 발생한다.

를 꾀어 들인다. 개는 자면서도 토끼를 쫓기라도 하듯이 킁킁거리며 냄새를 맡고, 짖고 재빨리 달린다. 마취시켜 의식이 없는 동안에 이마에 뚜렷한 점을 그려 놓으면 침팬지와 오랑우탄(그러나 이상하게도 고릴라는 여기서 예외다)은 깨어나 거울을 보면서 자신의 이마를 닦아낸다. 이것은 그들이 자신을 지각할 수 있다는 명확한 증거다. 서열이 낮은 유인원들은 우두머리 수컷에게 자신의 교미 사실을 숨긴다. 그들이 자신을 인식할 뿐만 아니라 다른 동물이 자신을 어떻게 볼지에 대해서도 의식하고 있다는 뜻이다. 긴꼬리원숭이는 경계 대상이 표범인지 비단뱀인지 아니면 독수리인지에 따라 뚜렷이 다른 세 가지 경고음을 낸다. 돌고래는 각 개체별로 독특한 진폭과 주파수로 휘파람을 부르는데, 마치 서로 이름을 부르는 것 같다. 수족관에 갇힌 어느 병코돌고래가 익살스럽게도 거북과 펭귄이 헤엄치는 자세를 흉내 냈다는 보고도 있다. 그 돌고래는 갈매기 깃털로 수족관 밑에 있는 바닷말을 긁어모았는데, 잠수부를 흉내 내는 것이 분명했다. 심지어는 잠수부가 하듯이 거품 물결을 내뿜기도 했다.

그런데 동물들의 뛰어난 의사소통 행위와 영리해 보이는 행동의 바탕에 반드시 특별한 지능이 있는 것은 아니다. 꿀벌은 총천연색으로 사물을 보며(인간이 볼 수 없는 자외선도 볼 수 있으나 붉은색은 보지 못한다), 공중에서 빛의 편광으로 방향을 잡는다. 물방울을 내뿜거나 날개로 부채질을 하여 벌집을 식히고, 몸을 떨어 벌집을 따뜻하게 데우기도 하는 꿀벌은 환경 조절의 명수다. 꽃가루나 즙을 찾아다니다가 먹이가 풍부한 곳을 발견한 일벌은 자기가 발견한 것을 다른 동료에게 알린다. 정찰벌은 두 종류의 춤으로 먹이가 있는 곳의 위치를 자세히 전달한다. 먹이가 가까이 있으면 원형춤을, 100미터 이상 멀리 떨어져 있으면 흔들춤(8자춤)을 춘다. 1973년도 노벨상 수상자인 오스트리아 동물학자 칼 폰 프리슈가 밝혀낸 이러한 꿀벌의 본능적 행동이 컴퓨터 프로그램과 마찬가지로 의식적이지 않다는 가정은 아직 증명된 사실이 아니다. 학습을 거치지 않은 꿀벌의 춤이 타고난 본능처럼 보이지만, 그럼에도 불구하고 꿀벌이 실제로 그 의미를 인식하고 있을 수도 있다.

동물은 너무나 감탄스런 존재라서 우리의 우월성을 정당화하기 위해 굳이 인간이 동물보다 우위에 있다고 생각할 필요가 없다. 그러나 도널드 그리핀이 한탄한 것처럼, 다윈이 전 인류에게 동물과 친척 관계임을 인식시킨 이후로 이와 정반대되는 태도가 주를 이루었다.

20세기 동안 과학은 점차 인간 이외의 동물을 경시하는 풍조에 빠져들었다. 이러한 경향을 보여주는, 미약하지만 무시할 수 없는 신호를 여러 과학 저술에서 엿볼 수 있다. 물리학과 화학은 동물학보다 더 기초적이고, 더 정확하며, 훨씬 중요하다고 여긴다. 현대 생물학은 주로 분자적인 것을 즐기며 불가피하게 동물 자체의 연구에서 관심을 돌려놓는다. 어쩌면 다윈의 진화론 혁명에 의해 인간의 자부심이 줄어든 데 대한 반작용에서 이러한 경향이 생겼을지도 모른다. 생물의 진화와 우리 종과 다른 종과의 유전적 관계에 대한 인식은 인간의 자존심을 심하게 손상시킬 만한 충격이었으며, 우리는 그 충격에서 완전히 회복할 수 없을지도 모른다. 우리 종이 유일무이하며 질적으로 우월하다는 오래된 믿음을 포기하는 일이 쉽지 않기 때문이다.

그리핀은 계속해서 다음과 같이 말한다.

물리학에 가까운 과학의 측면을 강조하여 우리의 조상이 동물이라는 당혹스러운 사실로부터 관심을 돌려놓음으로써 심리적 부담을 덜려고 하는 욕구에 과학자들조차 무의식적으로 끌린다. 이 점은 왜 그토록 많은 사람들이 의식과 언어가 인간의 고유한 특성이며 꿀벌에 의한 신호 전달 현상이 동물 행동의 기초와 생물학 일반을 뒤엎는 발견이라고 확신하는지를 설명하는 데 적잖게 도움을 준다. 하지만 동물의 인지와 행동을 연구한 분야의 발견은 앞에서 말한 경향성과 정반대로 동물에 대한 우리의 이해를 확장시키고 향상시킨다. 그러한 발견들을 배제하고 생물학을 한정한다면 빈곤을 자초하고 곤란을 겪게 될 것이다.[1]

1.
Donald R. Griffin, *Animal Minds* (Chicago: University of Chicago Press, 1992), p. 253.

내부에서 작용하는 의식을 직접 측정할 수는 없다. 그러나 측정할 수 없다고 해서 그것이 의식의 부재를 뜻한다거나 동물을 단순히 본능적인 기계라고 단정하는 근거가 될 수 없다. 오히려 우리는 여기서 그리핀의 견해보다 한 걸음 더 나아갈 수도 있다. 동물만 의식적인 것이 아니라 모든 생물, 모든 자기 생산적인 세포 역시 의식이 있다. 가장 단순한 의미에서 의식은 외부 세계를 인식하는 것이다. 그리고 외부 세계가 포유류 털 바깥의 세상이어야 할 필요는 없다. 세포의 세포막 바깥이 될 수도 있다. 어느 정도의 인식과 그 인식에 따르는 반응은 모든 자기 생산 계에 수반된다. 결국 세상은 실험실의 배양 접시가 아니며 하늘에서 배양액을 내려주지도 않는다. 살기 위해 모든 생물은 자신의 주변 환경을 끊임없이 감각하고 활발하게 반응해야 한다.

모든 동물은 생활사에서 다세포, 다조직의 단계를 거친다. 그러나 생물의 복잡한 화학적 특성은 세포(지름이 최소한으로 1마이크로미터보다 작을 수도 있다)에 한정된다. 모든 종류의 동물이 매 세대 수정란을 형성하여 옛 조상의 모습인 단세포 형태로 돌아간다. 허물없이 모여든 세포들이 진화하여 통합체를 형성하는 과정을 거치면서 동물의 크기와 복잡성이 증가했다.

동물은 다른 생물을 먹는다. 동물은 광합성을 통해 스스로 양분을 섭취하는 식물의 호사를 누리지 못하고, 식물이 한곳에 조용히 앉아서 할 수 있는 일을 해내기 위해 세상 속으로 나가 구걸하고 빌리고 훔친다. 실제로 동물의 여러 비범한 특성들은 얻기 힘든 먹이를 획득해야 하는 필요성 때문에 생겼다. 나머지 특성들은 매 세대 정자와 난자가 결합해야 하는 유성생식에서 유래를 찾을 수 있을 것이다. 바우어새의 미학, 꿀벌의 춤, 개의 꿈 모두 자기 영속적인 생물이 고대에 자기 생산을 했다는 사실을 명백히 보여준다.

동물의 행동은 "목적성이 있는" 것처럼 보인다. 그러나 세균의 주자기성(走磁氣性)과 원생생물의 서로 잡아먹기처럼, 동물의 행동은 에너지 소산적인 우주계가 생명 주머니 속의 놀라운 질서를 보장하기 위해 유용한 에너지를 소모해버리는 방식이라고 이해할 수 있다. 의사소통, 모방학습, 도구 사용, 의식적인 사고는 모두 열역학적 관점에서 이해할 수 있다.

동물이란 무엇인가

오늘날 대부분의 생물 종은 동물이다. 약 300만 종에서 3,000만 종에 이르는 생물이 동물계에 속하는 것으로 추정된다. 극피동물(불가사리, 성게, 해삼), 연체동물(대합, 달팽이, 오징어), 척색동물(어류, 파충류, 조류), 강장동물(히드라, 산호, 해파리), 절지동물(곤충류와 다족류) 등 대단히 성공적인 일부 문(門)들은 잘 알려져 있다. 덜 알려진 문으로는 유수동물(일부 심해벌레 종류), 유조동물(남아메리카 밀림 바닥에서 사는 벨벳벌레), 설형동물(포유류의 비강에서 발견된다) 등이 있다.

유성생식으로 형성되는 수정란이 배가 되는 동물은 모두 자라고 번식을 하고 결국은 예정된 대로 죽음을 맞이한다(그림 13). 다양하고 풍부함에도 불구하고 동물은 진화상 신출내기다. 최초의 동물은 거대한 대륙과 넓은 대양이 있고 산소가 풍부한(오늘날 우리가 사는 세상과 별반 다를 바 없는) 세상에서 진화했다. 그러나 그들이 출현할 즈음에는 이미 생명 이야기의 80퍼센트가 진행된 상태였다.

처음부터 해양에서 살았던 초기 동물은 약 6억 년 전 원생대가 끝날 무렵까지 화석 기록에 남아 있지 않다. 유명한 삼엽충은 캄브리아기 해양 생물로 훨씬 최근에 등장한 생물이다. 삼엽충의 딱딱한 부위가 남긴 풍부한 화석은 6억 년이 채 안 되는 것으로 추정된다. 오늘날 동물의 선조들(일부 척색동물, 연충류, 곤충류, 거미류, 연체동물) 가운데 일부만이 바다를 떠나 육상에서 살아남는 데 성공했다(도판 15).

정교한 몸과 마음을 지니고 때로는 복잡한 사회도 형성하는 육상동물은 최초의 세포에서 가장 멀리 진화한 것처럼 보인다. 그러나 동물이 이러한 진화 이야기를 들려주는 바로 그 장본인임을 생각해보라. 팔은 안으로 굽는 법이니 아무래도 자신이 속한 계(동물계)를 펀드는 입장에서 이야기하지 않겠는가? 그 출처를 고려해볼 때, 아마도 "하등한" 세균에서 "고등한" 인간으로 진보했다는 개념은 과대망상이라고 할 수 있을 것이다. 고생물학자인 스티븐 제이 굴드가 언젠가 언급했듯이, 지적인 문어는 팔이 여덟인 쪽이 두 개인 경우보다 더 완벽하다고 생각할 것이다.

최초의 동물이 어떻게 진화했는지는 흥미로운 주제다. 그런데 도대체 동물이란 무엇인가? 새로운 동물계에서 최초의 구성원을 어떻게 알아볼 수 있겠는가? 단순히 "동물은 움직이면서 광합성을 못하는 생물"이라고 말할 수 없음이 분명하다. 왜냐하면 이러한 정의에 따르자면 대부분의 세균과 많은 원생생물도 동물에 포함될 것이기 때문이다. 무엇이 동물을 다른 생물과 뚜렷이 구별되는 특유의 존재로 만드는가? 벌레와 불가사리, 그리고 수많은 종류의 딱정벌레와 사람은 어떤 공통점을 가지는가?

동물은 도시의 어느 컴컴한 술집에서든 달빛이 비치는 적도의 모래 톱에서든 모두 동일한 생활사를 공유한다. 크기가 서로 다른 두 세포, 즉 난자와 정자가 만나 동물성의 과정이 시작된다. 정자와 난자가 하나의 수정란으로 합처지고 유사분열로 포배를 형성한다. 세포분열이 계속되어 수정란은 배(종종 속이 텅 빈 둥근 세포 덩어리)가 되는 것이다(도판 16). 배는 동물계와 식물계의 특징이며, 포배는 동물과 식물을 구분하는 특징이다. 식물의 배는 모계 조직 안에 단단한 덩어리로 있지만, 동물의 포배는 대개 모계 조직과 떨어져 물속에 존재하며 보통 속이 비어 있다. 동물의 배는 동물의 개체성을 보장한다. 원생생물은 유성생식을 한다 해도 번식하는 데 성(性)이 필요하지 않다. 더군다나 그들은 우리가 배라고 부르는 유성생식의 산물을 결코 만들지 못한다. 배 발생은 원생생물 개체성의 일부가 아니다. 원생생물의 느슨한 군체는 크기와 형태가 일정한 몸을 가지지 못하며, 오히려 몸의 일부가 떨어져나가 새로운 무정형의 형체를 만든다. 동물의 몸은 세포들 사이에 뚜렷한 연결 부위(데스모솜, 간극연접, 밀착연접 등)를 가지는 조직들로 구성되어 개별화된다. 다른 계에서는 잘 알려지지 않은 세포 간 결합이 배 발생 단계에서 생성되는 것이 틀림없다. 예측 가능한 순서에 따라 배 발생 단계의 동물세포는 유사분열로 나뉘고 이들이 서로 겹치면서 연합체를 이룬다. 이들 동물 체세포 중 많은 수가, 때로는 대부분이 사전에 계획된 양식에 따라 죽어야 한다. 만일 어린 배세포가 제때 죽지 않거나 일정한 연결점을 구축하고 그 연접 부위를 통해 특정 신호를 보내지 않는다면, 동물의 몸은 결코 발생하지 못한다. 그러므로 동물의 배는 절대적이다.

동물에서 근육과 신경, 그리고 혈액처럼 순환하는 체액은 모두 포배에서 유래하는 것으로 세포분열과 분화를 통해 만들어진다. 죽어야 할 운명인 혈액과 근육, 신경 세포는 분열을 멈추며, 이들의 예정된 죽음이 몸의 형성과 이론적으로 불멸인 정자와 난자의 영속에 기여한다. 난자와 정자가 합쳐진 수정란에서 포배가 만들어지지 않았더라면 동물은 존재하지 않을 것이다. 포배는 38개 남짓한 동물 문에서 보편적이다. 일반적인 동물 발생 과정에서 포배기의 세포는 분열하고 움직이고 죽기를 계속하면서 다음 단계인 낭배를 형성한다. 낭배기에서는 소화관의 앞쪽 끝에 새로운 입이 만들어진다. 입은 부풀어 올라 만들어지는 위와 연결되며, 계속해서 항문까지 진행되는데, 이 과정을 "원장(原腸) 형성"이라고 한다.

3,000만 종에 달하는 동물 종에서 포배는 대부분 "원장 형성" 과정을 거쳐 뚜렷이 구분되는 "관 속의 관"을 만드는 것으로 끝을 맺는다. 간극연접이나 밀착연접으로 세포와 세포가 연결되어 형성되는 소화관은 음식물 섭취를 통해 동물계의 종속영양생물에게 영양분을 공급한다. 예외적으로 창자가 없는 동물도 몇 종류 있는데, 이들도 포배기를 거쳐야 한다. 포배는 동물임을 확인해 주는 보증서나 마찬가지다.

균류는 물론이고 원생생물도 대체로 종속영양생물임에도 불구하고 전혀 배를 형성하지 않는다. 배가 없다는 것은 어쩌면 동물 특유의 뚜렷한 개체성이 없다는 것과 관련이 있을지도 모른다. 식물의 개체성은 동물의 개체성에 비해 훨씬 덜 고정적이다. 식물계의 모든 생물도 배를 형성하지만 동물의 포배와는 전혀 다르다. 식물세포는 세포벽이 이웃하는 세포 사이를 가로막고 있어서 동물이 유충이나 성체로 자라는 동안 동물의 포배가 수행하는 운동과 재편성이 불가능하다. 식물의 배 세포는 갭이나 결합, 신경 시냅스 같이 동물이 보여주는 세포결합을 할 수 없다. 제자리에서 움직이지 않는 식물은 다만 유사분열로 성장하거나 죽을 뿐이다. 미묘한 차이를 보이는 동물의 모든 행동의 전조이자 우리 동물계를 나머지 모든 생물과 구별지어주는 것은 바로 이 숙명적인 포배다.

증조할아버지 트리코플렉스

물질대사를 혁신한 공로는 세균계로 돌려야 할 것이다. 생물권의 파수꾼으로서 원핵생물은 가장 독창적인 생물체며, 그들의 후손 중에는 우리 세포 안에서 이제 필수가 된 세포소기관도 있다. 원생생물 역시 환경 위협의 문제를 독창적으로 해결했다. 동일한 상태로 머물기 위해 자기 생산적인 탈바꿈을 하면서 원생생물은 예정된 죽음, 세포 융합, 성(性)이라는 새로운 방식을 진화시켰다. 형태 변화를 창안해낸 계통도 여럿 있었다. 물로 된 환경에서 사는 몸체가 건조에 강한 구조로 바뀌었고, 그 변화는 가역적이었다. 그러나 동물의 탄생과 함께 자연은 유희, 인식, 복잡한 형태, 반응성, 속임수 등이 있는 새로운 단계에 도달한 듯하다.

빗방울 무늬가 있는 어떤 나비의 날개는 마치 진짜 물에 굴절된 듯이 보인다. 언제라도 먹이를 덮칠 준비가 되어 있는 치타, 허공에 쳐놓은 외줄에서 묘기를 부리는 곡예사 등등 동물의 재주는 놀랍기 그지없다.

오늘날 가장 작은 동물을 들라면 단연 트리코플렉스다. 머리도 꼬리도 없는 이 생물체는 1965년 필라델피아의 한 해양 수족관에서 벽면을 따라 배로 기고 있는 상태로 처음 발견되었다. 성 생활과 배(胚)만 아니라면 트리코플렉스는 영락없는 원생생물일 것이다. 물결 모양의 다리로 이리저리 떠다니는 트리코플렉스는 겉보기에는 점균류나 대형 아메바를 닮았다. 그러나 이들은 일생 동안 줄곧 다세포이며, 분명히 동물이다. 트리코플렉스는 등보다는 배쪽에 다리가 더 많다. 머리와 꼬리쪽, 왼쪽과 오른쪽의 구분도 없고, 눈도 위도 없이 기어다니는 이 작은 느림보 생물은 오직 번식 때에만 동물성의 비밀을 드러낸다. 트리코플렉스의 둥근 알은 정자와 융합한 후 포배를 형성하고, 세포분열을 여러 번 더 거치고 나면 납작해지고 아메바처럼 되어 살그머니 움직인다. 아무도 거실에 그 초상화를 걸어두길 원치 않겠지만, 트리코플랙스는 아주 초기 동물의 조상과 꼭 닮았을 것으로 짐작된다.

해면은 기능이나 형태가 다른 단 몇 종류의 세포만으로 구성되는 동물이다. 이를테면, 바깥쪽에서는 지지와 보호를 위해 유리질 막대 모양의 세포가 자라고 안쪽의 세포는 촉수로 물의 흐름을 일으켜 먹이를 걸러 먹을 수 있다. 노란색 해면과 오렌지색 해면(할리시오나)을 무명천으로 짜서 으깨고 물속에 함께 섞어 놓으면, 세포들은 완전히 재구성되어 각기 노란색과 오렌지색의 해면이 된다. 12종류의 세포 약 10만 개로 된, 해파리의 사촌인 민물 폴립 역시 낱낱의 세포로 분리될 수 있다. 그러나 해면과 달리, 폴립은 그 과정을 완료하지 못한다. 그 결과, 머리 부분과 소화관, 발(기본 줄기)이 제멋대로 배열된 기괴한 모양을 형성한다. 폴립의 경우 자기 생산적인 자기 유지를 보장하는 통합 메커니즘이 작동하지 않는다.

군체를 이루는 대부분의 녹조류와 섬모충류(모두 원생생물이다)는 세포 하나가 분리되어도 혼자서 번식할 수 있다. 그러나 다른 종류에서는 오로지 특정 세포만이 번식할 수 있다. 동물의 분화에서 주요한 특징은 뚜렷이 구분되는 개체가 발달한 것인데 그 과정에서 세포 증식은 줄었고 대신 기능의 분화가 생겼다. 모든 세포가 번식할 수 있는 원생생물의 무정부 상태는 동물이 출현하면서 단지 소수(종종 극소수)만이 자손을 통해 다음 세대까지 계속 살아갈 특권을 누리는 세포 과두 정치로 대체되었다.

세포에서 세포 군체를 거쳐 동물 유기체로 이행하는 것은 진화에서 흔한 모습이다. 개체가 군체로 모이고 이들이 다시 통합된 개체가 된다. 극심한 선택 압력 아래서 운동성이 있는 원생생물은 군체를 이루는 원생생물이 되었다. 그 다음으로 원생대 말기에 트리코플랙스 비슷한 동물체가 등장했다. 엄청난 수의 세포가 분화되어 통합된 개체를 이루는 것이 바로 동물의, 그리고 그 이후에 등장한 균류와 식물의 기본이다.

성과 죽음

생명의 기원 단계에서는 외부 요인에 의한 불의의 죽음만 존재했고, 이후에도 오랫동안 그러했다. 그러나 원생생물의 출현과 더불어 "예정된 죽음"이 나타났다. 세포가 개체 생명의 일부로서 노화하고 죽는다. 곤충, 포유류, 조류처럼 우리에게 익숙한 동물에서는 죽는 부분과 잠재적으로 계속 살아가는 부분의 차이는 몸과 성세포의 차이다. 포유류에서 성세포("생식세포")는 다음 직계 자손으로 이어져 살아남는 유일한 세포다. 난자나 정자와는 완전히 딴판으로 "체세포"(동물의 몸)는 수명이 한정된다.

고도의 정확성을 가지고 동물세포는 번식해야 하고, 그렇게 못한다면 번식을 멈추어야 한다. 예컨대 포유동물의 뇌가 자궁 속에서 발생하는 동안 생성된 뇌세포의 90퍼센트 이상이 태아가 태어나기 전에 죽는다. 성장을 멈추고 분해되는 이들 뇌세포는 건강한 태아로 자라는 과정에서 희생되는 것이다. 동물에서 살아 있는 생식세포와 죽어갈 체세포 사이의 본질적인 차이는 아주 오래된 것이다.

아마 동물의 선조는 최소한 두 종류로 분화된 비교적 적은 수의 세포들로 구성되어 있었을 거라고 추정된다. 분화된 한 종류는 9(2)+2 구조의 미세소관을 이용하여 몸을 움직이거나 먹이를 감지하거나 몸체 위나 몸속으로 물이 흐르게 유지하거나 음식 입자를 소화관 내로 쓸어 넣는 데 필요한 파동모를 형성한다(도판 17). 그러나 일단 동물세포가 중심립을 파동모 축을 만드는 데 바치고 나면 더 이상 유사분열을 위한 운동 장치를 만들어낼 수 없는데 이는 생리학적으로 기이한 현상이다. 이것은 동물세포가 서로 달라붙어 군체를 이룸으로써 득을 본 게 있음을 의미한다. 오늘날까지도 동물세포는 일단 파동모가 자란 후에는 조직이든 정자든 더 이상 분열을 하지 않는다. 키네토솜은 중심립으로 되돌아 갈 수 없다. 키네토솜 형성의 비가역성은 동물계 내에서 거역할 수 없는 규칙으로 보인다. 동물세포는 키네토솜을 형성할 수도 있고(중심립에서 파동모를 자라게 할 수 있다) 유사분열로 번식할 수도 있지만 둘다 할 수는 없다. 키네토솜을 지닌 동물세포는 다시 분열할 수 없기 때문에 수명이 얼마 남지 않는 죽은 세포나 다름없다.

데이비드 럭과 존 홀에 의해 키네토솜-중심립에 존재하는 것으로 보고된 DNA는 유사분열이나 파동모를 형성하는 데 이용되지만 둘 다에 이용되지는 않는다. 물을 단숨에 들이마시면 질식하는 것과 마찬가지로 생식과 파동모 유지를 동시에 시도하려는 세포는 방해를 받았을 것이다. 그리고 동물은 그러한 유전적 딜레마에 대한 해답을 일찌감치 찾았던 것 같다. 서로 붙어서 군체를 이룸으로써(일부 세포는 번식을 담당하고 다른 세포는 파동모를 생성한다) 사실상 둘 다 만족시킬 수 있었다. 9(2)+2 구조의 소기관을 형성해 버리면 더 이상 분열할 수 없는 제약을 세포는 군체 형성으로 극복했다. 거의 대다수 세포가 분열의 선택권을 유지한 반면, 영속성을 희생한 소수는 파동모를 형성했다. 그러나 동물에서 분열을 선택한 세포도 무한히 분열할 수는 없다. 앞으로 6억 년 후에도 여전히 동물의 성체는 짝지은 원생생물이 다른 짝짓는 원생생물을 만드는 수단일 것이다.

자궁에서 무덤까지 우리의 전 생애는 사실 작고 융합된 세포들의 생활사 면에서 보면 일시적인 중간 단계다. 동물은 눈에 보이며 의식 있는 생물이라는 다른 차원으로 나타났다가 결국 성(性)을 거쳐 옛적의 단세포 미생물 상태로 돌아간다. 죽음은 다세포 혼합체를 만든 역사 때문에, 굶주린 원생생물이 원생대의 얽힌 상황을 되돌리지 못했기 때문에 우리 모두 치르는 대가다. "죽는" 것은 몸이다. 원생생물처럼 꼬리가 달린 정자와 통통한 난자를 물이나 체액 속으로 방출하고 난 뒤 성체가 죽는 것이다. 동물은 새로이 만들어진 것이 아니라 원생생물 조상에서 비롯된 것이다. 수정과 다세포체, 감수분열이라는 정교한 주기를 거침으로써 원생생물이 동물로 된 것이다.

예정된 죽음과 마찬가지로 성별도 생명의 본질이 아니다. 성도 진화했다. 오늘날의 원생생물 연인들처럼 짝짓기 유형이 다른 세포들도 처음에는 생긴 모습이 같았다. 주기적으로 합병하여 다시 염색체수를 회복하는 수정 과정에는 성이 기원한 옛 시절을 재현하는 무대가 있다. 최초의 배우자들은 오늘날의 원생생물들처럼 수중 환경에서 무턱대고 되는 대로 만났다. 약간씩 서로 다른 화학적 차이에 반응하여 배우자들은 하나가 되었다. 해면, 성게, 어류는 물론이고 심지어 포유류의 성세포도 원생생물 조상처럼 지금도 물이 있는 곳에서 만난다.

동물세포는 물속에서 만나는 먼 옛날의 습관을 지금도 그대로 유지하고 있다. 굴, 어류, 일부 개구리의 성세포는 물에서 직접 만나 성체의 도움 없이 수정한다. 그러나 파충류, 조류, 포유류들의 성적 결합은 몸 안에서 일어난다. 많은 동물 계통에서 생식기는 독립적으로 진화했다. 수컷의 음경이나 삽입기관은 정자를 운송하는 시스템을 개발해냈다. 반면 암컷의 생식기관은 난자에게 수정이 일어날 수 있는 보호 장소를 제공했다. 수가 적고 큰 암컷의 난자에 비해 수가 많고 작은 수컷의 정자는 진화적 불균형의 시작이었고, 오늘날 논쟁은 정치, 사회언어학, 심리학 범위로까지 확장되고 있다. 진화 생물학자들은 초기의 성적 불평등(수컷은 가능한 한 최대로 많은 수의 암컷을 수정시킴으로써 번식을 극대화할 수 있는 반면에 적은 수의 난자에 전념할 수밖에 없는 암컷은 일정 한도 이상의 짝짓기가 불필요하다)이 성에 대한 남성과 여성의 독특한 태도 이면에 깔려 있다고 설명한다.

캄브리아기의 쇼비니즘

영국의 지질학자 아담 세지윅(1785-1873)은 가장 오래된 화석이 발견되는 시기를 영국 남서쪽 웨일스 지방의 옛 이름인 "캄브리아"를 따서 캄브리아기라고 명명했다. 세지윅을 비롯한 초기 고생물학자들에게 지구에 동물이 출현한 사건은 기적처럼 갑작스러운 일로 보였던 것 같다. 세지윅이 이름 붙인 캄브리아기 이전의 모든 선사시대는 선캄브리아대로 알려지게 되었다. 20세기 말까지 캄브리아기 동물 화석의 기원은 "고생물학의 가장 골치 아픈 수수께끼"로 여겨졌다.[2] 화석 기록상으로(웨일스 지방뿐 아니라 캐나다 뉴펀들랜드 섬, 시베리아, 중국, 미국 애리조나 주 그랜드캐니언에서도 발견되었다) 동물의 확실한 출현은 너무나 급작스러워서 지금도 "캄브리아기 대폭발"로 언급될 정도다.

오늘날 수수께끼는 상당 부분 풀렸다. 이른바 "원생동물"로 불리는, 몸이 연하거나 눈에 잘 안 띄는 원생생물이 동물보다 적어도 5억 년 앞서 등장했다. 이들의 화석은 한때 작은 무척추동물 화석으로 간주되었고 관심을 끌지 못했다. 초기 동물처럼 원생생물들은 대부분 작았고 단단한 부위를 형성하지 않았기 때문에 대개 발견되지 않았거나 보존되지 않았다. 캄브리아기 이전의 생물은 놀라운 생화학적 물질대사 혁신에도 불구하고 마치 생물의 기원과 껍질을 가진 동물의 출현 사이에 진화상 언급할 가치가 있는 일이 전혀 없다는 듯이 지금도 종종 "선캄브리아대"로 취급받는다.

사실 캄브리아기라는 무대는 세균과 원생생물이 마련했다고 할 수 있다. 동물이 아니라 이들이 DNA 재조합과 운동성, 지수함수적인 성장을 이끄는 번식, 광합성, 가열에도 견디는 포자 등을 도입한 것이다. 동물이 아니라 세균과 원생생물이 공생하고 다세포 집합체로부터 개체를 조직하는 길을 개척했다. 그들이 세포 내 운동성(유사분열도 포함한

2.
A. G. Fischer,
"Fossils, Early Life,
and Atmospheric
History," *Proceedings
National Academy of
Sciences* 53 (1965):
1205-1215.

다), 복잡한 발생 주기, 감수분열, 성적 결합(수정), 개체성, 예정된 죽음을 고안했다. 동물이나 식물이 아닌 원핵생물이 모든 지구화학적 순환을 관장하고 지구를 살 수 있는 환경으로 만들었다. 공진화한 세균 공동체에서 개체로 새로운 지위를 획득한 원생생물이 내성 포자, 골격과 껍질, 성 행동, 세포 신호 전달, 치명적인 독소, 그리고 나중에 동물들도 사용한 다른 많은 과정들을 개발해냈다. 동물은 화학 물질이 아니라 세균과 원생생물 뒤에 나타났다. 동물의 대폭발은 미생물이라는 기다란 도화선이 있었기 때문에 일어날 수 있었다.

통틀어 골편이라고 일컫는 작은 껍질판에 무늬가 있는 화석이 약 5억 4,000만 년 전에 시작된 캄브리아기의 특징이다. 지질 연대에서 현생대의 가장 아래쪽 지층을 이루는 기(紀)가 바로 캄브리아기다. 불모의 원생대 지층 위에 있는 현생대 암석에는 특이한 동물 화석이 풍부하게 나타난다. 약 5억 3,000만 년 전에 전 세계에 쌓인 퇴적암에는 골격을 갖춘 해양 동물이 눈에 띄게 배열되어 있다. 이즈음에 완족류(꽈리조개)와 환형동물이 나타났다. 삼엽충과 여러 절지동물(곤충과 가재가 오늘날 절지동물의 예다)도 등장했다.

지금도 일부 고생물학자들은 어떻게 다양한 생물 문(門)이 "갑자기" 생겨날 수 있었는지 의아해한다. 철에 생긴 녹과 20억 년 전에 산소가 대기 중에 축적되었다는 다른 단서에 주목하여 대기 중 산소가 일정 농도를 넘어서면서 동물의 진화를 이끌었다고 설명하는 과학자들도 있다. 그러나 동물의 "돌연한" 출현을 설명하는 시나리오는 모두 증거를 오도하고 있음이 확실하다. 비록 생명의 역사에서 후반에 등장한 것이 분명하지만 동물이 갑작스레 진화한 것은 아니다. 고생물학자인 헤리 B. 휘팅턴은 이렇게 썼다. "보아 하니 캄브리아기 전에 장구한 세월 동안 후생동물의 진화가 진행되었지만 동물의 미세한 껍질이 나타나는 것은 오직 초기 캄브리아기 화석에서만이다. … 캄브리아기의 다양한 생물에 단단한 껍질을 가진 후생동물만이 아니라 강장동물, 연충류, 절지동물, 척삭동물, 그 외 여러 기이한 생물 등 몸이 연한 후생동물도 포함된다는 사실을 버지스 셰일은 보여준다."[3]

3.
Harry B. Whittington,
The Burgess Shale
(New Haven, Conn.:
Yale University Press,
1985), p. 130.

버지스 셰일이란 캐나다 브리티시컬럼비아 주 요호 국립공원의 높은 산에서 모습을 드러낸 캄브리아기의 화석들을 말한다. 1909년 찰스 월코트가 발견했고 더없이 훌륭하며 수도 엄청나게 많은 버지스 셰일은 고생물학자들에게 평생 일거리를 안겨주었다. 몸이 연한 동물까지 보존되어 있는 이 셰일층은 그야말로 보배다. 얕은 바다에 살던 생물들이 버지스 셰일을 형성한 물속 진흙더미에 보존되어 있다. 이들은 매우 다양한 생물들로 일부는 오늘날의 생물과 비슷하고 또 어떤 것들은 알려진 후손이 없다. 비록 기형적이라 해도 아름다운 이들 동물 중에 오파비니아도 끼어 있다. 오파비니아는 바다 밑바닥을 기어 다니는 눈이 다섯 개인 생물로, 구부러진 꼬리지느러미와 관절로 된 붙잡는 기관이 있어 몸길이가 10센티미터에 불과해도 무시무시한 포식자였음을 암시한다. 이름에 걸맞게 할루시노게니아는 고생물학자들을 당혹스럽게 했는데, 최근까지 어느 쪽이 위인지(가시가 갑옷인지 다리인지) 누구도 확신할 수 없었기 때문이다. 버지스 셰일에 보존된 많은 캄브리아 절지동물 중에서 오직 한 종류만이 육상생물로 진화한 계통을 낳았다. 그리고 한참 뒤에 그들로부터 오늘날 다리가 여섯인 곤충들이 다양하게 진화했다. 만일 진화가 다른 경로를 택했더라면 캄브리아기의 다른 절지동물이(아니면 전혀 다른 동물이) 육상을 차지했을지도 모른다.

버지스 표본 가운데 가장 감동적인 것은 척삭동물문(사람과 등뼈를 가진 다른 모든 동물을 포함하는 문)의 최초 구성원으로 알려진 피카이아다. 피카이아는 체절을 가지고 있고 벌레처럼 생겼으며 헤엄치는 생물인데, 다른 버지스 생물에 비하면 눈에 잘 띄지도 않을 정도로 볼품이 없다. 그러나 피카이아는 등 아래로 뻗은 단단한 연골 막대(척삭)가 있다. 척삭동물에게 보편적인 이 구조는 완전히 다 자란 성체에서 볼 수 없으며, 유생(幼生) 단계나 생활사 중 다른 미성숙 단계에서 잠깐 나타난다. 버지스 셰일에서 피카이아가 발견되기 전까지는 캄브리아기 다음 기인 오르도비스기에 퇴적된, 다시 말하자면 약 4억 5,000만 년 전 이전의 암석에서도 척삭동물이 발견되지 않았다.

따라서 버지스 셰일의 척삭동물은 놀라운 발견이다. 쏜살같이 움직이는 피카이아라는 우리의 선조가(모든 어류와 양서류, 파충류, 조류, 그리고 우리 인간의 궁극적인 조상이었을 것이다) 약 5억 1,000만 년 전에 질퍽한 바다에서 살며 돌아다녔다는 사실을 보여주기 때문이다. 피카이아의 성공은 거북, 말코손바닥사슴, 토끼, 기린 같은 폭넓게 다양한 동물 출현에 직접적으로 영향을 미쳤을 것이다. 코브라처럼 끝이 뾰족하고 납작한 머리와 두 갈래로 갈라진 달팽이 모양의 꼬리를 가진 유선형의 피카이아는 우리의 선조가 원시 바다를 헤엄쳐 다녔음을 짐작케 한다.

철갑을 두른 삼엽충이 지구 위를 기어 다니기 전에, 또 조개처럼 생긴 완족류 떼가 캄브리아기의 진흙 속에서 숨을 내쉬기 전에, 그리고 광익류인 "바다전갈류"가 단단한 외골격을 화석 기록으로 남기기 전에, 이 지구에서는 몸이 부드러운 동물들이 번창했다. 버지스 셰일에서 볼 수 있는 동물보다 덜 명확하지만 훨씬 더 오래된 것은 7억 년 전(캄브리아기 전, 현생누대 전) 사암에 보존된 "에디아카라" 생물이다. 대부분은 전혀 동물이 아니고 멸종된 이상야릇한 원생생물이다. 1950년대에 애들레이드 대학의 마틴 글래스너는 이 특이한 화석들에다 호주 에디아카라 구릉의 암석층 이름을 붙였다. 이와 비슷한 연한 몸의 생물이 영국, 나미비아, 그린란드, 러시아 백해 연안과 그 외 20여 곳에서 발견되었다.

에디아카라 생물은 모래 해변의 얕은 바다를 떠다니며 살았던 젤라틴 모양의 생물체였을 것이다. 어떤 것은 편평하고, 어떤 것은 누비 모양이고 또 일부는 복잡하게 얽혀 있는 생김새였다. 그들은 잎사귀처럼 생긴 프테리디니움에서 팔이 세 개인 트리브라키디움에 이르기까지 각양각색이었다. 그러나 에디아카라 생물은 단단한 부분이나 알, 정자, 포배를 형성하지 않았던 것 같다. 그들은 대형 원생생물이거나 동물, 아니면 둘 다였을지도 모른다. 개중에 일부 큰 에디아카라 생물은 아마도 얕은 근해의 연안에서 광합성을 했을 것이다. 다른 것들은 세균을 먹고 살았다. 그러나 그들에게 방호 기관이 없다는 것은 아직 포식자가 진화하지 않았음을 말해 준다. 참으로 그곳은 "에디아카라의 낙원"이었다.[4]

에디아카라 생물이 버지스 캄브리아 동물의 선조일 수도 있으나, 이들은 아주 독특해서 진화의 무수한 "그릇된 출발" 중 하나였을 가능성도 높다. 초기 해양생물은 그것이 무엇이었든 간에 조류(藻類)를 비롯한 원생생물을 먹고 살았을 것이다. 조류를 먹는 이들은 크기도 작았고 적절한 운동성도 있어서 심한 경쟁 없이 먹고 살 만했을 것이다. 동물이 서로 잡아먹기 시작하고서야, 그래서 방어 수단으로 더 크고 단단한 몸체로 진화하고서야 화석상에 뚜렷한 흔적을 남겼을 것이다. 짝짓기를 하고 배를 형성하는 동물은 단단해서 쉽게 보존되는 몸 부위를 진화시키기까지 수백만 년 동안 방책을 강구해야만 했다. 캄브리아기 화석은 동물 진화를 보여주는 빙산의 일각일 뿐이다. 그들은 결코 "최초의 동물"이 아니었다.

열역학적 진실은 열이 퍼져나가는 동안 생물은 조직화되고 그 주변 환경은 쇠퇴한다는 것이다. 노폐물, 배출액, 오염 없이는 생물도 없다. 무한정 퍼져나가는 속성상 생물은 어쩔 수 없이 잠재적으로 치명적인 배설물을 생성하여 자신을 위협하게 되었고, 그 위협이 진화를 촉발했을 것이다. 그러나 때로 노폐물에서 유용한 무엇인가가 만들어질 수도

4.
Mark McMenamin and Dianna Schulte McMenamin, *Hypersea: Life on Land* (New York: Columbia University Press, 1994).

있다.

　원생생물이나 동물세포 안 칼슘 이온(Ca^{++})의 농도는 바닷물보다 약 1만 배가량 묽다. 너무 많은 칼슘이 세포 안으로 들어가면 인산칼슘은 세포 내에서 "암석" 형태로 침전되어 치명적이 된다. 그리고 돌아다니는 칼슘 원자가 인(인산 형태)과 결합함으로써 DNA와 RNA, 세포막 형성에 필수적인 성분을 세포로부터 빼앗게 된다. 이와 반대로, 잘 조절만 되면 적은 양의 칼슘 이온은 세포의 자원이 될 수도 있다. 독성은 양에 좌우되는 것이다. 적은 양의 칼슘 이온은 신호 역할을 한다. 실제로 칼슘 이온은 사고 활동의 전기화학적 작용에 관여한다. 만일 칼슘을 세포 경계 밖으로 몰아내는 과정이 지연되면 화학 작용이 일어난다. 담석이 있는 사람이라면 너무나 잘 알겠지만, 돌아다니는 인산칼슘은 문제를 일으킨다. 동물이 연한 몸이었을 때는 칼슘을 바다로 배출했다. 그러나 현생대 캄브리아기가 시작될 무렵 일부 동물이 칼슘 배출을 조절하기 시작했다.

　진화를 거치면서 초기 동물은 잠재적으로 위협적인 장애물을 생체 구조물로 바꿔나갔다. 우리의 뼈와 머리뼈는 우리보다 앞선 양서류의 뼈처럼 인산칼슘염($CaPO_4$)으로 구성되어 있다. 산호와 같은 일부 동물은 칼슘과 인산염, 탄산염($CaCO_3$)으로 외부 구조를 만들었다. 다른 생물은 치아 형태로 내부에 칼슘을 축적했다. 유기물 연골 대신, 단단한 인산칼슘이 단백질에 침투하여 근육에 붙어 있는 골격(껍질과 뼈)을 만들어냈다. 일부 캄브리아 생물에서 자기 몸을 지키기 위한 방호 기관이 생겨나는 동안, 그 방호 기관을 뚫고 들어가기 위해 이빨과 돌출한 부속 기관이 진화했다.

　산업 활동을 하는 인간만이 유해한 폐기물을 만들어내는 것은 아니다. 초기의 생물체들은 그들의 예를 통해 오염을 중단하기보다 오염원을 변형하는 것이 장기 생존 전략이었다고 우리에게 이야기한다. 흰개미는 배설물과 침으로 보금자리를 짓는다. 칼슘 배설물 형태의 오염은 동물의 부지런한 근육에 의해 기워지고 재가공되어 최초의 껍질을 이루는 기반이 되었다.

동물의 속임수

동물은 개체수 증가와 운동력을 이용하여 새로운 영역을 개척하면서 진화했고, 그 결과 생태계에서 새로운 지위를 창출하며 살았다. 러시아계 미국인 소설가이자 존경받는 곤충학자인 블라디미르 나보코프(1899-1977)는 언젠가 나비의 날개무늬가 단순히 눈먼 진화의 결과가 아니라 예술가인 신의 절묘한 터치인 것 같다고 말했다. 그런데 더 완전하고 덜 기계론적인 진화의 관점에서 그러한 동물의 특성을 설명할 수도 있다.

진화는 기계적 법칙이 아니라 민감하고 공생 유전적이며 복합적인 과정인데, 그것은 어느 정도는 진화하는 생물 스스로 선택하고 작용하기 때문이다. 흔히 자연선택은 이러저러한 특성이나 성격을 선호한다고 말한다. 그러나 선택하는 바로 그 자연이 대부분 살아 있다. 자연은 블랙박스가 아니라 일종의 감각 있는 교향곡이다.

잉태든 산란이든 부화든 태어난 생물 중 극히 일부만이 살아남는다. 식성과 배우자 취향에 따라 어떤 놈은 다른 동료보다 더 많은 자손을 남긴다. 몇몇 경우 암컷은 가장 건강하고 화려하거나 강한 수컷을 선택함으로써 개체군의 유전자 조성을 결정하는 데 일조한다. 그런데 이렇게 진화하는 개체가 의식적으로 진화에 개입하는 방식은 훨씬 더 미묘하게 다양할 수 있다. 빗방울 무늬를 모방하여 마치 물속에서 굴절된 것처럼 보이는 나비의 날개는 의식적인 작가가 필요하지 않지만 의식적인 작용으로 생겨날 수도 있다. 속이는 기술은 아마도 총명한 동물, 이를테면 어느 곤충의 날개 무늬를 시종일관 잎사귀라고 착각한 새의 오해에서 비롯되었을 수도 있다. 자연은 부분적으로 마음의 이미지로 만들어진다.

예술과 자연 둘 다 최대의 매력은 속임수라고 한 나보코프의 말은 옳았다. 놀라움의 요소는 지금 이 순간까지 잘못 이해하고 있었음을 폭로하는 것이다. 그 놀라움을 즐거움으로 경험하는 동물은 위장술을 인식하고 덜 총명한 다른 동료들보다 더 많은 자손을 남기게 될 것이다. 민감한 생물들로 가득한 자연은 눈 먼 선택을 하지 않는다(도판 18a와 18b).

속임수는 동물 사회에서 매우 중요하다. 일부 사회학자들은 인간의 기술력이 "마키아벨리 같은(권모술수에 능한)" 사회지능(한 수 앞서는 꾀로 종족 내의 다른 구성원을 능가함으로써 먹이와 배우자, 육아 등등을 조달하는 능력)의 진화 파생물이라고 추측한다. 더 잘 속이고 더 잘 달리고 더 잘 싸우는 것이 완전히 의식적일 필요는 없다. 겁먹은 유인원과 원숭이는 머리카락이 바짝 곤두서는 생리적 반응을 겪는다. 상대방 앞에서 그렇게 행동함으로써 적에게 크게 보여 두려움이 아닌 존경을 끌어내는 것이다. 펑크족처럼 머리를 크게 부풀리는 스타일 역시 보는 이에게 이와 비슷한 영향을 미칠지도 모른다.

"털 없는 원숭이"인 우리 인간은 털보다 피부를 더 많이 드러내고 있기 때문에 공포에 대한 반응이 빈약할 뿐이다. 소름이 끼치고 목덜미가 확 달아오르거나 등골이 오싹한 정도가 고작이다. 소름이 돋는 것은 시늉이라도 하고 있는 털구멍이 남긴 진화의 흔적이다. 그렇지만 소름은 신체와 정신의 진화적 연결을 보여주는 좋은 예다. 소름이 돋음으로써 포유류에서는 외관상의 크기가 뚜렷이 늘어나는데 이는 감각이 없는 세계에서라면 쓸모가 없었을 것이다. 그러나 우리는 감각적인 세계에서 살아가며, 여기서는 사소한 것 때문에 먹이와 배우자 선택이 달라지고 그 결과 어떤 경우에는 사느냐 죽느냐, 그리고 자손을 남기느냐 못 남기느냐 하는 차이가 생긴다.

생물의 최고 수수께끼 가운데 하나는 눈이다. 눈은 그 존재만으로도 진화에 의문을 제기한다. 다윈은 눈이 "완전함의 극치"라고 했다. 뇌에 연결된 눈은 진화론자들의 주요한 도구이기 때문에 완전해 보이는 것인지도 모른다. 그렇다면 눈은 어떻게 진화했을까?

첫눈에 이 문제는 엄청나게 어려워 보인다. 그러나 미생물을 떠올린다면 사정은 달라진다. 시력은 빛에 민감한 세균에서 이미 예견되어 있었다. 포유동물의 망막에 있는 "시홍"(로돕신)은 색소를 지닌 단백질 복합체이고, 분홍색의 호염성 고세균인 할로박터에도 풍부하게 존재하는데, 둘 다 똑같이 빛에 민감하다. 시홍의 색소 부분인 레티날은 당근의 카로틴과 비슷한 물질로, 비타민 A가 산화되어 만들어진다. 이렇듯 포유동물의 망막에서 빛을 흡수하는 레티날은 35억 년의 역사를 자랑한다.

쌍편모충류 에리트로디니움는 남세균 조상으로부터 물려받은 색소체를 이용하여 일종의 단세포 눈으로 기능한다. "모조 렌즈"와 "모조 망막"을 가지고 이 원생생물은 작은 몸체의 대부분을 빛에 민감한 초점 장치로 진화시켰다. 곤충, 편형동물, 해삼, 개구리는 서로 다른 눈을 가지지만 모두 빛에 민감한 막(카로틴에서 유래했다), 렌즈, 그리고 빛의 자극을 운동 소기관(파동모)이나 운동 조직(근육 등)으로 보내는 부분이 있다. 일부 진화론자들은 40가지 이상의 별개의 동물 계통에서 눈이 진화했다고 추측한다. 이들 모두에서 빛의 감각은 운동과 연결되어 있어서 일단 자극이 주어지면 생물이 반응할 수 있다.

시각과 시각 기관인 눈은 너무나 놀라워 기적처럼 보일지도 모르겠다. 그런데 눈은 복잡한 연속체를 이룬다. 포유류보다 앞선 것도 있고,

234

적외선 탐지기, 전파 망원경, 위성 영상 기술 같이 최근에는 그들을 훨씬 능가하는 형태도 있다. 초보적인 감각인 빛 민감성은 생명 자체보다 훨씬 앞선다. 이를테면 색을 띤 화합물은 태양의 가시광선에 아주 특이한 반응을 보인다.

사람의 눈은 다른 방식으로도 미생물 조상의 흔적을 지니고 있다. 사람 눈에 있는 간상세포와 원추세포는 유사분열을 할 수 없다. 이들 세포에는 원생생물 선조들로부터 물려받은 키네토솜과 짧은 파동모가 있기 때문이다. 얼굴뼈가 움푹 파여 눈이 있는 자리는 칼슘 폐기물을 재이용해야 하는 자기 생산적 필요성 때문에 생겼다. 세월이 흐르면서 생물은 점점 더 조직화되었고, 결국 자기 내부의 조건까지 인식하기 시작할 정도로 민감해진 몸에 화학 물질을, 심지어는 폐기물까지 통합했다.

정보 전달자들

데본기 말에 이르러 절지동물, 환형동물, 척삭동물은 혹독한 육상 생활에서도 살아남을 수 있는 대표주자들을 진화시켰다. 생물은 물에서 진화했다. 세균과 원생생물 세포는 시초부터 담수나 해수에 몸을 담그고 살았다. 건조는 육상 개척자들이 극복해야 하는 무시무시한 위협이었다. 육상 종의 진화는 쉽게 이루어지지 않았다. 하지만 육상 동물의 진화는 단순히 개체와 종 차원의 승리가 아니라 생물권 전체의 승리였다.

운동성과 지능이 있었기에 육상 동물은 매개자와 전달자 역할을 하게 되어 한때 외진 곳이던 지역까지 퍼져나갔다. 신생대 제3기 초기에는 새들이 한정된 자원인 인을 북쪽 호수와 높은 산꼭대기로 옮기기 시작했다. 이것은 그저 한 지역에서 먹고 다른 지역에서 배설하는 것만으로도 가능한 일이었다. 소처럼 되새김위에 고세균과 섬모충류 등 여러 미생물이 살고 있는 동물은 풀을 소화하면서 온실 가스를 대기 중에 방출했다. 질소가 풍부한 동물 배설물은 조류(藻類)의 성장을 촉진하고, 차가운 수상 생태계에서 요각류(물벼룩)와 물고기를 먹여 살렸다. 특히 신생대, 즉 최근 6,500만 년 동안에는 빠른 반응 시간, 대륙 간 이동, 동물 사회의 복잡한 상호작용으로 인해 생물권 내의 활동이 속도를 더했다.

그러나 신생대 훨씬 이전에도 생명은 지질학적 힘으로 작용했다. 광합성을 하는 남세균은 토양과 모래 속에 수분을 머금었고 엽록소로 지구 표면을 푸르게 만들었다. 탄소를 침전시키는 생물은 더 많은 탄소를 석탄과 석회석 형태로 격리시킴으로써 미지근한 지구를 빙하기가 주기적으로 찾아드는 지구로 바꾸었다. 육상 생물은 지구의 암석 조각으로부터 흙을 만들어냈다. 해양 생물은 염으로 암초와 증발잔류암을 만들었다.

"자기 자극 감수" 또는 "고유수용"이란 동물이 자기 몸의 여러 부위를 감각하는 것을 일컫는 말이다. 오늘날 포유류 중 아마도 가장 수가 많고 분명히 가장 널리 퍼져 있는 인간은, 이른바 지구의 고유 수용기로 행동하여 생물권에 자기 감각을 제공한다. 최대의 생물다양성은 아마존의 열대 우림과 같은 열대 정글에서 나타난다. 독특한 종류의 세균이 합쳐져 진핵세포를 형성했고, 진핵세포의 군체가 동물로 진화했다는 점을 고려할 때, 여러 동물이 밀접하게 상호작용하는 조밀한 동물군에서 어떤 결과가 나올지 궁금하지 않을 수 없다.

동물의 몸이 지질 누대를 여럿 거치면서 세균을 원료로 갈고 다듬어진 것과 마찬가지로, 복잡한 상호작용은 동물을 넘어서는 차원에서 이제 애송이 개체들을 만들어냈다. 개미, 흰개미, 그리고 꿀벌은 공동으로 일하는 사회를 형성한다. 인류 문명을 연상시키는 이 절지동물들은 조

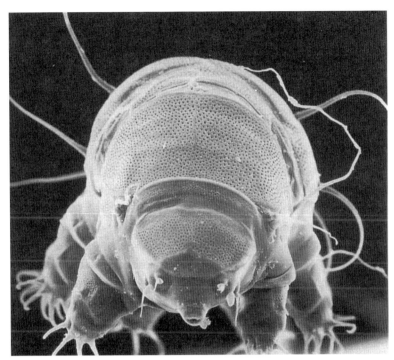

▶ 그림 14
에스키니스쿠스 블루미, "물곰". 동물계, 완보동물문. 영국의 자연학자 토머스 헉슬리가 물곰이라고 이름을 붙였고, 현미경으로나 볼 수 있는 이 작은 동물은 완보류로 알려져 있다. 늪 같은 환경에 매우 민감하며, 150도부터 영하 270도에 이르는 온도에서 말라붙어도 살아남는 초소형괴물이다. 전 세계에 널리 분포하나 가장 큰 것도 길이가 1.2밀리미터에 불과하기 때문에 눈에 잘 띄지 않는다.

직적으로 새끼를 돌보며 병정, 일꾼, 생식 담당(여왕벌 또는 여왕개미) 등 특수 계급으로 일을 나눈다. 그런데 인류 문명은 역사가 수천 년에 불과한 반면, 화석 증거에 따르면 개미와 꿀벌은 적어도 4,000만 년, 그리고 흰개미는 약 2억 년 동안 공동체를 이루고 살았다.

전체적으로 동물은 자신들의 운동 능력과 인지 능력을 생물권에 부여함으로써 생물권을 하나의 유기적인 공동체, 궁극적으로 가장 큰 유기체로 만든다. 지구라는 집의 동물 배우들은 적어도 6억 살이나 된다. 뱀은 적외선을 감지한다. 고래는 초음파를 듣는다. 꿀벌은 가시광선의 편광면을 탐지한다. 말벌은 우리에게는 아무런 무늬가 없어 보이는 꽃에서 자외선 무늬를 본다. 개들은 뛰어난 후각을 즐긴다. 상어는 보이지 않는 생물의 심장박동에서 전위(電位)를 감지하여 숨어 있는 먹이를 사냥한다. 이처럼 모든 동물은 시각, 청각, 후각을 활용하거나 눈에 보이지 않는 복사선 영역에서 서로서로 그리고 환경과 신호를 주고받으며 알리고 감각하고 싸운다. 이러한 감수성은 널리 퍼져 있어서 전 생물권을 민감하게 만든다.

우리 인간은 동물의 감수성을 변형된 형태로 가까운 지구 궤도로까지 확장했다. 우주에서 본 지구의 모습은 지구 환경에 대한 우리의 인식을 확장시켜 주었다. 동물의 감각능력과 운동능력이라는 기초에서 기계 장치, 바퀴 달린 차량, 전기 통신 기술이 나왔다. 검은지빠귀의 눈, 박쥐의 음파 탐지, 벌레의 열 흡수, 세균에 의한 바닷물고기의 발광, 걷고 기고 날고 굴을 파고 생각하는 무수한 생물의 총체적인 인식이 모두 모여 총합 이상의 것을 창출해냈다. 감수성은 상호작용한다. 반응에 대한 반응이 있다. 동물의 인식은 시각, 청각, 촉각을 비롯한 여러 감각이 단순히 축적된 것이 아니라, 온갖 감각들이 혼합되어 있어서 일일이 다 헤아릴 수 없는 공감각이며 인간의 의식으로 조금씩 알아낼 수 있을 뿐이고 인간의 의식은 동물 의식 세계의 한 부분에 불과하다(그림 14)

프랑스의 고생물학자이며 성직자인 피에르 테이야르 드 샤르댕과 러시아의 무신론자인 베르나드스키는 지구가 지구 차원의 정신을 발달시키고 있다는 데 동의했다. 그들은 정신을 뜻하는 그리스어 "누스(noos)"를 써서 이 사고의 층을 인지권(noosphere)이라 불렀다. 빛을 내는 반딧불에서 인간의 전자우편에 이르기까지, 고동치는 모든 생명의 집합체는 발달하고 있는 지구 정신이다. 시간이 흐르면서 감소하는 무수한 시냅스 연결점을 가진 아이의 뇌처럼, 인지권은 아직 유아 단계에 있다. 다형적이고 편집증적이며 혼란스러운, 게다가 상상력이 아주 풍부한 지구의 인지층은 주로 동물 의식의 예기치 못한 산물이며, 지금 가장 감수성이 예민한 단계에 와 있는지도 모른다.

그렇다면, 생명이란 무엇인가? 생명은 진화로 충만한 것이다. 감각하고 활동하는 생물 개체군이 늘어나 서로 해치거나 함께 협력할 때 일어나는 현상이다. 생명은 즐겨 노는 동물이다. 식히고 데우고, 모으고 분산하고, 먹고 침입하고, 구애하고 속이는 놀라운 발명이다. 생명은 지각과 반응이다. 의식, 특히 자의식이다. 역사적 우연이자 호기심인 생명은 헤엄치는 지느러미와 비상하는 날개를 만든 동물의 천재성이고, 동물계의 구성원들로 대표되는 것이며 생물권 전체가 연결되어 있는 전위 예술이다.

7장

지구라는 육체

* R. Gordon Wasson, *Persephone's Quest: Entheogens and the Origins of Religion* (New Haven, Conn.: Yale University Press 1986), p. 75.
** Franciscus Marius Grapaldus, *De Partibus Aedium*, book II, chapter 3 (n.p., 1492).

지하 세계의 점령자

학계에서는 지금도 생물이라고 하면 동물학과 식물학으로 구분부터 한다. 그렇다면 붉은곰팡이나 단세포 생물인 효모, 말불버섯, 곰보버섯, 환각을 일으키는 버섯류 같은 것들은 어디에 넣어야 할까?

지금껏 균류는 동물이 아니라는 이유로 식물학에서 일괄적으로 다루었다. 3계의 분류 체계로 연구했던 중세의 학자들은 균류를 광물계와 식물계에 양다리를 걸치고 있는, 좀비 비슷한 반쯤 죽은 생물로 생각했다. 아주 최근까지도 균류를 가리키는 학명은 그리스어 mykes(점액 비슷한 균류)와 phyton(식물)에서 나온 Mycophyta였다. 균류는 식물처럼 광합성을 하지 않지만 뿌리를 가지고 있는 것도 있다. 균류는 독자적인 균류계(Mychota)로 분류하는 게 가장 합당하다. 일본의 시인 타카미 준은 이렇게 말했다. "곰팡이는 곰팡이였다. 그들은 지상의 어느 것도 닮지 않았다."[1]

영어권에서는 흔히 곰팡이라고 하면 거무스름하고 축축한 독버섯으로, 마녀나 발 냄새, 냉장고의 야채 칸을 어렴풋이 연상시키며 일반적으로 피해야 하는 대상으로 여긴다. 18세기 프랑스의 식물학자 S. 베이야르는 다음과 같이 단언했다. "곰팡이는 저주 받은 종족이며, 신이 창조한 자연을 어지럽히기 위해 악마가 고안해낸 발명품이다."[2]

균류는 버섯 형태를 만들기 위해서 유성생식을 해야 하지만 무성생식으로도 번식할 수 있다. 균류는 광합성을 하지 않기 때문에 칠흑 같은 어둠 속에서도 살 수 있다. 흡혈귀 비슷한 모습을 보이는데 때로는 양분이나 물이 부족한 곳에서 살아가기 위해서 그럴 수밖에 없는 것이다. 동물이 양분을 섭취한 후 몸 안에서 소화하는 것과 반대로, 균류는 몸 바깥에서 양분을 소화한다. 그런 다음 막을 통해 영양분을 흡수한다.

균류는 어떤 생물과도 다르다(그림 15). 식물이나 동물과 달리 균류

1.
Andrey V. Lapo,
*Traces of Bygone
Biospheres* (Oracle,
Ariz.: Synergetic
Press, 1987), p. 129.

2.
앞의 책 178쪽에서
인용된 S. 베이야드.

는 배를 형성하지 않고, 포자라고 불리는 아주 작은 번식체에서 자라난다. 축축한 곳에 닿으면 포자는 가는 관인 실 같은 균사(菌絲)를 만든다. 맥주를 만들거나 빵을 부풀리는 데 사용하는 효모는 단세포를 출아한다. 균류는 파동모라는 채찍 같은 구조가 없기 때문에 단세포든 다세포든 헤엄을 칠 수 없다. 라불베니아균이라는 멋진 이름을 가진 일부 균류는 유성생식으로 포자를 만들고, 그 포자는 곤충의 다리에 붙어 널리 퍼진다. 또 다른 균류의 포자는 포유류의 털에 붙거나 재채기나 바람에 의해 운반된다. 이처럼 무임승차하고 다니다가 수분을 감지하면 균사는 아래나 위로, 옆으로 뻗어나가기 시작한다. 식물이나 동물처럼 균류는 핵이 있는 진핵세포로 이루어져 있으며, 식물처럼(동물과는 달리) 단단한 세포벽이 있다. 식물의 세포벽이 셀룰로오스로 되어 있는 반면, 균류의 세포벽은 질소가 풍부한 탄수화물인 키틴으로 되어 있다. 균류는 대부분 세포벽에 통로가 있어 미토콘드리아나 핵 등 세포소기관이 세포 사이를 자유롭게 오갈 수 있다. 어떤 것은 전체적으로 격벽이 없어서 개체가 모인 다세포라기보다는 자라는 균사가 뭉쳐진 덩어리와 같다.

균류는 죽은 생물을, 때로는 살아 있는 생물도 분해한다. 40억 년 이상 균류는 다른 생물이 회피하는 수많은 종류의 음식물을 이용하면서 자랐다. 바다나 수중에서 자라는 종류도 있지만 균류는 기본적으로 육상 생활자다. 균류는 육상 환경을 이용하게 된 최초의 생물로, 이들 덕분에 다른 육상 생물들도 발달할 수 있었다. 균류가 육상을 선호한다는 사실은 과학자들이 침몰한 공 모양의 잠수정 앨빈호를 건져 올렸을 때 밝혀졌다. 그 잠수정의 해저면 조사 임무는 모선(母船)과 연결된 밧줄이 끊어졌을 때 이미 일단락 지어진 것이었다. 2년 후 가라앉은 잠수정의 선내에서 물에 흠뻑 젖었지만 원래 상태로 남아 있는 샌드위치가 발견되었다. 만일 지상의 어느 탁자 위에 샌드위치를 2년 간 방치했다면, 도시락 안에 넣어 두었더라도 균류가 다 먹어치웠을 것이다. 실제로 균

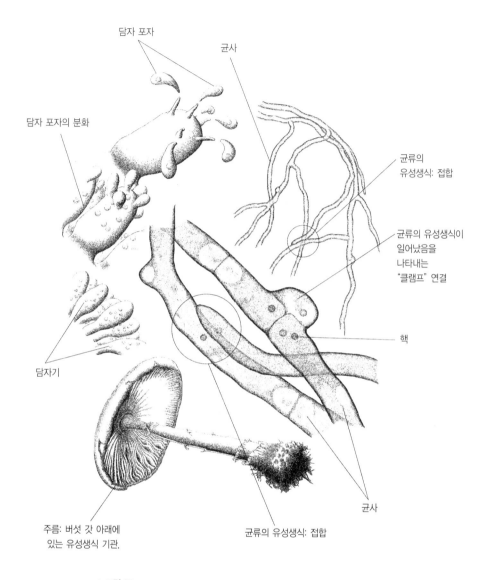

담자 포자

균사

담자 포자의 분화

균류의
유성생식: 접합

균류의 유성생식이
일어났음을
나타내는
"클램프" 연결

핵

담자기

균사

주름: 버섯 갓 아래에
있는 유성생식 기관.

균류의 유성생식: 접합

▲ 그림 15
광대버섯의 유성생식 생활사의 여러 단계. 아래부터 시계 방향으로: 버섯; 버섯주름에서 볼 수 있는 유성생식
조직인 담자기를 확대한 모습; 방울 같은 담자 포자를 만들어내는 담자기; 포자에서 자라는 균사; 접합이라고
알려진 균류의 유성생식 과정에서 균사를 통해 이동하는 핵.

류의 포자는 공기 중 어디서나 발견되지만, 해저에서는 아마도 과다한 염분 때문에 자랄 수 없는 것 같다.

노폐물과 사체를 자원으로 바꾸어 그 양분을 육상생물이 이용할 수 있게 해 주는 균류는 지구의 물질대사에서 매우 귀중한 존재다. 균류는 자연이라는 비공식적인 관(棺)에서 미분화된 덩어리로 자란다. 균류의 균사가 한정되어 있기는 하지만, 일종의 관(管) 형태로 뻗어나가는 시스템인 생물체 전체로 볼 때 분명한 경계가 없다. 오늘 음식물에 균사를 뻗쳤더라도 내일이면 환경의 변화로 잘려나갈 수도 있는 균류는 그야말로 프랙털 생물이다.

흔히 버섯이라고 불리는 눈에 보이는 부분은 일정한 모양 없이 땅속으로 뻗어나가며 살고 있는 균사 그물망의 작은 끝부분에 지나지 않는다. 빵이나 과일에 자라는 곰팡이는 일정한 경계가 없는 균류의 특징을 전형적으로 보여준다. 엽상체는 원래 뿌리나 줄기, 잎으로 분화하지 않은 식물 조직을 일컫는 오래된 용어인데, 균사체, 즉 균사망도 균류의 엽상체라고 부른다. "다이얼"이라는 동사가 "전화기의 버튼을 누른다"는 의미로 쓰이게 된 것처럼, 자실체나 포자 같은 식물 용어가 적절하지 않음에도 불구하고 아직까지 균류에 사용되고 있다.

균류는 뚜렷한 경계 없이 이리저리로 뻗어나간다. 나무뿌리에서 사는 아르밀라리아 불보사를 살펴보자. 이 균류는 불굴의 끈기로 삼림의 지하세계를 가차없이 평정해왔다. 예를 들어 클론 하나가 미국 미시건 주 크리스탈 폴스의 침엽수림 아래서 1500년 동안 생장을 계속하여 이제 4만 5,000평이나 되는 면적을 차지하고 있는데 그 무게가 11톤 넘게 나가는 것으로 추정된다. 여기저기서 균류의 유전자를 채취하여 비교해 보았는데 동일한 것으로 판명되었다. 이 균류의 유전적 안정성은 정말 인상적이다. 산불이나 숲의 천이, 이용 가능한 먹이의 변화에 따라 넓게 뻗어나간 균류의 일부가 떨어져 나갔지만, 그래도 유전적 동일성은 보전된 것이다. 떨어져 나간 조각이 별개의 개체인가? 아니면 한 지하 생물의 팔다리로 간주해야 하는가? 스티븐 킹의 소설을 생각나게 하는 이 거대한 생물량 덩어리는 몸의 일부가 여러 번 잘려나갔음에도 불구하고 끄떡없이 번성하고 있다.

과학자 클리브 브레이저는 "균류는 질병을 야기하는 병원균이나 환각을 일으키는 독버섯 생산자로 악명이 높지만, 생장 구조인 균사체는 그다지 눈에 띄지 않는다"고 했다.[3] 확실히 말 그대로 눈에 잘 띄지 않는다. 왜냐하면 균사체의 대부분이 눈에 보이지 않게 흙 속에 광범위하게 퍼져 있기 때문이다. 먹이를 찾아다니는 균사들로 이루어진 거대한 균사체가 숲의 나무 밑에서 번성하며 자란다. 균사라고 불리는 살아 있는 실은 융합하는 성질이 있다. "성적 결합" 후 균사는 결국 버섯이나 곰팡이 조직을 형성하고, 다시 감수분열을 거쳐 포자를 만든다. 이들 포자가 숲과 들로 퍼져나가고 다시 자라서 짝을 찾는다.

3.
Clive Brasier,
"A Champion
Thallus," Nature 356
(1992): 382.

균사망은 균류의 클론으로 유전 계통 하나가 멀리까지 자손을 퍼뜨린 것이다. 땅 위에서 균류는 공기로 운반되는 포자를 형성하며 그 일부를 지금 여러분도 틀림없이 들이마시고 있을 것이다. 포자는 지면에 내려앉아 자랄 수 있는 곳이면 어디서나 자란다. 축축한 땅속으로 관, 즉 균사를 그물망처럼 뻗침으로써 균류는 다시 널리 퍼지는 포자를 대량으로 생산하고 기묘한 육체를 땅 속에 널리 퍼뜨리며 토양의 일부가 된다.

키스하는 곰팡이와 광대버섯

균류가 얼마나 많은 종이 존재하는지 아무도 알지 못한다. 누구는 10만 종이라고 하고, 또 누구는 150만 종이라고 추정한다. 캐나다 워털루 대학에서 균류를 연구하는 브라이스 켄드릭은 현재 균류의 종류가 식물보다는 많고 동물보다는 적다고 주장한다.

다른 네 가지 생물계, 즉 모네라, 원생생물, 동물, 식물과 마찬가지로 균류도 몇 가지 문(門)으로 분류한다. 균류에는 크게 다섯 종류의 문이 있다. 접합균(zygomycotes는 "쌍"을 뜻하는 그리스어 zygon에서 유래했다)은 각 세포를 나누는 벽이 없다. 미토콘드리아나 세포핵이 뚫려 있는 균사를 통해 쉽게 이동한다. 접합균의 유성생식에서는 특별한 균사(배우자낭)가 서로를 향해 자라서 융합한다. 이렇게 융합한 배우자낭에서 내성 포자가 만들어진다. 일단 균사의 끝이 서로 얽히면 세포핵이 그 관을 통해 흘러들어가고, 많은 경우 쌍으로 결합한다. 접합이 끝나면 감수분열이 일어나 검은 포자대의 머리에서 거무스름한 포자가 생긴다. 가장 흔한 검은빵곰팡이인 리조푸스 스톨로니퍼는 접합균의 대표적인 예다.

대부분의 곰팡이(붉은빵곰팡이인 네우로스포라, 클라비셉스 같은 맥각균 등)와 대부분의 효모(로도토룰라와 사카로미세스)가 자낭균이다. 자낭균은 자낭을 형성하는데, 균사가 짝지을 수 있는 성과 "키스"하여 영구히 융합하면 자낭이 발달한다. 그러한 결합에 의해 만들어진 복잡한 조직과 유성(有性)포자가 바로 눈에 보이는 "곰팡이의 몸체"다. 그러나 무성(無性)의 균체 부분인 균사는 맨눈에 보이지 않는다.

자낭균은 나무의 셀룰로오스나 리그닌, 손톱의 케라틴, 포유동물의 뼈와 결합조직에 든 콜라겐 등 식물과 동물이 만드는 내구성 있는 화합물을 분해한다. 그 화합물을 분해하여 이산화탄소, 암모니아, 질소, 인 등을 내보냄으로써 생물권의 나머지 생물들이 이용할 수 있게 한다. 나무는 육상에 사는 균류가 리그닌을 분해하는 방법을 고안해내도록 선택 압력을 강하게 행사하여 생물권 내의 물질을 순환시키는 공진화를 실현했다. 일부 과학자들은 고생대 말기에 전 세계적으로 석탄이 축적될 수 있었던 것은 균류의 진화가 늦어졌기 때문이라고 단정한다.

세 번째 문에 속하는 균류는 인간에게 가장 익숙한 담자균이다(도판 19A). 담자균류는 담자기(basidia는 "곤봉"을 뜻하는 그리스어 basidion 에서 나온 말이다)라는 곤봉처럼 생긴 생식 구조를 가지고 있다. 흔히 볼 수 있는 갓 안쪽에 주름이 있는 버섯은 아래쪽 표면에 포자를 방출하는 담자기가 있다. 담자균에는 슈퍼마켓에서 흔히 볼 수 있는 버섯(아가리쿠스)부터 아마니타 비로사(광대버섯)와 그 사촌인 (로마 황제 클라우디우스가 특히 좋아했다고 하는) 아마니타 카이사레아까지 포함된다. 그 중에는 거대한 (지름이 60센티미터에 달하는) 말불버섯과 (작은 가슴이 어릿광대의 모자 같은 잎으로 장식된 가슴처럼 보이는) 먼지버섯, 흑수균, 녹균, 젤리균 등도 있다(도판 19B).

네 번째 문인 불완전균류는 담자기나 자낭을 만들지 않는 곰팡이로 구성된다. 아마도 이들은 유성생식을 하지 않게 되었을 때 담자기나 자낭을 만드는 능력도 잃었을 것이다. 그런데도 이들은 공기로 운반되는 번식체를 끊임없이 만들어낼 수 있는 번식의 귀재다. 분생자균 또는 불완전균류라고 불리는 이들은 보통의 균사 끝부분에서 갈라져 나오는, 얇은 세포벽을 가진 세포, 즉 분생자로 번식한다. 어떤 종류는 생식을 위한 특별한 기관이 없으며, 균체나 균사, 균사체의 어떤 부분이라도 떨어져 나가 증식할 수 있다.

다섯 번째 문의 균류는 지표면에 붙어사는 광합성 생물인 지의류다. 지의류는 가장 주목할 만한 공생의 예이며, 가장 성공한 균류이기도 하다. 세균이 합병하여 조류(藻類)를 생성한 것과 비슷하게 지의류는 균류와 조류(때로는 남세균)가 결합한 생물이다. 그 결과 스스로 양분을 만드는 조류의 능력과 물을 저장하고 비바람을 막아주는 균류의 능력을 겸비한 전혀 새로운 생물이 탄생한 것이다.

계를 초월한 동맹

약 2만 5,000종으로 추정되는 지의류는 모두 균류와 녹조류나 남세균의 계를 초월한 결합으로 생겨났다. 많은 지의류는 녹조류와 남세균을 둘 다 지니기도 한다. 나무껍질이나 묘비, 절벽 등 모험적이지 않은 생물은 살아갈 수 없는 햇볕 드는 장소에 붙어 지의류는 그들만의 안락한 보금자리를 일구었다. 이들은 자라면서 단단한 바위를 서서히 안에서부터 부스러뜨려 흙이나 살아 있는 지구의 일부로 바꾼다.

지의류는 균류가 있는 회색 부분과 광합성을 하는 녹색 부분으로 나뉘는데, 두 부분은 서로 닮지 않았다. 또 어느 쪽도 양쪽을 합친 기묘한 합성체와 비슷하지 않다. 공생의 결과는 단순히 부분의 합으로 예상할 수 있는 것과 아주 다른 놀라운 생물이 갑작스럽게 출현하는 것이다.

수많은 지의류가 균류와 광합성 생물의 영구적인 밀회라는 사실은 "장기적 관계"라는 말에 새로운 의미를 부여한다. 지의류에서 광합성을 하는 파트너를 떼어 내면, 색소를 지닌 이 파트너에서 당 분비가 멈춰 버린다. 당을 유도하는 균류의 추출물을 넣어 주더라도 다시 시작하지 않는다. 조류와 균류는 과거 역사 속에서 서로 의존하며 모험적이고 복잡한 제휴 관계를 맺고 있는 동안, 어떤 방식으로든 서로의 존재 전체를 감지할 수 있게 된 것이다. 지의류 내의 조류와 균류 세포는 동물세포처럼 물질대사에 따라 서로 교류한다. 그러나 대부분의 동물과 달리 지의류의 크기와 모양은 딱히 고정되어 있지 않고, 조직의 복잡성 정도도 한 겹이나 몇 겹 정도로 한정된다. 그러나 지의류는 그 수명에서 동물을 압도한다. 한 지의류 개체의 수명은 4,000년에 달하는 것도 있다.

지의류는 아니지만 현재 남극에 존재하는 생물 형태도 생물계 사이의 궁극적인 동맹일지도 모른다. 지구 전체 담수의 약 70퍼센트가 남극에 몰려 있지만 그 물은 얼음으로 갇혀 있기 때문에 이 버림받은 전초

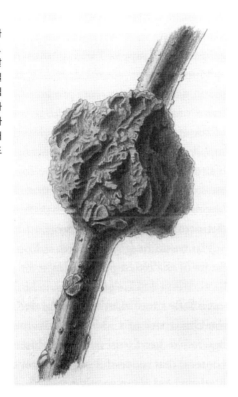

기지의 상대 습도는 30퍼센트도 넘지 못한다. 따라서 남극 대륙에서 얼지 않은 극히 드문 지역조차 사막으로 지구에서 가장 건조한 곳이다. 그러나 이 불모의 추운 사막에서 이른바 암석내균류(endolituic fungi)가 바위 속에서 녹조류와 함께 살고 있다. 암석내균류는 함께 거주하는 조류(반투명한 암석 결정을 투과해서 들어가는 햇빛을 이용한다)로부터 양분을 얻고, 녹기 시작하는 서리에서 얼마 안 되지만 충분한 물을 끌어온다.

생물은 별개의 부분이 결합할 때 갑자기 비약적으로 진화할 수도 있다. 균류와 조류의 계를 초월한 동맹이 지의류를 만들어냈다. 삼림이 처음 발달했을 때도 이와 비슷한 동맹 관계가 불가피했을 것이다. 균근

(菌根)이라고 불리는 뿌리는 균류와 식물이 이중으로 자란 결과다. 균근은 독립영양생물인 식물 파트너에게는 무기 양분을 공급하고 종속영양생물인 균류 파트너한테는 광합성으로 생긴 양분을 제공한다.

둥글고 뭉툭하며 색이 다채로운 뿌리인 균근은 공생하는 식물과 균류가 함께 만들어내는 역동적인 구조다. 균근을 이루는 균류는 5,000종 이상 발견되었다. 이 연합체를 이루는 식물은 대부분 공생에 의존하여 토양 속 인이나 질소를 공급받는 것으로 보인다. 균근은 식물의 뿌리털과도 균류의 균사와도 비슷하지 않다. 이들은 시너지 효과를 내는 창발적 조직으로 자원의 재순환에 필수적이다. 한 그루의 거목이 그 뿌리에 사는 별개의 균류들로 생성된 100여 종의 다른 균근을 가지고 있는 경우도 있다.

식물과 균류는 육상에서 생명이 시작될 때부터 힘을 합쳤다. 세계에서 가장 오래된 식물 화석에도 균류와 공생한 흔적이 남아 있다. 캘리포니아 대학 어빈 분교의 식물학자 피터 애셋과 오타와 자연 박물관의 균학 연구원 크리스 피로진스키는 균근이 없었더라면 오늘날 육상식물의 선조가 지상에서 성공적으로 정착할 수 없었을 거라고 주장한다. 오늘날에도 균류는 95퍼센트가 넘는 식물종의 뿌리와 서로 얽혀 시너지 효과를 내고 있다. 식물의 선조인 조류는 양분을 조달하는 균류가 없었다면 육상에 진출할 수 없었을지도 모른다. 태고의 원시림은 식물에 의해서가 아니라 식물과 균류의 협력으로 만들어진 것 같다.

식물계는 거의 전적으로 육상생물로 되어 있으며, 지금까지 늘 그러했다. 물론 이 계의 선조인 조류는 수중 환경에서 출현했지만, 그 자손들은 대부분 육상에 머물렀다. 초기의 육상식물은 거의 승산이 없는 게임에서 이겨야만 했다. 당시 육지는 자외선이 무자비하게 내리쬐고, 식물의 생장에 절대적으로 필요한 질소나 인산염이 고갈되어 있었다. 게다가 육지는 지금도 마찬가지이지만 생명에 필요한 자원인 물의 공급을 확실하게 보장해 주지 못했다. 식물과 균류가 육상을 차지하기 시작한 실루리아기까지 남세균 등 여러 세균들이 황량한 대륙을 점거하고 있었다.

크리스 피로진스키는 과일(그 색과 독특한 맛, 향기로 지금도 우리 영장류의 뇌를 미적으로 매혹한다)이 균류와 동물계의 상호 간섭으로 진화했다는 가설을 내세웠다. 그의 가설은 꽃식물이 널리 퍼진 시기와 과육을 가진 과일이 출현한 시기 사이에 400만 년이나 차가 나는 점을 설명하려는 것이었다. 피로진스키는 균류의 유전자가 식물의 염색체 DNA에 이식되었을 때 최초의 과일이 출현했다고 상상한다. 그것은 근두암종[토양세균이 주로 쌍떡잎식물이나 겉씨식물의 뿌리 위쪽이나 줄기에 감염하여 생기는 혹 모양의 종양]에서 일어나는 현상과 비슷하다 (그림 16). 균혹은 곤충이나 세균, 균류가 식물에서 생장할 때 만들어지는 공생 조직이다. 부풀어 오른 모양이 때로는 기괴한 종양처럼 보이기도 하는데 주로 관목이나 교목에서 발견된다. 어떤 것은 놀라우리만치 과일과 비슷하게 생겼다.

근두암종은 대개 식물이 아그로박테리움에 감염되었을 때 발생한다. 아그로박테리움은 토양에 살고 있는 세균으로 감염되기 쉬운 식물의 뿌리나 줄기의 세포 속으로 들어가 세균의 유전자를 식물의 세포핵으로 옮길 수 있는 플라스미드(작은 DNA 조각)를 가지고 있다. 생명공학 회사들은 아그로박테리움을 이용하여 원하는 유전자를 농작물에 이식한다. 피로진스키는 균류의 유전자도 이와 비슷한 방법으로 식물에 침투했을 것이라고 추측한다. 백악기에 많은 꽃식물에서 갑작스럽게 그러나 상당히 늦게 과일이 출현하는 데 균류의 감염이 중대한 역할을 했다는 주장은 아직 흥미로운 가설로 남아 있다. 그러나 균혹이 식물과 균류가 시너지 효과를 내는 일례라는 것은 이제 정설로 굳어졌다.

생물권의 하복부

균류는 양분을 생산할 수 없어 영양 섭취를 다른 생물에 의존해야 한다는 점에서는 동물과 닮았다. 그러나 생태학적 관점에서 보면 두 생물계는 현저하게 다르다. 균류는 단단한 암석을 부수어 토양을 형성하는데 없어서는 안 될 존재다. 그들은 생물이 퍼져나갈 자리를 깔아주는, 이른바 생물권의 하복부다.

균류가 없다면 식물과 결국은 모든 동물이 인(DNA, RNA, ATP의 필수적인 구성 성분)의 결핍으로 죽고 말 것이다. 균류는 먹이그물의 틈을 메워주고 있는 셈이다. 이런 점에서 보면 균류를 식물계와 광물계의 중간에 놓은 아랍 학자들의 분류도 어느 정도 일리가 있다. 균류가 생물체를 떠맡게 되면 그 생물체의 물질적 특성이 금방 드러난다. 생물체는 탄소가 풍부한 부식토로 돌아간다. 균류는 사체를 분해하고, 땀에 절은 발 피부 같은 생체 조직을 먹고 산다. 균류의 포자는 4억 년 이상 바이킹 요리 등 온갖 음식물에 자리를 잡고 균사를 내뻗어왔다. 사체를 재순환시키는 균류는 생물권의 쓰레기 청소부다.

균류는 빵, 과일, 나무껍질, 곤충의 외골격, 머리카락, 뿔, 카메라 렌즈 받침대, 필름, 건물 기둥, 면, 깃털, 손톱이나 두피의 케라틴 등 별의별 것을 다 분해한다. 마치 어디나 달려가는 청소 부대처럼 균류는 공기로 운반되는 포자로 전 세계에 퍼져나간다. 그들의 탐욕스러운 식욕에서 벗어날 수 있는 것은 아무것도 없다. 실제로 균류의 재활용 열의는 너무나 열렬해서 어떤 균류는 생물체가 죽기도 전에 활동을 시작할 정도다. 무좀, 옴, 버짐 같은 질병에서는 균류가 생물권의 구성 원소를 재분배하는 일을 너무 빨리 시작하고 있는 셈이다.

사람의 표피 세포에서 자라든, 셀룰라아제 효소로 옷감의 셀룰로오스 섬유를 분해하여 흰곰팡이를 만들든, 자몽에서 자라기 시작한 푸른

곰팡이가 어두운 녹색 포자를 만들든, 어쨌든 균류는 다른 생물이 남긴 물질을 소화한다. 우리에게는 "부패"로 보이는 것이 균류에게는 새로운 자손들이 건강하게 자라는 것이다. 복잡한 다세포 생물을 분해하는 균류와 세균이 없다면 식물과 동물의 사체가 쌓일 것이고, 인과 질소의 순환은 멈출 것이다.

땅에서는 균류가 생물권의 쓰레기 처리를 대부분 도맡아 한다. 몇 세대에 걸쳐 쓰레기를 쏟아 버리고 이주하면서 지구를 오염시키는 유목민으로 생존했던 보통 사람과 달리, 생물권은 폐기물을 간단히 지구 밖으로 버릴 수가 없다. 지구에서 쓰레기는 밖으로 배출되지 않고 주변 어딘가에 쌓인다. 인간은 이제야 4억 년 전에 균류가 터득했던 위생적인 효율성 수준에 접근해가고 있다. 균류는 쓰레기를 내다버리지 않고 재활용한다. 균류는 세균을 끌어들여 탄소와 질소, 인 등을 재활용한다. 식물과 동물이 우세한 대륙의 풍경 속에서 그들은 전 지구적인 자기 생산성을 건조한 육지로 확장하며 지구 표면을 영원히 변화시키고 있다.

무임승차하는 균류, 가짜 꽃, 최음제

지구를 빠르게 재순환시켜주는 균류는 종종 우리와 같은 생물에게 여러 메시지를 보낸다. 쓰레기가 음식물이 되고 사체가 비료가 되는 틈새에서 중개 역할을 떠맡고 있는 균류는 다양한 환각제와 독소를 구비하고 있어서 동물의 신경계를 자극하고 속이고 혼란시킬 수 있다.

양서류와 그 후손들이 땅 위를 기어 다니게 된 이후로 우리 동물은 균류와 싸우지 않으면 안 되었다. 실로 수백만 년에 걸쳐 균류와 동물은 함께 진화했다. 우리 영장류 선조는 숲에서 살면서 여러 가지 음식물을 맛보았다. 어떤 것은 유독했고 또 어떤 것은 정신에 변화를 주었다. 포자나 균사가 소화되지 않고 동물의 장(腸)을 통과할 수 있게 되자 균류로서는 차라리 먹히는 편이 더 유리했을지도 모른다. 균류를 맛있다고 생각하게 된 동물은 종종 균류를 토양까지 공짜로 실어 날라준다. 균류의 입장에서 보면, 독버섯을 해독시키거나 토해내는 동물이 자신도 모르게 균류를 퍼뜨리기 위해 살고 있는 셈이다.

언어가 진화함에 따라 위험할지도 모르는 균류를 먹는 일이 사회적으로 금지되었으며, 균류를 사용하는 신성한 의식이 발달했다. 위협적인 마약을 추방하려는 사회적 시도를 보면 일부 균류 "음식물"을 거부하는 신체의 자율 반응이 생각난다. 그러나 어떤 균류는 정신의 변화를 가져오는 환각 작용을 일으킬 수도 있기 때문에 아마 균류가 정치적으로 완전히 추방되는 일은 없을 것이다. 균류는 생물권에서 의식 있는 생명의 견고한 일부다.

균류는 위생 공학 기사로서 노련한 능력을 발휘해 다른 생물계의 구성원들과 놀랄 만한 관계를 진화시켰다. 팔루스와 무티누스는 남근 모양으로 생긴 말뚝버섯인데, 고기 썩는 냄새 비슷한 악취를 풍겨 파리를 유인한다. 말뚝버섯에 내려앉은 파리는 끈적한 포자를 다리에 묻혀 멀리 운반해준다. 필로볼루스 크리스탈리누스는 교미하는(또는 키스하는) 곰팡이의 일종으로 말똥에서 사는 것을 가장 좋아한다. 거기에는 소화되지 않은 셀룰로오스나 질소 등 영양분이 무진장 있기 때문이다. 사실 똥은 필로볼루스처럼 유성생식을 하는 균류에게 아주 귀중하기 때문에 이들은 똥에 먼저 도착하기 위해 기발한 전략을 고안해냈다. 사료가 될 풀잎에 있다가 같이 먹히기를 기다리는 것이다. 일단 성숙하면 필로볼루스는 똥에서 꾸물거리지 않는다. 이내 포자머리가 말똥으로부터 수분을 흡수하면서 내부 압력을 증가시킨다. 압력이 높아지면 높이 2-4센티미터의 가지를 치지 않는 구조가 되어 빛을 향한다. 내부 압력이 1제곱미터 당 700킬로그램을 넘으면 포자머리가 뻥 터져 수 미터 떨어진 목초지로 날아간다. 세계적인 무용단을 연상시키는 이 장거리 도약자는 그곳에서 풀을 뜯어 먹는 말에게 다시 먹힌다.

균류는 이것 말고 다른 계략도 무궁무진하다. 담자균의 일종인 노란색 녹병균은 꽃을 흉내 내어 곤충을 속이는 계략을 개발했다. 이 녹병균은 장대나물(미국 콜로라도 주 산악 지대의 초원에 서식하는 겨자과 식물)을 감염하여 미나리아재비의 노란 꽃을 닮은 모양으로 바뀌게 만든다. 장대나물은 본래 축 늘어진 모양의 평범한 꽃을 피우지만, 일단 균류에 감염되면 꽃이 팽창하고 꿀이 많아져 수분시켜 줄 곤충을 유인한다. 이 가짜 꽃에 모여든 곤충은 꽃가루 대신 포자를 운반하게 된다.

가냘픈 줄기에 갓이 달린 팔레누스 같은 40여 종의 균류는 어둠 속에서 빛을 발한다. 왜 이들이 빛을 내는지는 밝혀지지 않았지만 반투명한 작은 벌레인 선충류 같은 동물을 끌어 모으기 위한 것이라고 짐작된다. 선충이 균류를 먹고 소화할 수 없는 끈끈한 포자를 배설하여 퍼뜨리는 것이다.

오래된 육상 개척자로서 균류는 최근에 정착한 생물과 협력하여 자신과 자손을 널리 퍼뜨린다. 어떤 수단으로든 또 어떤 목적을 통해서든 자신을 존속하려는 균류의 유별난 의지는 균류와 가위개미가 이룬 특수한 농경 시스템의 진화에서 극치를 이룬다. 애타 속(屬)에 속하는 가위개미는 그들이 먹이로 기르는 균류에게 충실하게도 등에 포자를 운반할 수 있도록 손수레처럼 움푹 패인 부위를 진화시켰으며, 씹어서 잘게 만든 잎이나 나무껍질 등의 식물 재료를 운반한 포자에 영양분으로 공급한다. 이들 곤충은 마치 균류의 포자를 씨앗인 양 기르면서 지하 농장을 망칠지도 모르는 돌 부스러기들을 정성껏 제거한다. 꽃을 모방하는 균류나 이러한 생물계 사이의 협력은 다른 생물을 번식시키는 단조로운 일에 사로잡힌 생물 이야기를 다룬 과학 소설을 연상시킨다. 그러나 가위개미는 힘든 농사일 후 추수의 기쁨을 누리는 농부처럼 노력한 대가를 얻는다.

사과, 바나나, 딸기 등은 인간의 손으로 재배되면서 유성생식으로 생긴 씨앗이 번식력을 잃었다. 생장하기 위해 이들 식물은 사람의 손으로 접붙이기 같은 "영양 생식"을 해주어야 한다. 이와 비슷하게 균류 농장의 담자균 선조에게 있었던 성(性)은 개미 농부와의 오랜 연합에 의해 퇴화하고 말았다. 균류 농장을 돌보면서 개미가 균류의 생식을 단순화하여, 보통 유성생식의 결과로 생기는 담자 포자를 균류가 더 이상 형성하지 않게 된 것이다. 경작과 재배의 결과로 버섯 대신 변형된 구근 조직이 생겨난다. 마치 농경지의 축소판 같은 이 균류 농장에서 개미 농부들은 구근 조직을 수확하여 군집의 중요한 먹이 자원을 댄다.

슈퍼마켓에서 파는 느타리버섯인 아가리쿠스 브루네센스는 현재 펜실베이니아 주의 대규모 석회 동굴에서 재배되고 있다. 느타리버섯은 이제 완전히 재배 식물이 되었다. (버섯 재배에 정통한 어느 관리자는 이렇게 말한다. "버섯 재배도 다른 사업과 마찬가지다. 버섯을 어두운 장소에 두고, 거름을 주고, 자라나온 윗부분을 베어내기만 하면 된다.") 페리고르의 검은 트뤼플[서양송로]을 모으기 위해서는 잘 알려진 대로 돼지(지금은 개를 이용하는 경우가 많다)를 이용하는데, 프랑스 남부 프로방스 지방이나 이탈리아 움브리아 지방의 향기 짙은 구릉에 돼지를 풀어놓고 킁킁거리며 트뤼플이 있는 곳을 찾아내게 한다. 아직 이 맛있는 버섯을 재배할 수 있는 농부는 없지만, 버섯을 잘 알고 좋아하는 사람은 떡갈나무의 묘목을 심기 전에 뿌리에 트뤼플 포자를 흩뿌려 놓는다. 나중에 다 자란 트뤼플을 발견할 확률을 높이기 위해서다.

가장 큰 트뤼플도 지름이 8센티미터, 무게가 60그램이 채 안 된다. 트뤼플은 알파 안드로스테롤이라는, 수퇘지의 날숨에도 들어 있는 스테로이드를 함유하고 있다. 아마 전통적으로 이 버섯을 찾는 데 암퇘지를 이용하는 것도 이 때문일 것이다. 이 스테로이드 화합물은 남성의 땀이나 여성의 소변에서도 분리된다. 어쩌면 이것은 트뤼플만이 아니라 이성을 유혹하는 천연 향수의 구성 성분일지도 모른다. 트뤼플은 좀처럼 발견되지 않지만 일부 포유류의 감각을 유혹하는 매력을 지니고 있어서 수천 년에 걸쳐 돼지, 개, 다람쥐, 사람 등 포유류가 트뤼플을 먹고 (우연이든 의도적이든) 배설을 통해 포자를 숲 전체에 퍼뜨리는 역할을 기꺼이 했다. 누가 알겠는가? 배설물을 덮는 포유류의 습성이(사체를 파묻는 것이 이들 기묘한 균류에게 이롭듯이) 균류의 또 다른 책략일 수 있다는 사실을.

환각을 일으키는 버섯과 디오니소스적 쾌락

균류가 세련된 인간의 미각을 위해 기꺼이 바치는 선물은 트뤼플만이 아니다. 우리는 푸른곰팡이에 의해 반쯤 소화된 고르곤졸라 같은 블루 치즈를 먹을 때 눈을 지그시 감고서 음미한다. 그러면서도 다른 균류가 유제품에 침입하면 "상했다"고 말하며 코를 막는다. 이소부티르산은 구토물과 최고급 프랑스 치즈의 특징적인 냄새다.

균류는 다양한 야생의 무리다. 버섯은 곰팡내와 함께 기묘한 인상을 풍기고, 또 식용 버섯과 독버섯의 구별이 힘들기 때문에 채집하는 사람도 그냥 지나치는 경우가 많다. 사실 균류가 가장 명확히 자태를 드러내는 순간은 식용인지 독성이 있는지와 무관한 감각, 즉 시각에 의해서다.

고대 인도 브라만교의 성전(聖典)인 리그베다에는 소마를 마신다는 이야기와 그늘에서 거꾸로 매달려 살아가는 외발 생물을 보았다는 언급이 나온다. 이 생물은 아마도 종교 의식에서 먹은 버섯이었을 것이다. 고대 그리스의 엘레우시스 비밀 의식에서도 신비의 약을 먹는 의식의 일부로, 환각을 일으키는 고기 비슷한 버섯(아마도 광대버섯)을 먹는 일이 있었던 것 같다.

"대화편"에서 플라톤은 한 권의 저서도 남기지 않은 소크라테스가 글 쓰는 일에 "pharmakon"(그리스어로 "치료"와 "독"을 모두 의미함)이라는 이름을 붙였다고 썼다. 이 은유는 글쓰기가 지니는 중독성과 관계가 있다. 글쓰기는 기억을 확장시켜 주지만 필기구에 의존하게 만든다는 것이다. 글 쓰는 작업은 인류의 지식 창고를 확장했지만 동시에 전통적인 이야기 기술은 퇴화시켰다. 글쓰기에 대한 소크라테스의 비판은 오늘날 텔레비전이 어린아이에게 마약과 같은 효력을 발휘해 학습 능력과 (아마도 더 중요한 영향으로) 읽고 쓰는 능력에 악영향을 미친다는 주장과 일맥상통한다. 또 글쓰기를 마약에 비유한 것은 전자 계산기가 학생들이 스스로 수학 공부하는 것을 방해하므로 사용을 금해야 한다는 견해와 비슷하다. 그러나 환각을 일으키는 균류가 주는 유혹은 글쓰기나 텔레비전, 포켓용 전자 계산기와 비교도 할 수 없을 만큼 오래된 유혹이다. 균류는 비판하는 사람이 나타나기 전에 과일을 따던 영장류와 영장류 이전의 포유류 선조에게 신비한 마력을 휘둘렀다.

균류는 동물의 배설물이나 사체를 먹고 살기 때문에 동물의 소화관을 빠른 시간 안에 통과하는 일이 주된 관심사다. 그래서 그들은 동물이 자신을 먹도록 유혹하지만 포자와 균사는 소화되지 않을 수도 있다. 사회생활을 하는 포유류나 새는 배설물, 재채기, 따뜻한 깃털, 털로 포자를 운반함으로써 균류에게 봉사한다.

환각을 일으키는 버섯은 포유류와 균류의 오래된 관계를 기묘하게 비틀어놓았다. 신의 몸을 단순한 밀떡으로 나누어 먹는 가톨릭교의 의식인 성체 성사는 환각성 버섯을 먹었던 기독교 이전의 입회 의식에서 기원했을지도 모른다. 은행 투자가인 고든 워슨(1898-1986)은 성서의 에덴동산에서 이브가 지혜의 나무에서 딴 사과가 사실은 환각성 있는 버섯을 가리키는 단어를 오역한 것이라고 생각했다. 민족균류학의 세계적인 선구자인 워슨과 그의 아내 발렌티나는 1950년대 중반에 멕시코의 외딴 마을에서 버섯을 조사했다. 그들은 마자테카 원주민이 행하는 신성한 버섯 의식을 지켜보고 의식에 참가한 경험을 1957년 〈라이프〉지에 발표했는데, 무심코 그러한 균류가 존재한다는 사실을 일반 대중에게 알려줌으로써 1960년대와 그 이후 사이키델릭 운동에 불을 붙이는 데 일조했다.

워슨은 사람들이 버섯에 친숙하고 버섯을 좋아하는 문화(특히 러시아, 그 밖의 지역으로는 동유럽, 스페인 북동부의 카탈로니아, 프랑스 남서부, 그리고 한국과 중국)를 "버섯 애호증"이라고 부르면서 버섯을 두려워하는 "버섯 공포증" 문화와 구별했다. 버섯에 대해 상반되는 감정은 대체로 예전의 철의 장막을 따라 양분된다. 미시건 주와 위스콘신 주의 곰보버섯 채집자와 워싱턴 주나 오레곤 주의 살구버섯 애호가를 빼면 보통의 미국인은 "버섯 공포증" 문화에 속하며, 균류계의 구성원을 좋아하지 않을 뿐더러 균류가 공생하는 세균의 조합이라고도 생각하지 않는다.

균류는 사람을 도취시키는 일련의 산물, 즉 디오니소스의 낙원을 실제로 제공한다. 샴페인과 포도주, 맥주의 알코올을 만들고, 빵을 부풀려 보풀보풀한 감촉을 주며, 브리, 까망베르, 트르와 등 여러 종류의 치즈를 숙성시키고, 간장과 된장의 독특한 맛을 낸다. 숲에서 자란 균류는 향긋한 트뤼플, 살구버섯, 곰보버섯이 된다. 느타리버섯, 샤프란 밀크 캡(폼페이의 프레스코화에 그려져 있다), 요정고리버섯(말려서 향신료로 쓴다), 위험해 보이는 자주방망이버섯(영국 북부의 슈퍼마켓에서 파는 송이의 일종), 표고버섯, 팽이버섯, 목이버섯, 값비싼 송이버섯, 그물버섯(유럽산 식용 버섯) 등은 지금도 고급스러운 풍미를 자랑한다.

물질의 윤회

중국 수프를 만들 때 흔히 쓰는 목이버섯은 암을 예방하고 신장병에 효과가 있다고 알려져 있다. 균류가 항생물질을 만드는 것은 분명하다. 영국의 알렉산더 플레밍은 아주 우연하게 녹색을 띤 푸른곰팡이가 세균의 성장을 막는다는 사실을 발견했다. 페니실린은 그 자낭균이 만든 활성 성분으로 세균이 세포벽을 만들지 못하게 방해함으로써 폐혈성 인두염이나 세균성 폐렴 등 한때 불치병이었던 질병의 치료에 공헌했다. 또 다른 곰팡이인 톨리포클라디움은 장기 이식 후 거부 반응을 막기 위해 사용되는 시클로스포린을 생성한다. 이것은 지금까지 알려진 약 중에서 가장 부작용이 적으면서 가장 효과적인 면역억제제다.

냉장고 선반에 생기는 검은곰팡이, 버섯을 잘못 먹어 일으키는 구역질, 복숭아에 생기는 녹색 곰팡이 등 균류가 끼치는 해악은 도처에서 볼 수 있지만 균류가 우리에게 주는 혜택은 그것을 보상하고도 남는다. 이 책도 균류가 아니었다면 존재하지 못했을 것이다. 양분의 청소부인 균류가 나무의 뿌리에 붙어 양분을 공급함으로써 종이의 원료인 목재와 펄프를 제공하는 것이다. "다행히 언어는 사물이다. 언어는 적혀 있는 사물, 나무껍질 약간, 한 조각의 바위, 점토의 파편이며 그 속에 지구의 실체가 존재하고 있다."[4] 프랑스의 문학 비평가인 모리스 블랑쇼가 한 말이다. 흙은 죽은 것과 산 것으로 되어 있으며, 더러운 것이 정화되고 쓰레기가 균사와 포자로 재생되는 등 흙에서 일어나는 일들은 주로 균류가 빚어내는 현상이다. 균류는 "지구라는 실체"의 일부다. 이들은 육상 진핵생물 가운데 가장 기운이 왕성하여 다양한 종류의 화합물에서 자랄 수 있으며 복잡한 유기분자를 분해한다. 또한 빙하나 스페인 남서부 리오틴토의 아주 산성이 강한 물속 같은 척박한 장소에서도 살아갈 수 있다.

4.
Maurice Blanchot, "Literature and the Right to Death," in The Gaze of Orpheus and Other Literary Essays, P. Adam Sydney 엮음, Lydia Davis 옮김 (Barrytown, N.Y.: Station Hill Press), p. 46.

균류의 생활 양식은 개체성에 대한 우리 인간의 생각이 얼마나 자의적이고 독단적인지 경고한다. 균류는 뚜렷한 경계 없이 아무 곳에서나 자라며 다른 많은 보완적인 성(性)과 난잡하게 유성생식을 한다. 그 결과로 생기는 가느다란 균사가 대형 버섯이나 말불버섯, 먼지버섯으로 구별되는 특색 있는 유성생식기관을 만든다. 많은 균류는 식물이나 조류(藻類), 남세균과 협력하여 균근이나 지의류 같은 복합 생물체를 형성한다. 지구의 생리활동(가이아)은 균류의 네트워크를 포함하여 무수한 생물들이 상호작용한 결과다. 우주에서 보면 가이아는 공생체다. 공생에 의해 통합된 생물권 안에서 균류는 물질을 순환시켜 폐기물을 유용한 양분으로 바꾼다.

최초로 나타난 생물이나 최초로 진화한 종은 기회를 가진다. 그러나 존속하기 위해서 생물체는 혼자가 아니라 지구 환경 속에서 살아남아야 한다. 그래서 그들은 통합되거나 아니면 죽어 사라진다. 시인 타카미가 말했듯이, 사람은 균류를 무시무시하고 가치 없는 자연의 괴물쯤으로 치부해버리는 경향이 강하다. 그러나 지구적 관점에서 보면 균류는 아주 오래 전에 자신의 존재를 증명했다. 4억 년 동안 균류는 열대에서 극지방에 이르는 전 지역에서 지칠 줄 모르는 재활용자였다. 바람에 날려가거나 다른 생물계의 동료에 붙어 운반되는 포자로 지구 전역에 자신을 퍼뜨리고 다녔다. 균류는 모험적인 개척자였고 건조에 잘 견디는 저항가였다.

동물이 죽으면 균류는 죽은 동물에게 자연의 묘지를 허락한다. 균류를 통해 사체는 풀이나 나무의 거름이 된다. 셀룰로오스 섬유가 잘게 부서져 종이가 되고, 책이 되고, 불멸의 말이 되고 또 더 많은 말로 재생된다. 이것은 사후 영혼이 다른 존재로 다시 태어난다는 동양의 윤회설을 떠올리게 한다. 균류는 물질의 윤회를 담당하고 있는 셈이다.

생물은 창조한다. 지구의 자기 생산적인 시스템, 즉 가이아에서 점점 더 기묘한 생물이 나오고 있다. 적어도 당분간은, 어쩌면 수백만 년까지도 지구 환경은 기이한 변종이나 급속히 퍼져나가는 개척자, 기회주의적인 괴물을 용인할지도 모른다. 그러나 언젠가 생물은 번식의 한계에 직면할 것이다. 그들은 혼자가 아니라 지구 전체의 생물과 함께 생존하고 있기 때문이다. 메뚜기 떼는 한 농장의 작물을 모조리 먹어치우고, 어떤 새는 염분을 배설함으로써 인과 질소를 바다에서 육지로 운반한다. 빠르게 번식하는 생물종은 처음에는 침략자나 감염자로 등장하지만 점차 길들여진다. 어떤 무지막지한 개체군도, 통제가 불가능한 "암적 존재"도 지구에서 자신의 질서를 발견한다. 성장하는 모든 개체군은 생물권의 기능에 통합되지 않으면 멸종의 길을 걷게 된다.

영어에서 균류라는 말은 사실상 수술로 도려내도 괜찮은 원치 않는 혹과 같은 의미로 쓰인다. 하지만 그러한 표현은 동물의 사체에 생명을 부여하고 사체를 흙으로 바꾸면서 생물권의 장의사 역할을 훌륭하게 하는 균류보다는, 우리 인간처럼 모든 것을 독점하려는 물질주의적인 종에 더 잘 어울릴 것이다.

균류의 포자는 일찍이 육상에서 훨씬 더 오래된 남세균과 바실러스균의 번식체와 더불어 공중을 차지했을 것이다. 그러다가 결국에는 아메바와 조류의 포낭, 세균의 포자, 양치류의 포자, 꽃식물의 꽃가루와 씨앗, 그리고 날아다니는 곤충과 새, 박쥐 등과 친밀하게 대기를 공유하게 되었다. 균류는 자낭 포자, 분생자, 담자 포자, 활성화된 건조 효모에 의해 널리 분산되거나 지의류의 번식체로 퍼져나갔다. 이들은 개척자일 뿐만 아니라 신중하게 선발된 분해자이자 재활용자로, 지구의 재분배를 담당하는 대리인이 되었다.

예정된 죽음을 거스르지 못하는 우리 인간의 유해는 어딘가로 치워버리거나 화장하지 않았다면 갈 곳은 한 군데밖에 없다. 바로 균류가 사는 지하 세계다. 우리 몸의 화학 물질이 대지로 되돌아가는 것이다. 이처럼 균류는 생물의 화합물을 순환시켜 준다. 지구에서 균류계의 기능은 우리 몸의 신장이나 간처럼 서서히 부드럽게 작동한다. 과거에 유목 생활을 했던 우리는 지금도 닫혀 있는 계에서 노동이나 생식의 성과가 무한정 축적될 수 없다는 생각에 적응하는 중이다. 모두 다시 분배되고 원래 속했던 시스템으로 되돌려져야 한다. 이것은 어려운 교훈이다. 우리의 몸체와 우리의 소유물, 부(富)는 우리의 것이 아니다. 모두 지구에, 생물권에 귀속되어 있으며, 우리가 좋아하든 싫어하든 그곳으로 거듭 돌아가는 것이다. 균류는 우리가 거기 도달하는 것을 도와준다.

그렇다면, 생명이란 무엇인가? 생명은 계를 초월하여 동맹하는 네트워크이며, 균류는 적극적이고 약삭빠른 참가자다. 생명은 가짜 꽃의 속임수부터 트뤼플의 기묘한 매력과 삼키기 힘든 환각 버섯에 이르는 유혹의 향연이다. 생명은 광합성 생물이 장악하는 햇볕 좋은 장소만 찾지 않는다. 균류로서 생명은 흙과 부패물이 넘치는 지하 세계를 찾아간다. 생명은 스스로 재생하며, 균류는 재생자로서 지구 표면 전체가 생명으로 가득할 수 있게 돕는다. 곰팡이나 균사체는 물질을 순환시키는 일을 천직으로 삼았다. 창조하는 동시에 파괴하고, 유인하는 동시에 밀어내고, 착수하는 동시에 전복하는 그들은 대지의 일부이다.

8장

햇빛의 변환

호랑이여! 호랑이여! 밤의 숲에서 밝게 타오르도다
어떤 불멸의 손이나 눈이
그대의 무시무시한 대칭성을 만들었는가
윌리엄 블레이크*

내 책을 다 읽어 내려갈 인내를, 그리고 용기를 지닌 사람이라면
흔들리지 않는 이성의 법칙에 따라 수행된 연구가 여기 담겨 있음을 알게 될 것이다.
… 또한 거기에서 하나의 확실한 주장을 발견할 것이다.
시간 속에서 성행위는 공간 속에서 호랑이와 같다는 것을.
이 비교는 시적 환상의 여지가 없으며
에너지를 경제학적으로 고찰하여 얻은 당연한 결과다.
그러나 이를 이해하기 위해서는 일반적인 계산과 상반되는 힘의 작용,
우리를 지배하는 법칙에 기초한 힘의 작용과 동일한 수준에서 사고할 필요가 있다.
요컨대 그러한 시각에서 볼 때 진리가 모습을 나타내고
보다 보편적인 그 다음 명제가 의미를 띠게 된다.
그 명제에 따르면 모든 생물과 인간에게 근본적인 문제를 들이미는 것은
필요가 아니라 정반대인 "사치"다.
… 정신의 자유는 … 지구의 생물 자원에서 유래하고,
그것으로 모든 것이 즉시 해결된다. 모든 것은 부이다.
조르주 바타유**

태양 복사가 지구에 미치는 영향 때문에 생물권은 지구적 현상이자
우주적 현상이라고 볼 수 있다. 태양은 생물권에 침투하여 지구의 모습을 완전히
변화시켰고, 생물권은 태양 복사를 새롭고 다양한 에너지 형태로 전환함으로써
우리 행성의 역사와 운명을 바꿔놓았다.
동시에 생물권도 전체적으로 태양 복사의 산물이다.
블라디미르 베르나드스키***

* William Blake, *Songs of innocence and of Experience: Shewing the Two Contrary States of the Human Soul* (Slough: University Tutorial Press of London, 1958), pp. 21–22.
** Georges Bataille, *The Accursed Share*, trans. Robert Hurley (New York: Zone Books, 1988), pp. 12–13.
*** Vladimir Vernadsky, *The Biosphere* (New York: Springer–Verlag, Copernicus, 1997), p. 48.

녹색 불꽃

모든 생물의 성장과 행동에 필요한 에너지의 궁극적인 원천은 태양이다. 광합성 생물은 차가운 녹색 불꽃처럼 타오르면서 햇빛을 자기의 몸으로 바꾼다(도판 20). 원생생물(코콜리토포리드, 규조류, 해조류 등)이 바다의 주된 변환자라면 녹색식물은 육지의 주된 변환자이다.

식물은 세균의 공진화가 도달한 높은 지점을 보여주고 있다. 그들은 생물권을 한 단계 높은 차원으로(지표면에서 수백 미터 높이까지) 끌어올렸다. 그러나 식물은 이 유서 깊은 광합성 길드 조직에서 아직 신참자에 불과하다. 그들은 겨우 4억 5000만 년 정도 지상에 거주했을 뿐이다. 조류(藻類)에서 진화한 식물은(거의 육상에서만 산다) 대륙을 푸르게 바꾸어 나갔다.

흰수염고래는 길이 26미터, 무게 180톤이나 되는 사상 최대의 동물로, 가장 컸던 공룡보다도 더 무겁다. 하지만 식물 세계의 거물, 이를테면 무게가 2,000톤에 달하는 거대한 세쿼이아에 비하면 고래도 가벼운 생물이 되고 만다. 한 사시나무 클론은 줄기가 4만 7,000개나 되는 것으로 추정된다. 콜로라도 대학의 생물학자 제프리 밀턴이 지구에서 가장 큰 개체 생물로 지목한 이 나무는 줄기가 나뉘어 있지만 뿌리가 하나로 연결되어 유타 주의 13만 평을 뒤덮고 있다. 그 무게는 6,000톤으로 추산된다(도판 21).

지금 읽고 있는 책도 식물에서 나온 것이다. 널빤지를 깐 보도, 오크 책상, 마리화나, 면 셔츠, 츄잉껌, 석탄, 몰약, 판잣집, 초콜릿 역시 식물에서 나왔다. 식물은 모르핀, 코데인, 헤로인 등 포유류 체내에서 자연적으로 생성되는 쾌감 물질인 엔도르핀과 유사한 약물들의 원료이기도 한다. 버드나무 껍질은 아스피린의 원료인 살리실산을 제공한다. 진통제뿐만 아니라 수렴제, 항균제, 진경제, 안료, 부식제, 심장병 약, 거담

제, 이뇨제, 소독약, 지혈제, 방충제, 독소, 향수, 천식 약 등 우리가 식물에서 얻는 것들은 헤아릴 수 없이 많다.

식물은 인간의 환경에 너무나 깊숙이 파고 들어와 있어서 이제는 거의 의식하지 못할 정도다. 우리는 기다란 줄기의 장미꽃 다발이나 초콜릿 상자가 현관 앞에 놓여 있지 않는 이상, 식물을 대수롭지 않은 것으로 여긴다. 우리는 식물 자체가 아니라 식물 제품이 가진 상징들에 주목할 뿐이다.

식물은 우리에게 놀라우리만치 풍부한 볼거리와 냄새, 맛을 제공한다. 철따라 활짝 피어 향기를 풍기는 꽃은 야외 생활을 하는 열대지방 사람들에게 심리적으로 좋은 영향을 미친다. 언덕 위에서 출렁이는 풀밭을 바라보는 것만으로도 마음이 평온해진다.

알려져 있는 식물계의 9개 문(門) 가운데에서 꽃을 피우는 문은 하나뿐이다. 그러나 그 하나의 문이 어찌나 다양한지, 전체 식물 종의 절반 이상을 차지한다고 생각하기 쉽다. 꽃식물인 300과(科)에 속하는 종을 모두 기록한다는 것은 결코 보장할 수 없는 엄청난 작업일 것이다. 식물학자 프리츠 벤트는 이렇게 말한다. "그러한 목록 작성을 제대로 하려면 현재까지 알려진 약 25만 종의 식물을 기술해야 한다. 자료를 수집하기 위해서 전 세계의 식물분류학자들이 여러 해 동안 협동 작업을 해야 할 것이다. 완성된 결과물도 아마 50만 쪽이 넘는 분량으로, 도서관의 벽을 전부 채우고도 남을 것이다."[1]

1.
Frits W. Went, *The Plants* (New York: Time, Inc., 1963), p. 16.

그러나 식물은 육상 최초의 "녹색 불꽃" 생물이 아니었다. 미국 라스베이거스 서남쪽 80킬로미터 부근의 암석에는 8억 년이나 된 화석 토양이 보존되어 있다. 그 토양의 탄소 내용물로 보아 태곳적 광합성 생물의 일종인 것 같다. 미국 남서부의 또 다른 지점인 애리조나 주 피닉스의 북동쪽 130킬로미터 근방에서는 훨씬 더 오래된 화석 토양이 채집되었다. 그 표본은 육상에서 광합성이 12억 년 전 또는 그 전에 남세균에 의

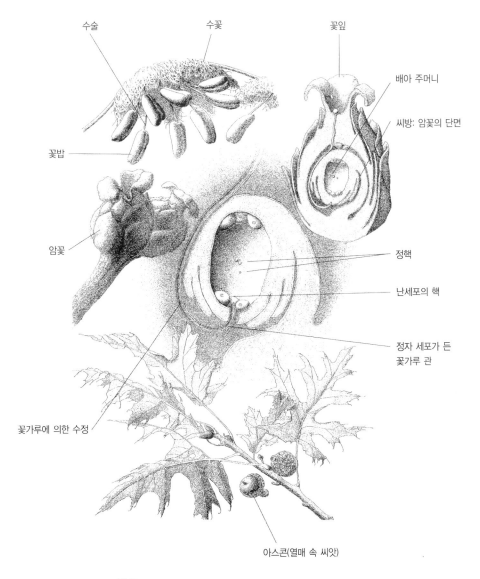

수술　　　　　　　수꽃　　　　　　　　　꽃잎

꽃밥

암꽃

배아 주머니

씨방: 암꽃의 단면

정핵

난세포의 핵

정자 세포가 든
꽃가루 관

꽃가루에 의한 수정

아스콘(열매 속 씨앗)

▲ 그림 17

오크 나무 일종인 참나무의 유성생식 생활사의 여러 단계. 아래부터 시계 반대 방향으로: 씨앗(아스콘)이 든 잘 익은 열매와 나뭇잎들. 중앙에 있는 꽃은 확대된 것으로 씨방 벽의 일부를 잘라낸 형태다. 속씨식물의 이중 수정 결과로 생긴 핵 8개를 볼 수 있다. 꽃가루관이 배낭을 뚫고 들어가 작은 웅성 핵 세 개를 풀어놓았다. 하나는 난세포 핵(중앙 아래)과 수정하고, 다른 하나는 더 큰 자성의 핵 2개와 수정하여 배아에 양분을 공급하는 삼배체(염색체 3벌) 조직을 형성할 것이다. 이리하여 "이중 수정"이 이루어진다. 꽃가루를 만드는 꽃밥이 왼쪽 위에 보이는 수술 끝에 달려 있다. 오른쪽 위에 보이는 발아한 꽃가루 입자는 꽃가루관을 형성하였고, 단면이 보이는 씨방으로 접근하는 중이다.

271

해 시작되었다고 보는 보스턴 대학의 수잔 캠벨과 스티엡코 골루빅의 가설을 뒷받침한다. 뉴올리언스 툴레인 대학의 고생물학자 로버트 호로디스키와 애리조나 주립대학의 지질학자 폴 나우스는 원생대 말기에 육지는 광합성 미생물로 풍부하게 뒤덮여 있었다고 주장한다.[2]

실루리아기에 이르러서야 비로소 포자 번식체(감수분열로 만들어진다)와 생식기관의 배우자(융합하여 배가 된다)가 교대로 나타나는 진정한 식물이 출현하여 물에서 살아야 하는 조류의 제약에서 (아마도 처음에는 주기적으로 벗어나다가) 완전히 탈출하게 되었다(도판 22). 물에서 자유로워지자 육상식물은 자신을 지탱할 내부 수단을 진화시켜 육지에서 성장했다. 육상식물은 세균과 조류에서도 발견되는 셀룰로오스 분자로 수압을 이용하는 구조물을 만들었다. 나중에 식물은, 셀룰로오스와 결합하여 건조한 환경에서도 유연하고 튼튼하게 지탱할 수 있는 더욱 강한 물질을 진화시켰다. 리그닌이라는 이 물질은 화학적으로 복잡한 폴리페놀로 나무의 목질을 이룬다. 리그닌 덕분에 수직으로 자라기 시작한 생물권은 생명의 영역을 지면에서 삼차원 공간으로 확대했다. 생물학자 제니퍼 로빈슨은 식물이 리그닌을 진화시킨 후 균류가 리그닌 분해 방법을 진화시키기까지 시간 차가 있었기 때문에 지각에 거대한 석탄층이 남아 있을 수 있었다고 말했다.

다른 생물과 마찬가지로 식물도 미생물 선조로부터 생겨났다. 식물은 광합성을 물려받았지만 반드시 광합성을 해야 하는 것은 아니다. 일부 식물은 잎과 열매가 달려 있어도 녹색 불꽃으로서의 생활을 포기하고 더 이상 광합성을 하지 않는다. 볼 필요가 없기 때문에 눈이 없어진 땅속의 뒤쥐처럼, 일부 흰색 식물은 햇빛 의존에서 벗어났다. 예를 들면 너도밤나무 뿌리에 기생하는 에피파구스나 구상난풀은 눈에 보이지 않는 균사를 통해 가까이 있는 푸른 숲의 나무들로부터 양분을 얻는다. 흰색 식물부터 푸른 나무까지 뿌리가 (동물의 기관처럼) 정교하고도 긴

2
원생누대의 생명에 대해 포괄적으로 살펴보려면 다음을 참고할 것. Early Life on Earth, Stefan Bengston 엮음 (New York: Columbia University Press, 1995).

신경 같은 균사로 연결되어 있다.

　그러므로 식물을 구별 짓는 특징은 광합성 자체가 아니라 그들 모두 생활사 중 어느 단계에서는 포자(胞子)로부터 생장하고 다른 단계에서는 배(胚)로부터 생장한다는 점이다. 자성(雌性) 조직 깊숙이에서 발견되는 식물의 배는 성적 결합에 의해 생긴 이배체다. 동물의 배와 마찬가지로 식물의 배는 자성 기관(식물에 있는 "장란기"라고 볼 수 있다)에 있는 난자와 웅성 번식체의 융합으로 만들어지나, 식물의 난자나 정자는 감수분열로 만들어지지 않는다. 식물의 배는 수그루의 꽃가루관이나 헤엄치는 정자가 암그루나 암수한그루의 자성 부분에 침투했을 때 만들어진다. 이들 작은 암그루는 반수체로 모체의 반수체 조직에 파묻혀 있던 반수체 포자로부터 생장한다. 배가 완전히 자란 식물도 배우자를 따로 만들지 않는다(완전히 자란 동물은 배우자를 만든다). 그보다는 이배체가 감수분열 후 포자를 만든다. 이 포자가 자라 각기 웅성과 자성 반수체인 배우체가 되고, 배우체가 감수분열 없이 배우자를 만든다(그림 17).

　식물은 성(性)이 있는 생물이다. 성적 결합은 행위이고 배는 그 구조다. 식물의 배(胚)는 흔히 식물로 오인되는 조류(藻類)나 다른 문의 생물(이를테면 지의류)과 다른 특징이다. 그런데 식물의 성은 동물과 다르다. 식물의 알세포와 정핵이 수정하여 배를 만들기는 하지만, 감수분열로 난자와 정자가 생기는 것은 아니다. 감수분열로 생기는 것은 포자다. 그 포자가 자라 한 벌의 염색체만 있는 배우체가 된다. 배우체는 수정되지 않은 동물의 난자와 정자가 성장하지 못하는 것과는 달리 성장할 수 있다. 식물의 배우체는 세포의 유사분열로 자라며 한 벌의 염색체만 지닌다.

　솔방울이나 꽃을 만드는 식물에서는 배우체가 (자성이든 웅성이든) 자유롭게 움직이지 못하는 작은 구조다. 이들 배우체는 감수분열로 자신을 만든 식물의 솔방울이나 꽃 안에서 자라고 일생을 보낸다. 배우체는 유사분열로 생식 기관과 배우자를 만든다. 이들은 한 벌의 염색체로 시작하기 때문에 난자나 정자를 생성하기 위해 염색체 수를 바꿀 필요가 없다. 생식 세포가 융합하면 그때서야 이배성을 회복하고 생활사를 다시 시작한다.

그러나 진화적으로 볼 때 배우체가 이렇게 "출가" 하지 못하게 된 것은 최근의 일이다. 더 오래된 계통의 식물, 이를테면 고사리 경우에는 두 가지 세대가 번갈아 나타난다. 하나는 한 벌의 염색체를 가진 작은 식물체이고, 다른 하나는 두 벌의 염색체를 가진 큰 식물체로, 둘은 놀라울 정도로 형태가 다르다.

전체적으로 보면 식물과 동물은 유성생식으로 배를 만드는 생물이며, 다른 세 생물계(원핵생물, 원생생물, 균류)보다 서로 비슷한 점이 많다. 그러나 동물은 단세포 반수체의 단계가 있는 이배체인 반면, 식물은 다세포 반수체 단계를 지닌다. 그리고 동물세포와 달리 모든 식물세포는 남세균이 남긴 자취를 간직하고 있다.

저주 받은 역할

이 장 서두의 수수께끼 같은 인용문에서 조르주 바타유(1897-1962)는 호랑이를 포유동물 생활사의 출발점인 성교와 연관시켰다. 나아가 그는 자신의 이러한 비유가 합리적인 것이라고 확신했다. 확실히 진화의 전체적인 전개는 태양에서 유래된 에너지가 늘어나서 생긴 내보낼 수 없는 잉여분에 대한 반응이다. 성교와 호랑이는 둘 다 생물권의 복잡성을 보여주는 것이다.

성교는 행동이고 호랑이는 생물이지만, 이 둘은 식물이 가진 막대한 적립금의 두 가지 운명을 나타내고 있다. 호랑이는 태양에너지에 기초한 지구의 먹이 피라미드에서 정점에 위치한다. 쉬고 있을 때조차 호랑이는 생명의 먹이사슬에서 맨 꼭대기, 즉 육식의 극한을 대표한다. 블레이크의 기억할 만한 문장에서 "밝게 불타오르는" 호랑이는 태양에너지가 아주 특이하고 잠재적이며 무시무시한 형태로 집중되는 것을 나타낸다. 성교는, 태양과 식물에서 나온 부(富)를 동물이 더 많은 자손을 만드는 데 소비하는 것이다. 나아가 바타유는 고전 경제학이 잘못되었다고 주장한다. 일반 경제는 인간의 것이 아니라 태양의 것이다. 태양에 의해 생성된 음식물이나 섬유, 석탄, 석유 같은 탄소 및 에너지가 풍부한 매장물은 부산한 동물을 위한 것이기도 하지만 산업, 기술, 국가의 부(富)를 위한 기초다.

모든 경제는 광합성 생물과 태양에서 비롯된다. 광합성 생물은 태양의 복사열을 이용하여 생물권 어디서나 쓸 수 있는 현금을 만든다. 원시의 부가 축적되는 동안 열은 분산되고 쇠퇴한 에너지는 우주로 사라진다. 전 세계에서 다채로운 광합성 세균과 원생생물, 그리고 식물이 에너지를 생산하고 "저축"하고 있다. 그들을 먹는 소비자는 대사활동을 통해 모아 놓은 광합성 에너지를 "소비"하거나 동화 작용을 통해 (일시적으로) 초식동물이나 포식자의 조직 속에 저장한다. 또한 소비자가 죽어 부패하지 않고 묻혀 있으면 원시의 부는 결국 장기 저축이 된다.

소비는 생명에 있어서 언제나 중대한 문제였다. 광합성으로 벌어들인 부를 축적하는 능력에 따라 성공하는 이 생물권에서 탐욕은 너무나 쉽게 찾아온다. 바타유의 호랑이는 초식동물인 사슴을 무자비하게 사냥한다. 지금도 북아메리카 사람들은 채색된 섬유로 지폐를 찍기 위해 나무를 베어낸다. 그리고 멸종 위기에 처한 포유동물의 털가죽을 사기 위해 지폐를 내놓는다. 광합성은 물질과 에너지를 과잉 창출해내며, 그 용도는 생물이 창조적인 만큼 무한하다.

바타유는 한 사회의 특성은 필요보다 잉여에 의해서 더 많이 좌우된다고 파악했다. 부는 생물학적 영역과 문화적 영역 둘 다에서 자유를 창조한다. 옛 유럽에 대한 향수나 아메리카 원주민의 금욕에 대한 경의, 이집트의 풍요로움에 대한 경탄은 은연중에 구성원들이 잉여분을 어떻게 소비하거나 축적하는지에 따라 문화가 결정된다는 인식에서 나오는 감상이다. 고대 로마는 콜로세움과 바실리카를 만들었고, 미국은 맥도널드와 디즈니랜드를, 그리고 이집트는 스핑크스가 지키는 피라미드를 만들었다.

미국의 정치가들은 징세, 적자와 부채 감소, 공공지출 등과 씨름한다. 정부가 돈을 찍어내면 은행은 그 돈을 보관하지 않고 빌려준다. 그리하여 투자가들은 주식, 채권, 예금 증서, 귀금속 등 재정 조달 수단을 소유하게 된다. 그럼 대체 "소유한다"는 것이 무슨 의미인가? 인류는 자신이 소비하는 것을 소유하지 못한다. 소유권은 생물권에 있다. 수표, 신용 카드, 지폐, 주식 증서는 모두 부의 상징일 뿐이며, 부의 출처는 인류의 기술적인 생산 수단을 초월한다. 화폐 경제는 지구의 경제에 태양이 축적해 준 부를 묶어놓으려고 한다. 통화는 광합성으로 생성된 생명 에너지를 사람이 통제하고 조작하고 축적할 수 있는 다른 무엇으로 전환하는 과정을 상징한다. 미국의 지폐가 녹색인 것은 아마 우연의 일치가 아닐 것이다.

식물이 없다면 대부분의 동물은 굶어 죽을 것이다. 사실 식물이 무성하게 자라고 있어도 인간을 비롯한 동물은 모두 죽게 되어 있다. 묘지는 위대한 평등주의자이며, 우리들이 소유하고 있는 것이 오히려 우리를 소유하고 있음을 일깨워준다. 청소부에서 억만장자에 이르기까지 우리는 모두 사용료를 지불한다. 우리 몸의 원소는 원래 있었던 곳인 생물권으로 돌아간다. 물론 인간의 허영과 환상이 빚어낸 한정적인 경제에서는 개인이 막대한 부와 권력을 쌓을 수 있을지도 모른다. 그러나 생물학적 현실인 태양의 경제에서 우리들 개개인은 모두 다음 세대에게 자리를 내주기 위해 처분된다. 대부 받은 우리 몸의 탄소, 수소, 질소는 생물권 은행으로 되돌아가야 한다.

생물권은 물질의 유입과 배출이 본질적으로 차단되어 있다는 점에서 생물과 다르다. 애초에 생물이 이용할 수 있는 탄소는 지구 대기권을 뚫고 들어온 유성이나 혜성에 의해 특히 생명이 탄생하기 전에 공급되었지만, 오늘날 외부 공급은 미미하다. 먹고 배설하는 생물과 달리, 생물권은 자급자족을 한다. 생물권의 재료는 한정되어 있다. 화학적 변형을 거치며 몇 번이고 되풀이하여 사용되지만 소모되지 않는다. 광합성에 의해 만들어진, 먹고 이용할 수 있는 화합물이 풍부하게 남아 생존과 번식을 위해 다른 생물을 잡아먹고 사는 포식자나 남은 양분을 처리하는 청소부 생물을 길러냈다. 생물권의 물질 자원은 한정되어 있어서 녹색 식물로 변환되는 태양 광선의 양에 제한을 가한다.

전체적으로 보면, 광합성 활동이 에너지가 풍부한 물질을 풍족하게 만들고, 잉여 물질은 생물에 저장되거나 성장을 위해 먹히거나 아니면 그대로 낭비된다. 막대한 양의 지구의 부는 언제라도 쓸 수 있으며 없어진 부분은 태양에너지가 활발히 전환되어 보충된다. 지구를 "본래" 상태로 유지하려는 사람들의 소망은 이해가 되지만 불가능한 일이다. 사람들이 돌아가기를 원하는 원시의 자연은 영원불멸의 것이 아니며, 녹색 세계가 우리의 선조를 너무 훌륭히 부양하여 인구 과잉이 된 셈이다. 게다가 우리를 부양해 온 녹색 환경을 인류가 망치고 있다는 사실이 인간이 지구의 모든 생물을 위험에 빠뜨려도 될 만큼 특별한 존재라는 증거도 아니다. 지금까지 어떤 생물 종도 나머지 모든 종을 위협할 수는 없었다. 어느 한 종이 지나치게 성장하여 자연 환경을 파괴하려 하면 나머지 모든 종이 그것을 저지했기 때문이다. "자연선택"의 본질은 어느 한 개체군의 무한히 성장하려는 경향이 환경을 파괴하는 지점에 이르면 다른 개체군의 성장으로 멈추게 된다는 것이다. 인구의 팽창도 같은 법칙의 지배를 받는다. 환경이 쇠퇴하면 질병 발생율도 증가하고 인간의 사망률도 높아져 결국 멸종까지 이를 수 있다.

생물권에서 진화한 인간은 석탄이나 석유와 같은 비축된 유기물의 보고를 발굴하여 자동차를 움직이고 집을 난방하고 있다. 생물권의 부는 궁극적으로 태양으로부터 오는 것이다. 생물은 죽고 개체군의 수는 감소하며 종은 절멸한다. 그러나 생물권은 점점 더 부유해진다. 예를 들면, 인간이 연소하는 화석연료는 식물에 의해 이용된다. 식물은 그 연소에서 배출되는 이산화탄소를 흡수하여 자신의 몸에 동화한다. 물론 오늘날 산업화된 인간의 생활양식이 위험하지 않다거나 지구의 온난화를 가져오지 않는다는 뜻이 아니다. 그보다는 오히려, 한 생물에 의해 생성된 폐기물이 잉여물질로 전환되는 일이 이미 생물권에서 전례가 있다는 말이다. 한 생물이 내놓은 폐기물이 지구를 피폐하게 만들기는커녕 실제로 다른 생물을 위해 더 많은 부를 창출할 수 있다.

기묘한 태양의 경제에서는 개체가 죽으면 그 몸의 구성 성분을 생물권의 순환으로 되돌려 보낸다. 몸에서 사용되는 화학 물질은 없어져버리는 것이 아니다. 모든 생물은 바타유가 "저주 받은 몫"이라고 이름 붙인, 광합성에서 파생된 그 끊임없는 잉여분을 이용하려 하지만 그것은 결코 쉬운 일이 아니다.

고대의 뿌리

최초의 식물은 아마도 오늘날의 선태식물(이끼류)과 비슷했을 것이다. 솔이끼, 우산이끼, 붕어마름과 그 친척들은 다른 식물 문(門)에 있는 수직 구조물이 없는데, 이는 액체를 수송하고 수압으로 지지하는 관다발이 없기 때문이다. 축축한 표면을 좋아하는 녹색 세포 덩어리에 불과한 선태식물은 그때나 지금이나 잎과 뿌리와 종자가 없다.

오르도비스기가 끝날 무렵, 지표면은 거칠었고 지면 가까이 남세균과 토양 조류가 살고 있었지만 식물은 없었다. 물이 아쉽지 않은 강이나 호수, 바닷가에서는 남세균의 층이 두터워지기 시작했을 것이다. 좀 더 건조한 장소에서는 거무스름한 녹색의 흙 입자와 모난 암석 부스러기가 복잡하고 단단하게 결합하여 육지를 덮었다. 그러한 육상생물이 식물보다 앞섰다는 사실은 오늘날 미국 유타 주의 사막, 고비 사막, 이라크의 평원에서 확인할 수 있다. 이곳의 지각은 남세균을 비롯한 세균과 때로는 조류, 균류로 구성된다. 이들은 모두 수분만 주어지면 빠르게 광합성이라는 녹색 불꽃 운동을 시작하며, 휴지상태로 돌아가기도 한다.

오늘날의 녹조류 일부는 식물의 조상과 비슷한 것으로 여겨진다. 이들의 엽록체는 식물의 엽록체에서 발견되는 색소와 동일한 엽록소 a와 b를 함유한다. 아주 다른 식물인 이끼류와 양치류의 정자에 꼬리가 있는 것처럼 녹조류 세포에도 파동모가 두 개 있다. 이들 녹색 세포에는 세포 사이를 연결하는 원형질 연락사가 있는데 이것은 식물의 세포벽에 있는 구멍과도 유사하다. 동물세포는 조류(藻類)와 식물의 원형질 연락사 같은 구멍과는 전혀 다르게 접촉을 강화함으로써 결합한다. 유사분열을 하며 식물의 셀룰로오스로 이루어진 전형적인 세포벽이 있다는 점은 오늘날 실 모양의 녹조류인 클렙소르브미디움이 상상 속의 식물 조상과 닮았음을 시사한다.

오늘날 양치류는 키가 3센티미터보다 작은 것에서 20미터가 넘는 것까지 다양하지만 여전히 근처의 물웅덩이에 흩뿌린 난자와 헤엄치는 정자가 물속에서 만나 번식한다. 은행나무처럼 이른바 고등식물이라 불리는 것도 운동성이 있는 정자의 형태로 과거의 유산을 가지고 있다. 이 정자의 여러 꼬리는 파동모로 조류의 헤엄꼬리에서부터 짚신벌레의 섬모와 수컷의 정자, 그리고 사람 폐의 털 세포에 이르기까지 운동 구조에서 발견되는 것과 동일한 9(2)+2 미세소관 대칭 배열을 가진다.

잘 보존되었고 가장 오래된 식물 화석은 스코틀랜드 작은 마을 라이니에 있는 채석장의 흑색 처트에서 발견된다. 지질학자들은 근처에 있는 규소가 풍부한 샘이 주기적으로 범람한 덕분에 라이니 화석이 훌륭하게 보존되었다고 믿고 있다. 라이니아 같은 화석 식물은 부푼 뿌리가 있어 균류가 4억 년 전에 이미 식물 뿌리와 공생하고 있었음을 보여준다.

가장 나중에 생긴 계의 가장 오래된 구성원을 보여주는 생물 형태가 오늘날에도 살아 있다. 바로 솔잎란으로, 온실이나 플로리다 주, 태평양 제도 같은 햇빛 밝은 지역에서 살며 눈에 잘 띄지 않는 식물이다. 솔잎란에는 녹색 막대기 다발 같은 줄기가 있다. 솔잎란은 공중으로 포자를 방출하고 포자는 정자를 만드는데, 정자는 축축한 흙층이나 웅덩이에서 헤엄칠 수 있다. 수정 후에는 배(胚)에서 새로운 가지가 자란다. 선태식물처럼 솔잎란류는 뿌리와 종자가 없다. 그러나 선태식물과 다르게 관다발계가 있으며 위로 뻗어 자란다. 잎이 없어 줄기에서 광합성이 이루어지는 이 식물은 최초의 식물 형태와 닮았을 것이다.

현재의 솔이끼와 우산이끼에서도 원시 식물의 모양을 추측할 수 있다. 이들 선태식물은 육상에서 물을 끌어옴으로써 수중 환경에서만 살 수 있는 조류의 의존성에서 벗어났다. 이끼는 잎을 가진 것만으로도 오늘날의 솔잎란처럼 빛을 모으는 능력에 한계를 가졌던 고대 솔잎란류에 비해 훨씬 유리했다. 그러나 관다발식물과 달리 선태식물은 지지 구조를 진화시키지 못했다. 오늘날에도 선태식물은 고작 몇 센티미터 이상 자라지 못한다. 이들은 쉽게 위를 덮고 햇빛을 빼앗아가는 관다발식물의 책략에 무방비 상태다.

아무도 확신할 수 없고 화석 기록도 빈약하지만, 구조적으로 복잡하고 건조에 강한 식물이 진화하기 전에 더 간단한 구조의 수생 선태식물이 진화했을 거라고 많은 식물학자들은 믿고 있다. 선태식물은 조직이 연해서 확실히 화석으로 남는 경우가 드물다. 오늘날의 선태식물은 지표면을 흐르는 물에 전적으로 의존한다. 토양 아래로 흐르는 물을 끌어올 수 있는 뿌리가 없기 때문이다. 그러나 그들은 결코 습지나 연못가, 강가의 암석, 폭포 같은 장소에서만 자라는 허약한 존재가 아니다. 어떤 것은 계절별로 비가 오는 지역에서 주로 우기에 자란다. 다른 종류, 특히 영리한 물이끼류는 지상의 스펀지나 진배없다. 물이끼는 세계 최고 수준의 물 저장가로, 건기를 대비해 자기 몸의 천 배나 되는 무게의 물을 머금을 수 있다. 더군다나 물이끼더미는 물을 저장하는 일에 죽은 사체를 이용한다. 물이끼더미의 표면만 살아 있고 안쪽과 아래쪽에 있는 이끼 사체가 후손을 위해 물을 간직해준다.

식물의 다양성은 대부분 단단한 줄기와 통도조직을 가진 관다발식물에서 볼 수 있다. 이들 생물은 말 그대로 위로 자란다. 이를테면 속새는 공기 중으로 솟아나온 최초의 생물 가운데 하나였다. 광합성을 하는 줄기에 이산화규소 성분이 있다. 북아메리카 정착민들은 속새로 항아리나 냄비를 문질러 닦았다. 그러나 이산화규소로 뻣뻣한 이 식물은 오늘날의 후손보다 과거에 더 크게 자랐다. 4억 1000만 년 전 데본기의 원시 숲에서 살던 원시 속새는 14미터 높이까지 뻗어 올라갔다.

태고의 나무

라이니아류의 식물은 현존하거나 지금은 멸종하고 없는 많은 종류로 진화했다. 고대의 관다발식물에서 아마도 원시겉씨식물이 진화했을 것이다. 지금은 멸종한 이 계통으로부터 나온 열대의 종자고사리가 나중에 꽃식물로 진화했다. 다른 계통은 구과식물(침엽수)이 되었고, 이것을 운석의 충돌로 인한 빙하기까지 브라티오사우르스가 먹고 살았다. 초기 라이니아류의 관다발식물은 또한 은행나무, 포자를 방출하는 고사리류, 속새류, 솔잎란류로 갈라졌다. 이처럼 최초로 줄기를 생성한 식물의 여러 재간이 갈라져 세상을 숲으로 뒤덮었다.

동물계의 공룡만큼이나 중요한 거대한 관다발식물 군집이 멸종했다. 종자고사리로 알려져 있고 지나치게 크게 자란 파인애플 나무를 닮은 이들 중 오늘날까지 살아남은 것은 없다. 이들은 현재의 양치류(고사리류)와는 전혀 달랐다. 지금의 고사리류와는 달리, 종자고사리는 눈에 띄게 큰 씨를 만들었다. 그 씨(오늘날의 종자와 직접적인 관계가 없다)는 중대한 진화적 혁신이었다. 종자는 한동안 지속되는 가뭄이나 추위를 견뎌낼 수 있다. 또한 빛이 없는 곳에서도 살아남을 수 있다. 방수가 되는 알 덕분에 파충류가 엄청나게 다양해질 수 있었듯이 인내심이 강한 종자는 식물의 확산에서 결정적인 역할을 했다.

아마도 종자를 만든 최초의 식물이었을 종자고사리는 공룡 시대보다 앞서 3억 4,500만 년 전에서 2억 2,500만 년 전 사이에 번성했다. 그들이 최초의 숲을 만든 장본인이었다. 글로소프테리스(그리스어로 "헛바닥 잎"이라는 뜻)속(屬)의 잎은 남쪽 초대륙이었던 곤드와나 대륙에 퇴적된 암석층에서 흔한 암석으로 발견된다. 강한 지각 변동을 겪으면서 곤드와나 대륙은 약 2억 년 전에 여러 조각으로 갈라져 대륙판 위를 표류하며 흩어졌다. 그 조각이 지금의 남아메리카, 아프리카, 호주, 인도, 남극이 되었다. 글로소프테리스는 화석 기록에 남아 있는 동물 종과 식물 종의 99퍼센트 이상이 그랬듯이 멸종되었다.

글로소프테리스류뿐만 아니라 곤드와나 대륙에서 한때 성공적으로 살아남았던 그 친척들도 곤드와나 대륙의 후손인 대륙에서는 살아남지 못하고 멸종했다. 그러나 먼 옛날 종자고사리의 숲은 1억 년 동안이나 세상을 푸르게 만들었고, 곤드와나 대륙의 남쪽 끝에서 북부 초대륙이었던 로라시아 대륙의 열대 지방까지 넓은 지역에서 따뜻한 바람에 산들거렸다. 1억 2,500만 년이 지난 지금, 곤드와나 대륙의 숲은 반쯤 석화되어 에너지가 풍부한 식물 찌꺼기인 석탄으로 존재한다.

데본기가 끝나고 적절히 이름 붙여진 석탄기(미시시피기와 펜실베이니아기)가 시작될 무렵인 3억 6,000만 년 전 지구는 숲으로 뒤덮여 있었다. 로드아일랜드 주에서 나왔건 에딘버러에서 나왔건 아니면 펜실베이니아 서부에서 채굴된 것이건 이 시기의 석탄은 모두 질긴 잎과 두터운 뿌리, 비늘잎이 달린 나무껍질로 채워져 있다. 하버드 대학 생물학 연구실의 지하실에는 일리노이 주와 캔사스 주 원산지에서 운반해온 "탄구(炭區)"들이 진열되어 있다. 사람보다 크고 구 모양이라서 거대한 것도 많다. 탄구를 쪼개거나 산을 처리한 초산염으로 표면을 벗겨내면 고대의 식물 조직이 모습을 드러낸다. 잎과 나무껍질, 꽃이 없는 생식기관이 2억 9,000만 년이라는 긴 시간 동안 묻혀 있었는데도 거의 손상되지 않았다.

속 이상의 분류 단계의 생물을 대량으로 잃은 2억 4,500만 년 전 페름-트라이아스기에 있었던 대멸종은 공룡을 전멸시킨 백악기 말의 사건보다 훨씬 더 파괴적이었다. 페름-트라이아스기 멸종의 주된 요인은 빙하의 확산과 장기간 지속된 심한 추위였을 것이다. 아마 이 빙하기는 혜성이나 운석의 충돌로 생긴 파편들이 지구 대기권 밖으로 날아가 하늘을 뒤덮어 햇빛을 차단함으로써 일어났을 것이다. 종자고사리는 열대성 식물이었다. 종자고사리의 묘목과 나무는 모진 추위에 약했다. 그러나 모든 종자고사리가 멸종되기 전에 그들 선조 중 하나쯤은 강추위에 견딜 수 있는 식물(침엽수)을 만들어냈을 것이다.

침엽수 화석은 꽃식물 화석보다 더 오래되었다. 침엽수 화석에서 종자는 자성 솔방울의 비늘 아래쪽에 부풀어오른 부분으로 알 수 있다. 가문비나무, 삼나무, 소나무 등 다른 많은 구과식물과 관목은 오늘날에도 일년 내내 푸르다. 춥고 황량한 환경에서 살아남는 데 이력이 난 그들의 선조도 상록수였다. 침엽수의 꽃가루는 바람으로 운반된다. 침엽수는 수정 후 자성 솔방울 안 은신처에서 씨를 만들어낸다(도판 24). 물로 운반되는 연약한 정자나 엽상체 아랫면에서 떨어져 나와 작은 배우체를 만드는 포자로부터 이렇게 변한 상록 침엽수는 계절별로 얼음과 눈, 건조가 찾아오는 육상을 지배할 수 있었으며 오늘날에도 우위를 차지하고 있다.

꽃의 설득

솔방울을 만드는 겉씨식물과 달리, 꽃식물은 종자가 감싸여 있는(꽃의 씨방이 자라 열매가 된 결과다) 속씨식물이다. 지구에는 25만 종이 넘는 꽃식물이 살고 있다. 속씨식물은 배를 지니며 변형된 자성(雌性) 기관이 그 배를 감싼다.

인류는 속씨식물과 특별한 관계를 맺고 있다. 우리 영장류의 선조는 아프리카에서 꽃을 피우는 나무 위에서 살면서 때로 그 열매를 먹고 살았다. 열매는 다채로운 빛깔과 향기 같은 인상적이고 매력적인 성질을 진화시켜 동물이 그들의 번식에 협조하도록 유혹했다. 포유류는 종자를 퍼뜨리고 배설을 통해 속씨식물의 싹이 자랄 토양을 기름지게 만들었다. 현재의 인류와 더 닮았고 더 가까운 조상은 더 이상 나무 위에서 살지 않았지만, 손을 민첩하게 쓰고 두 눈으로 보면서 여러 생물계가 함께 창조해낸 새로운 경치 속에서 살게 되었다. 대초원 사바나는 잎눈과 같은 끝부분이 아니라 밑동에서 자라는 방식을 고안한 속씨식물의 작품이었다. 사바나는 또한 대형 초식동물이 이룩한 성과이기도 하다. 그들이 끝부분에서 자라는 잡초와 어린나무를 먹어 치움으로써 아래에 있던 풀들을 "자연적으로 선택" 해 준 셈이었다. 그러나 사바나는 재활용자, 즉 원생생물과 세균이 없었다면 불가능했을 것이다. 이들이 대형 초식 포유류의 비대해진 앞창자나 뒤창자에서 공진화하면서 셀룰로오스를 소화했다.

지금도 우리 인간은 속씨식물과 특별한 관계를 맺고 있다. 속씨식물의 곡물이나 열매, 줄기, 잎, 뿌리를 우리의 주된 식량으로 직접 먹거나 가축을 통해 간접적으로 먹는다. 유일한 예외가 있다면 철저히 어업에 의존하는 사회다. 또한 우리는 대체로 숲에서 자라는 속씨식물의 리그닌으로 만든 가구에 둘러싸여 생활한다. 속씨식물은 우리에게 정원에서 꽃을 키우는 기쁨을 가르쳐주었다. 진화의 계통 발생을 설명하는 계통수 그림이 쉽게 이해되는 까닭도 부분적으로는 우리가 오래 전부터 꽃나무의 성장 패턴에 친숙해졌기 때문이다.

찰스 다윈은 꽃의 기원을 "진저리나는 수수께끼"라고 불렀다(도판 25). 아름다운 꽃과 종자의 화석으로 보아 꽃식물은 적어도 1억 2,400만 년 전의 백악기 중반에 북반구의 중위도 지방에서 출현했다. 따라서 꽃식물은 나중에 석탄이 된, 꽃을 피우지 않는 습지의 거대한 나무들의 마지막 시기인 약 6,000만 년에 걸쳐 진화하며 퍼져나갔던 것이다. 바랭이, 토란, 자주달개비, 옥수수, 호박, 튤립, 코코넛 야자수, 버드나무는 모두 대표적인 꽃식물이다. 아마존 열대우림에는 수많은 꽃식물이 존재하지만 불과 1만 년 전에는 열대우림이 지금 면적의 2퍼센트 정도에 지나지 않았다. 포유류와 마찬가지로 꽃식물은 (특히 꽃이 화려한 열대 정글에서는) 최근에 진화한 현상이다.

어떤 식물은 인간과 상호의존 관계를 깊이 진화시켜 더 이상 야생에서 살아가지 못한다. 그러한 친밀 관계의 생생한 예가 바로 옥수수다. 테오신트라고 불리는 아메리카의 볼품없는 풀에서 진화한 수많은 옥수

수 품종은 이제 전 세계에서 추수철이면 사람의 키보다 높게 자란다. 사람들은 매년 가장 달고 수확량이 많은 종자를 선택하는 간단한 방법으로 옥수수를 완전히 인간에 의존하는 식물로 만들어놓았다. 이제 옥수수는 사람이 손이나 농기계로 수확해서 껍질을 벗기고 씨를 심어주지 않으면 번식하지 못한다. 이러한 도움 없이는 섬유질 껍질 속에 파묻혀 있는 낟알이 싹을 틔울 수 없다.

농업이 발달한 후 도시의 발달로 인구가 급속히 증가한 "혁명"은 생물권의 입장에서 보면 꽃식물의 큰 성공담이다. 열을 지어 균류 농장을 돌보는 가위개미처럼 인간의 재능과 자원(가축, 화석 연료로 움직이는 트랙터, 비료, 관개 시설, 생명공학 기기)을 우리가 좋아하는 식물의 생활을 유지하는 데 쏟아부었다. 꽃식물의 세계에서 진화한 영장류의 두뇌는 지금도 여전히 그 초록의 은혜로운 세계를 보호하고 확장시키는 일에 전념하고 있다. 속씨식물에 우리가 끌리는 것은 뿌리 깊은 본능적 현상이다. 병에 담긴 방향유가 향수로 팔리고, 음식물과 음료수에 인공 과일향이 첨가되며, 옷감과 장난감이 빨강, 노랑, 오렌지색 계통(원래 식물이 동물을 유혹하여 자신의 수정을 돕게 하기 위해 생성한 매혹적이고 맛있는 보상에 사용한 "따뜻한" 색)으로 염색이 된다.

식물은 동물을 이용하여 자손을 퍼뜨린다. 우리는 포도를 먹고 씨를 내뱉으면서 그 식물을 퍼뜨리는 것이다. 과일의 쓰디쓴 씨나 단단한 속은 뇌가 크고 무거운 생물에 의해 만들어진 것이라면 "영리하다"는 수식어가 붙었을 법도 한다. 가게의 알록달록한 포장처럼 산뜻하고 향기로운 과일은 먹을 수 없는 응어리를 버리도록 동물을 교묘히 조종하여 식물의 자손을 수확하고 퍼뜨리도록 한다.

움직이지 못하고 근육도 뇌도 없는 존재인 식물은 흔히 동물보다 열등하다고 여겨진다. 그런데 식물은 자신과 다른 동물의 특성, 즉 활동적이며 능동적인 감각의 힘을 이용하는 데 성공했다. 이것은 생물권에서 공존하는 많은 생물의 관계가 매우 밀접하다는 것을 보여주는 일례다. 공생이 생물 계통수의 가지를 교차시키듯이, 식물의 번식과 동물의 감수성의 합병은 시너지 효과와 수렴을 가져오는 중요한 생명의 힘을 보여준다. 생물은 경쟁하고 투쟁만 하는 것이 아니다. 그들은 서로 연합하고 협력한다.

태양의 경제

두 발로 걷는 포유류인 우리는 스스로 지구의 생명체 가운데 가장 진화한 제왕이라고 생각하길 좋아한다. 그러나 꽃식물을 대상으로도 똑같은 주장을 할 수 있다. 꽃식물은 뇌도 언어능력도 없다. 하지만 그들은 어느 것도 필요하지 않다. 우리의 능력을 빌리면 되기 때문이다.

지성을 과시하는 우리는 과일나무와 곡식류를 지구에 퍼뜨리고 다니는 조니 애플시드[각지에 사과 묘목을 분양해주고 다녔다는 미국 개척 시대의 전설적 인물]다. 지금까지 산 어떤 동물보다도 더 직접적으로 과거와 현재의 광합성 자원을 끌어다 쓰면서 우리는 지구의 생명체에 거는 내깃돈을 올려놓는다. 태양의 경제가 인간으로 인해 새로운 국면에 접어들었음이 분명하다.

피터 비토섹은 위성사진을 분석하여 얼음으로 덮여 있지 않는 지표 면적의 40퍼센트가 농경지라고 추정했다. 경작할 수 있는 땅에서 경작되지 않고 있는 부분은 거의 없다(도판 26). 지구에 사는 인류는 해마다 18조 킬로그램(1인당 약 3.6톤)의 석탄에 해당하는 에너지를 사용한다. 이 총에너지의 일부는 3,270억 킬로그램의 철과 900억 킬로그램의 석고, 이와 비슷하게 막대한 양의 여러 물질을 회수하는 데 이용된다. 또한 약 5,400억 킬로그램의 밀을 생산하고 920억 킬로그램의 해산물을 건져 올리는 데도 사용된다.

화석 연료와 태양에너지가 공장이나 기계 생산, 축산과 농업에 이용됨에 따라 더 많은 식물과 동물, 미생물이 현재 발달하고 있는 과학기술에 의존하게 된다. 재생 불가능한 자원을 소모하면서 살충제, 폴리염화비닐, 스티로폼, 레이온, 라텍스 도료 등 새로운 생물권 폐기물의 형태로 진화상 혁신을 이루고 있다. 장기간 매장되어 있던 에너지 자원을 연소시켜 나온 기체 부산물은 복잡한 지구 생리 시스템을 교란시키거나 원상회복이 불가능하게 바꿔버린다. 이산화탄소는 대기 중에 축적된다. 온실 효과를 일으키는 이 기체는 가시광선은 통과시키고 반사열은 붙잡아두어 지구의 온도를 상승시키는데, 어쩌면 극지방의 얼음까지 녹여 해안 도시들을 물에 잠기게 만들지도 모른다. 한편, 벌목과 개간은 일부 종을 직접 죽이는 데 그치지 않고 그들이 사는 공간을 파괴함으로써 많은 종을 한꺼번에 멸종시킨다. 그런데 우리 종이 동식물의 서식지를 파괴하는 데 사용하는 에너지도 궁극적으로는 모두 광합성에서 나오는 것이다. 좋은 일이든 나쁜 일이든. 새로운 것을 만들든 현상 유지를 하든, 자연의 활동에 필요한 힘은 모두 태양의 불꽃에서 온다. 폭력에 쓰는 에너지 역시 식물로부터 나온다.

호모 사피엔스가 진화한 이래로 식물은 우리를 먹이고 입히고 살 곳을 제공해주었다. 식물은 산부인과 병실의 꽃병부터 수수한 갈색의 무덤까지 언제나 우리의 생물권 여행에 동반한다. 태양을 향하는 식물이 피우는 꽃은 평화, 삶, 아름다움, 희망, 여성다움, 그리고 태양을 상징한다.

꽃은 수족관의 열대어처럼 보는 사람의 기분을 좋게 하고 마음을 가라앉힌다. 생명에 대한 사랑을 고양하는 꽃은 우리의 영혼을 일깨우는 마음의 약이다. 그러나 꽃식물을 비롯하여 모든 식물은 단순한 장식품에 그치지 않는다. 식물은 인간이 살아가는 환경에 없어서는 안 될 존재다. 그들의 자손은 우리의 자손과 함께 있을 것이다. 미국 항공우주국의 보고에 따르면 자주달개비는 우주선처럼 밀폐된 환경에서 미량의 오염물질까지도 재순환시킨다. 부레옥잠과 수련은 마실 물을 정화한다. 식량으로 기르는 식물 없이는 장기 우주여행을 상상할 수 없다. 어쩌면 우리의 7대손인 증증증증증손녀가 발밑을 살펴보다가 화성 표면의 갈라진 틈새로 삐죽 고개를 내민 들꽃 한 송이를 보게 될지도 모른다.

그렇다면, 생명이란 무엇인가? 생명은 태양 광선의 변환이다. 태양의 에너지와 물질이 광합성 생물의 녹색 불꽃이 되는 것이다. 생명은 또한 꽃이라는 자연의 유혹이다. 생명은 한밤중에 정글을 어슬렁거리는 호랑이의 온기다. 녹색 불꽃은 꽃식물의 빨강, 주황, 노랑, 자주색 성(性)적 불꽃으로 걷잡을 수 없게 변한다. 리그닌을 개발하고 팽창하면서 녹색식물은 위로도 수평으로도 확장했다. 식물은 태양이라는 원래의 황금을 화석으로 보관했으며, 그렇게 저장된 부는 아주 최근에 와서야 인간이 만든 태양 경제의 도가니에 방출되었다. 그러나 이 모든 변환의 방향은 결국 식물의 자기 생산적 위기를 에워싸는 고리가 된 것임이 틀림없다. 우리가 지적인 생명체일지 모르나 그 지능 자체는 현재 우리가 보살펴야 하는 광합성 협력자들에게 의존한다. 광활한 초원, 우뚝 선 숲, 무성한 풀밭은 교활한 우리 지략의 단순한 배경이 아니다. 오히려, 원숭이를 닮은 종들이 변함없이 의존할 수밖에 없는 영양분과 에너지를 식물이 제공해준다. 생명이 태양의 불꽃을 생물권에서 순환하는 에너지와 물질로 전환하므로 우리는 살아 있는 식물의 기발함에 경의를 표한다.

9장

생명의 교향곡

언어의 불완전함 때문에 모든 자손은 새로운 동물로 이름이 붙여진다.
그러나 사실 자손은 부모로부터 나온 가지 또는 그 연장이다.
왜냐하면 발생하는 동물의 배의 일부는 부모의 일부이거나 일부였고,
엄밀히 말해 그 시기에는 완전히 새로운 것이라 말할 수 없기 때문이다.
따라서 자손은 부모 시스템의 습관을 일부 지니고 있을지도 모른다.
에라스무스 다윈*

흔히 습관은 제2의 천성이라고 한다.
그러나 그 천성은 제1의 습관에 지나지 않는 게 아닐까.
불레세 파스칼**

사고하는 것과 존재하는 것은 하나이며 동일한 것이다.
파르메니데스***

∗ Erasmus Darwin, *Zoonomia, the Laws of Organic Life* (1794).
∗∗ Blaise Pascal, *Pensées,* no. 93.
∗∗∗ Leonardo Tará *Parmenides: A Text with Translation, Commentary, and Critical Essays*
(Princeton, N.J.: Princeton University press, 1965), pp. xx–xxi. (파르메니데스 인용문은 소크라테스 이전
철학에서 유명한 구절이다.)

이중생활

생명이란 무엇인가? 생명은 자기 생산적으로 자기를 유지하고 번식한다는 두 가지 결정적인 특성이 있다. 그리고 유전되는 변화가 있다. 성장하는 생물의 DNA와 염색체 돌연변이, 공생, 성적 결합이 자연선택과 결부되어 진화라는 변화를 가져온다. 그런데 자기 생산과 생식, 진화는 생명의 충만한 전체 모습 중 일부일 뿐이다.

우리는 지금까지 생명이 무엇인지를 설명하는 여러 가지 방식을 훑어보았다. 생명은 기묘하고 느린 파도처럼 물질 위에 나타나 파도타기를 하는 물질적인 과정이다. 또한 지구의 풍부함이며 태양의 현상, 즉 지구의 대기와 물, 태양 광선을 세포로 바꾸는 변환으로 우주 전체로 볼 때는 지역적인 현상이다. 생명은 성장과 죽음, 처리와 배제, 변화와 부패의 복잡한 형식으로 보여질 수 있다. 생명은 다윈의 시간을 통해 최초의 세균에 연결되고, 베르나드스키의 공간을 통해 생물권의 모든 구성원과 연결되는 하나의 팽창하는 네트워크다. 생명은 피할 수 없는 열역학적 평형의 순간(죽음)을 무한정 연장하기 위해 자신의 방향을 선택할 수 있는 거칠고 난폭한 물질이다. 생명은 또한 우주가 인간의 모습으로 자신에게 던지는 물음이다.

생명은 이 지구에서 다섯 계로 모습을 드러내며, 각 계는 이 수수께끼 중의 수수께끼를 다른 각도에서 드러낸다. 아주 실질적인 의미에서 생명은 세균과 그 자손이다. 이 지구에서 이용가능한 곳이면 어디에나 원핵생물계(모네라)의 구성원들이 살고 있다. 말하자면 이들은 개화한 생산자이자 열대의 변환자, 극지의 개척자인 셈이다. 생명은 또한 공생을 통해 진화하는 개체들이 만들어내는 이상하고도 새로운 산물이다. 다른 종류의 세균이 통합하여 원생생물을 만들었다. 같은 종류의 원생생물이 합병한 결과로 감수분열을 하는 성(性)이 생겨났다. 예정된 죽음 역시 진화했다. 다세포 연합체가 동물과 식물, 균류의 개체가 되었다. 이렇듯 생명은 다투고 충돌만 하는 것이 아니라 별개의 실체들이 협력하여 새로운 생물이 되기도 한다. 생명은 복잡한 세포와 다세포 생물에서 결코 멈추지 않았다. 나아가 사회와 군집을, 마침내 살아 있는 생물권 자체를 만들어냈다.

생명은 움직이고 생각하는 물체이며 개체군을 팽창시키는 힘이다. 그것은 동물계의 유쾌함과 정확성, 재치다. 생명은 식히거나 데우고, 이동하거나 굳건히 지키고, 몰래 접근하거나 침입하고, 구애하거나 속이기 위한 놀라운 발명이다. 역사적 우연성만큼이나 교활한 호기심도 생명의 뒤얽힌 과정을 결정한다. 생명은 퍼덕거리는 지느러미와 날아오르는 날개를 만든 동물의 천재성이고, 동물계의 구성원들로 대표되는 것이며, 생물권의 전위 예술이다.

생명은 윤회하는 물질이며, 식물과 동물의 폐기물로 자신의 양분을 만드는 균류는 윤회의 고리를 잇는 역할을 한다. 이처럼 생명은 광합성 생물이 즐겨 찾는 양지 바른 곳만큼이나 지하 세계의 흙과 부패물도 찾아간다. 생명은 여러 생물계가 연맹한 네트워크인데, 그 중 균류가 가장 섬세하고 솜씨 좋은 참가자로 보인다. 생명은 가짜 꽃을 모방하는 균류의 속임수부터 트러플과 환각제의 매혹에 이르는 유혹의 향연이다.

또한 생명은 에너지와 물질의 변환이다. 태양의 불꽃이 광합성 생물의 녹색 불꽃이 되는 것이다. 녹색 불꽃은 꽃식물의 적색, 홍색, 황색, 자주색 등 성적인 불꽃, 즉 다른 생물계를 설득하는 전문가가 된다. 화석화된 녹색 불꽃은 태양의 경제체제 안에 있는 인간의 방에 축적된다. 생명은 끊임없이 열을 소산하는 화학 작용이다. 그리고 생명은 기억이다. 과거의 화학 작용을 반복하면서 행동하는 기억이다.

불완전한 설명으로 더듬거리면서 생명의 정의에 한걸음씩 다가서기는 하지만 마지막 결론 앞에서 멈추고 만다. 우리는 마지막 말, 최종 판단을 내놓지 못할 것이다. 왜냐하면 생명은 자기 초월적이기 때문이다. 어떤 정의도 빠져나가고 만다. 그날그날 살아가며 조정하고 배움으로써, 장기간에 걸친 작용과 진화로, 상호작용과 공진화로 원래의 자기 모습을 넘어선다는 의미에서 생명체는 자신을 초월한다. 태양으로부터 온 에너지를 저장하고 재분배하면서 생명은 최고 수준의 활동력과 복잡성을 과시한다. 생명이 우주의 더 큰 영역을 자신의 보금자리로 만들어 간다면 그 과정에서 자신을 어떤 생명으로 만들지 누가 추측이라도 할 수 있을까?

모든 생물은 복합적인 삶을 영위한다. 세균은 늪과 연못의 진흙탕에서 자신에게 필요한 것을 챙기며 살아가지만, 다른 한편으로는 공기를 바꾸고 환경을 만들어간다. 군집의 일원으로서 어떤 이웃의 폐기물을 제거하고 다른 이웃을 위한 양분을 생성한다. 균류는 근처의 나뭇잎에 구멍을 내고 생물권에서 인의 순환을 도움으로써 숲의 부스러기 속에서 자신의 역할을 다하는 것이다. 어떤 시각에서 보면 우리 인간은 그저 평범한 포유동물에 지나지 않지만, 또 다른 시각에서 보면 지구의 새로운 힘이다.

다른 동물과 마찬가지로 우리는 먹고 배설하고 짝짓기를 한다. 합병으로 만들어진 세균, 그리고 수정 후 감수분열을 하는 원생생물에서 유래했다는 점에서 다른 동물과 다르지 않다. 다른 포유류 종과 마찬가지로 호모 사피엔스 역시 200만 년을 더 견뎌낼 것이다. 신생대 포유류 종의 평균 존속 기간이 300만 년보다 짧았다. 모든 종은 사라진다. 멸종하거나 둘 이상의 후손 종으로 갈라지는 것이다. 캄브리아기부터 지금껏 살아 있는 동물 종은 없다.

어쩌면 호모 사피엔스도 오늘날 침팬지와 사람만큼 서로 다른 자손 종 둘로 나뉠지도 모른다. 종의 분리가 기술에 의해 더욱 가속화될 수도 있다. 내구력 있는 영구적인 로봇 껍질 속으로 신경계가 통합된 인간의 후손은 행성을 오가는 우주선에 달라붙어 망원경 눈으로 별에서 방출되는 엑스선을 관찰할지도 모른다. 인간에서 진화하는 종들 중 일부는 (유전자 조작으로) 병 인자에서 자유로워지고 정상 지능을 훨씬 능가할 수도 있다. 또 다른 종은 지구보다 중력이 강하거나 약한 행성에 거주하면서 뼈의 질량과 호흡계가 변하고 내장 기관이 재배치되어 몸무게가 극적으로 늘거나 줄 수도 있다.

여러 가지 시나리오를 상상할 수 있다. 하지만 우리가 어떻게 변하든 우리의 계승자들은 과거의 흔적, 즉 우리의 현재를 간직할 것이다. 어떤 생물학 신무기가 여러분의 모든 동물세포를 단숨에 날려버릴 수 있다 해도 "여러분"은 사라지지 않을 거라고 상상해보라. 클레이 폴섬(1932-1988)은 이렇게 생각했다.

남아 있는 것은 유령 같은 이미지이고, 피부는 세균, 곰팡이, 지렁이, 요충 등 다양한 미생물 거주자들의 흔들림으로 윤곽이 그려질 것이다 .소화관은 무기호흡이나 유기호흡을 하는 세균, 효모 등 미생물들이 빼곡히 들어찬 관으로 드러날 것이다. 좀 더 자세히 들여다볼 수 있다면 무수한 종류의 바이러스가 모든 조직에 걸쳐 분명히 보일 것이다. 우리는 조금도 특별하지 않다. 어떤 동물이나 식물이라도 미생물로 들끓는 동물원 비슷한 것으로 밝혀질 것이다.[1]

1.
Clair Folsome, in "Microbes," *The Biosphere Catalogue*, Tango Parish Snyder 엮음 (Oracle, Ariz.: Synergetic Press, 1985), pp. 51–56.

우리는 유전자의 98퍼센트 이상을 침팬지와 공유하며, 바닷물을 연상시키는 액체를 땀으로 배출하고, 최초로 우주 정거장이 진화하기 30억 년 전에 선조들에게 에너지를 공급했던 당분을 지금도 갈망한다. 우리는 우리의 과거를 지니고 있다.

그러나 현재 전자 네트워크로 연결된 도시로 모여든 인간은 전 지구적인 규모로 생명을 재편성하기 시작했다. 어떤 미래학자는 인간이 단순히 동물로 진화하는 것을 면했다고 주장한다. 우리는 멋진 옷을 걸치고 잘난 체하는 원숭이보다는 나은 존재 아닌가? 우리에게는 음악, 언어, 문화, 과학, 컴퓨터 공학도 있지 않나?

영화 〈아프리카의 여왕〉에는 이런 장면이 나온다. 파티장에서 캐서린 헵번에게 무안을 당한 험프리 보가트는 자신의 무례한 행동에 대한 책임을 전가하면서 말한다. "사람들은 가끔씩 과음을 하지요. 인간의 본성(nature)이랍니다." 그러자 헵번은 성경책을 쳐다보던 시선을 올리면서 점잖게 대답한다. "자연(nature)은 우리가 극복하도록 신께서 이 세상에 놓아둔 것이지요."

자기 초월적인 생명은 결코 자신의 과거를 지우지 않는다. 사람은 동물이고 미생물이고 화학 물질이다. 우리가 동물 "이상"이라는 관점은 과학을 떠받치는 물질주의 시각과 모순되지 않는다. 생명은 우리가 배워서 믿고 있는 것보다 덜 기계론적이다. 게다가 생명은 어떤 화학 법칙이나 물리 법칙도 거스르지 않기 때문에 물활론적이지도 않다. 우리는 높은 수준의 자유를 스스로 느낄 수 있고, 세균을 비롯한 다른 모든 생물 역시 자신의 선택으로 환경에 영향을 준다. 생물에 저장되고 변환된 태양에너지는 세포의 성장과 성, 그리고 아주 유사한 생물을 번식시키는 데 이용된다. 우리가 선택 의지라고 느끼는 것을 모든 생물이 공유하고 있는지도 모른다.

지구의 생명은 광합성에 기반을 두는 아주 복잡한 화학 시스템이며, 개체들이 여러 단계에 걸쳐 프랙털 구조로 조직을 이룬다. 우리는 자연을 넘어설 수 없다. 자연 자체가 초월하기 때문이다.

자연은 우리로 끝나지 않으며, 동물 사회를 초월하여 가차 없이 나아간다. 세계 시장, 지구 위성 궤도 통신, 무선 전화, 자기 공명 영상, 컴퓨터망, 케이블 TV 등 첨단 기술은 우리를 하나로 연결한다. 실제로 사람들은 이미 인간 이상을 만들어냈다. 서로 의존하고 기술로 연결되는 초인류를 형성했다. 우리 각자가 구성체세포를 초월하는 것처럼 우리의 활동은 개인을 훨씬 초월하는 무엇인가를 향해 우리를 이끌고 있다.

20세기의 열전과 냉전의 끝에 선 지금, 우리는 전화와 컴퓨터를 통해 빛의 속도로 국경을 넘어 자유롭게 교류한다. 뉴스는 순식간에 전 세계로 퍼진다. 그러나 새로운 천 년의 출발점에서 이러한 사회적 변화도 대대적인 생물학적 변화 앞에서는 무색하다. 5억 년 전보다 앞서 포식이 널리 만연했고 동물들이 껍질을 만들어 그 포식에 저항하면서 시작된 현생누대가 끝나가고 있다. 세균으로부터 진핵생물을 만들고 원생생물로부터 동물을 만든 진화의 움직임이 이제 전 지구적 규모로 되풀이되고 있다. 인류는 사회를 새로운 차원의 유기체로 바꾸고 있다. 우리 개체군(인류)은 마치 지구 생명체의 뇌나 신경 조직인 것처럼 행동하기 시작했다. 더 많은 인구가 정착해 살면서 기술로 증대된 우리 인간의 지능은 지구의 일부가 된다. 그리고 지구 전체가 하나의 생명체다.

생명이 드러내는 사실, 즉 진화 이야기는 사람들을 결합시키는 힘을 가지고 있다. 과학은 수많은 과학자들의 자료를 종합하고 과학 탐구의 전형인 의문과 회의를 키우는 문화적 창조물이고, (잘못을 고친다면) 편협한 신화나 신앙을 요구하여 사람을 분열시키는 종교적 전통보다도 훨씬 설득력 있게 세계를 설명하게 되었다. 과학자들이 언제나 옳다는 의미는 아니다. 그러나 미래 인류의 존재에 대한 가장 의미 있는 이야기는 힌두교, 불교, 유대교와 기독교, 이슬람교보다 과학의 진화적 세계관에서 나오기가 훨씬 쉬울 것이다. 과학 탐구와 창조 신화를 둘 다 이해한다면 과학 이야기 속에 증명할 수 있는 사실과 개인적 의미를 모두 풍부하게 담는 세계관을 형성할 수 있을지도 모른다.

선택

참된 진화 심리학 관점에서 보면 영혼과 정신은 하늘에서 내려온 것이 아니라 살아 있는 물질에 의한 불가피한 존재다. 생각은 다른 어떤 것에서 생겨나는 것이 아니라 살아 있는 세포의 활동에서 나온다.

다양한 먹이가 주어지면 헤엄치는 세균, 섬모충류, 편모충류 등 운동성이 있는 미생물은 하나를 택한다. 선택하는 것이다. 위족을 써서 움츠렸다 폈다 하며 나아가는 아메바는 테트라히메나(섬모충)을 발견하면 반기지만 코프로모나스는 피한다. 짚신벌레는 작은 섬모충류를 게걸스럽게 먹는데, 만일 섬모충류나 다른 원생생물이 부족하면 마지못해 에어로모나드 같은 세균을 먹는다.

"그저" 원생생물에 불과하지만 유공충(화석 생물 가운데 가장 다양한 종류 중 하나)은 놀라울 정도로 다양하게 훌륭한 껍질을 만든다. 껍질만 없다면 유공충은 아주 길고 가는 위족이 있는 아메바와 닮았다. 이들은 모래, 백악, 해면의 골편, 심지어 다른 유공충의 껍질까지 동원하여 껍질을 만든다. 세포 껍질인 집을 만들기 위해 일부 유공충은 주변에서 이용 가능한 알갱이는 무엇이든 유기물 시멘트로 한데 붙인다. 그러나 여러 알갱이들을 뒤섞어놓고 관찰해보면 유공충이 모양과 크기에 근거해서 뚜렷한 선택을 하는 것은 볼 수 있다. 예를 들면 스피쿨로시폰은 잡다한 퇴적물은 대부분 그냥 지나치고 해면의 골편만 선택하여 섶껍질을 만든다.[2] 뇌와 손이 없어도 결단력 있는 원생생물은 자신을 구성하는 물질을 선택한다.

더 작아서 길이가 2마이크로미터에 불과한 주화성 세균도 화학 물질의 차이를 감지할 수 있다. 어떤 주화성 세균은 몸체 양끝의 농도 차가 만분의 일밖에 되지 않아도 차이를 감지할 수 있다.

생화학자 대니엘 코시랜드는 원핵생물의 정신적 경향을 이렇게 설명

2
Stephen J. Culver,
"Foraminifera," in
Fossil Prokaryotes
and Protists, Jere H.
Lipps 엮음 (Boston:
Blackwell Scientific
Publications, 1993),
p. 224.

한다.

　"선택", "식별", "기억", "학습", "본능", "판단", "적응"은 모두 고도의 신경 작용으로 간주하는 단어다. 그런데 어떤 의미에서는 세균도 이러한 특성을 모두 가지고 있다. ⋯ 이러한 비유가 의미론에 지나지 않는다고 단정하는 것은 현명치 못하다. 분자 수준의 메커니즘이나 생물적인 기능 면에서도 기본적으로 관계가 있는 것으로 보이기 때문이다. 이를테면 고등한 생물 종의 학습에는 장기적인 사건과 복잡한 상호작용을 포함하지만 효소 형성을 유도하는 것도 분명히 어떤 신경의 결합을 고정하고 다른 결합을 배제하는 분자 장치의 하나로 간주해야 할 것이다. 그렇다면 본능과 학습의 차이는 원리의 문제가 아니라 시간의 문제가 된다.[3]

3.
D. E. Koshland, Jr.,
"A Response-Regulated
Model in a Simple
Sensory System,"
Science 196 (1992):
1055-1063.

　미생물은 열을 감지하고 피하며, 빛을 향하거나 아니면 피해 움직인다. 일부 세균은 자기장을 탐지하기도 한다. 그들은 작은 막대 모양의 몸에 한 줄로 늘어선 자석을 품고 있다(그림 18). 세균이 아무런 감각이나 의식이 없는 기계일 뿐이라고 하는 것은 마치 개가 고통을 느끼지 않는다고 한 데카르트의 주장과 같다. 세균은 감각하고 행동하지만 느끼지 못한다고 볼 수도 있다. 그러나 그것도 궁극적으로는 유아론적이다 (유아론에서는 다른 사람을 포함해서 세상 만물이 자신의 상상을 투영하는 것이라고 본다). 세포는 살아 있으며, 아마도 느낌이 있을 것이다. 원생생물은 소화되지 않는 곰팡이 포자와 일부 세균을 거부한다. 그러나 다른 것들은 게걸스럽게 먹는다. 가장 원시적인 수준에서도 살아 있다는 것은 감각, 선택, 마음을 수반하는 듯하다.

　다윈은 공식적으로 "자연선택"(인간 이외의 생물과 환경 사이의 상호작용을 일컫는다)을 인간에 의한 "인위적 선택"(비둘기 애호가, 개 사

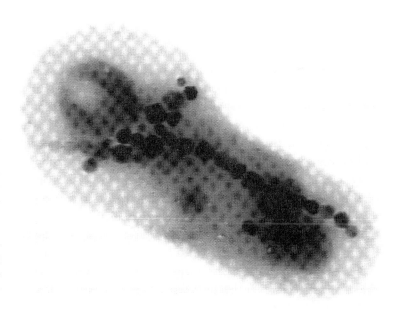

육자, 농업 전문가 등에 의한 심미적 또는 기능적 선택)과 구분했다. 그러나 "자연" 선택은 다윈이 의미한 것보다 어떤 점에서는 훨씬 인위적이며 훨씬 덜 기계적이다. 환경은 활성이 없는 물질이 아니다. 자의식이 인간의 두 귀 사이의 공간에 한정되는 것도 아니다. 인간 이외의 생물도 선택을 하며, 모든 생물이 다른 생물의 삶에 영향을 미친다.

인간은 특별하다고 말한다. 우리는 직립 보행을 한다(바로 이 점 때문에 우리 자신을 말 그대로 다른 종 "위"에 있다고 생각한다). 우리에게는 마주 보는 엄지(도구 사용자 인간), 언어 능력(이야기꾼 인간), 초동물적인 영혼(데카르트의 구별)이 있다. 적어도 서양 문화에서 인간은 자신이 나머지 다른 생물을 다스리는 도덕적 관리인의 위치에 있다고 보는 전통을 고수한다. 신이 없다 해도 우리는 (핵무기를 써서) 지구를 파괴하거나 환경과 기후를 급속히 변화시킬 수 있는 유일무이한 능력을 지니고 있다고 생각한다.

스티븐 제이 굴드처럼 진화에서 진보 개념을 열렬히 반대하는 과학
자까지 인간은 "문화 선택"을 통해 빠르게 진화할 수 있는 반면 지구의
다른 모든 생물은 태곳적 느린 걸음 같은 "자연선택" 방식에 붙들려 있
다고 말한다. 그러나 인간이 비길 데 없는 존재임을 설명하기 위해 들먹
인 여러 특성도 회의를 불러일으키기에 충분하다. 우리가 다른 생물보
다 우월함을 암시하는 휘황찬란한 이유들 속에서 한 가지 과학적인 주
장이 나머지 다른 이유와 묘한 대조를 보인다. 바로 인간이 대규모로 자
신을 기만할 수 있는 유일한 생물이라는 점이다.

이 주장은 초기 인류가 사후 세계에 대해 품었던 망상적인 믿음에서
나온 것이다. 선사 시대의 우리 조상은 음식, 무기, 약초 등 시신에 필요
없는 것들을 죽은 사람과 함께 묻었다. 다른 생물보다 뛰어남을 보여줄
예를 찾는 우리가 결국 다른 모든 생물을 부정할 우려가 있는 특성을 자
축했다는 것은 얼마나 모순인가! 다른 종의 구성원도 서로 속이지만 인
간은 자기 기만의 대가다. 상징을 이용하는 데 명수이고, 가장 지적인
종이며, 유일한 이야기꾼인 우리는 자신을 완전히 속일 정도가 된 유일
한 생물이다.

소박한 목적

무의식을 억압으로 이해하는 고통스러운 기억은 의식에서 제외한다
는 프로이트의 생각은 행동이 무의식이 되는 또 하나의 방법으로 관심
을 돌려놓았다. 행동은 회피가 아니라 관심의 확장으로 자동 반응, 즉
제2의 천성이 된다. 누구나 노력하면 연설문을 줄줄 외울 수 있고, 숙련
된 타이피스트는 자판을 보지 않는다. 실제로 기억하는 행동은 의식적
인 주의를 벗어난다. 거의 자동적으로 우리의 심장이 작동하고 신장이

노폐물을 걸러낸다. 보통 자동적으로 일어나는 호흡하고 삼키는 일도 의지를 지닌 생물은 어느 정도 자발적으로 통제하고 조절할 수 있다.

　여기서 이상한 생각을 하나 해볼 수 있다. 우리 포유류가 선천적인 생리 작용을 의식하지 않는 것은 어쩌면 생존 압력 하에서 우리 조상들이 의식적으로 그 기술을 갈고 닦아 무의식적이고 완벽한 행동으로 바꾸었기 때문이지 않을까? 아직 현대 과학이 한 세대에서 학습한 습관을 다음 세대의 생리 기능으로 바꾸는 메커니즘을 밝혀내지 못했지만, 반복된 행동을 통해 의식이 무의식으로 될 수 있음은 경험으로 알 수 있다. 우리와 다른 생물 간의 차이는 질적인 문제가 아니라 정도의 문제다. 무수히 많은 자기 생산적인 선조들의 작은 목적, 필요, 목표가 축적되고 그들의 선택이 진화에 영향을 미쳐서 광범위한 지각력이 생겨난 것이다. 만일 인간이 경험하는 자유 의지, 의식, 문화가 우리 선조에게 눈곱만큼이라도 있었다고 인정한다면, 지난 수십 억 년에 걸쳐 지구에서 복잡성이 증가한 현상을 쉽게 설명할 수 있다. 생명은 맹목적인 물리적 힘의 산물만은 아니다. 생물이 선택한다는 의미에서 생명은 선택의 결과이기도 하다. 대중가요에서 노래하듯이 자기 생산을 하는 모든 생물에게는 두 가지 삶이 있다. 하나는 주어진 것이고 다른 하나는 우리가 만드는 것이다.

　19세기 영국의 작가이자 화가이며 음악가인 새뮤얼 버틀러(1935-1902)는 다윈의 진화론에 도전했다. 아버지와 수차례 언쟁을 치른 끝에 버틀러는 슈루즈베리와 케임브리지 세인트존스 대학에서 학업을 마친 후 뉴질랜드로 떠나 목양업자가 되었다. 그곳에서 버틀러는 다윈의 〈종의 기원〉을 처음 읽고 흥분했으나 점차 환상에서 깨어났다. 사회를 풍자하고 종교의 기원을 탐구한 학계의 반항아이던 버틀러는 진화론을 인정했지만 다윈의 설명에는 반대했다. 그는 발전하는 과학에서 교회만큼이나 편협하고 어쩌면 더 음흉한 독단주의를 의심하기 시작했다.

다윈의 할아버지 에라스무스 다윈을 비롯한 이전 진화론자들의 글을 읽고 버틀러는 그의 손자인 다윈이 자신의 지적 부채를 인정하지 않는다고 비난했다.

슈루즈베리에서 학교 교육을 받던 시절, 다윈은 유명한 교장이던 버틀러 박사(새뮤얼 버틀러의 할아버지) 밑에 있었다. 새뮤얼 버틀러는 다윈이 진화론의 선행 연구에 대해 모르는 체하고, 〈종의 기원〉의 초판에서 마치 자연선택 이론이 유명한 갈라파고스 항해에서 돌아오는 길에 간단히 "떠오른" 것처럼 썼다고 주장했다. 버틀러는 다윈이 〈종의 기원〉 제2판(1860), 제3판(1861), 제4판(1866)에 실은 "종의 기원 이론의 진보에 대한 역사적 고찰"을 웃음거리로 만들었다. 다윈은 그 글에 쓴 내용에 대해 "간결하지만 불완전하다"는 말로 사과했다. 그런데 최종판인 제6판(1872)에서는 간단하게 "간결하다"고 썼다. 이는 역사적 고찰이 그 사이에 완전해졌음을 암시하는 것이었다. 버틀러는 동의하지 않았다.

버틀러를 가장 질리게 한 것은 진화 과정에 대해 다윈이 지나치게 기계적으로 묘사한 점이었다. 버틀러는 다윈이 "생물학에서 생명을 도려냈다"고 빈정댔다. 빅토리아 시대 대중의 종교적인 입맛을 맞추려면 다윈의 진화론은 신뢰할 만한 과학적 기계론이 필요했다. 당시 가장 존경받는 과학 업적은 아이작 뉴턴의 물리학이었기 때문에 다윈은 마치 뉴턴이 중력을 설명했던 것과 똑같은 방식으로(추상적인 원리와 기계적인 상호작용의 결과로) 진화를 설명했다.

버틀러는 〈에리휜(Erewhon)〉[새뮤얼 버틀러가 가공의 나라를 빌어 빅토리아 왕조의 풍속과 관습을 풍자한 소설]과 사후에 출판된 〈모든 육체의 길〉 (세대 간 투쟁에 관한 영향력 있는 탐구)의 작가로 가장 잘 알려져 있지만 그는 자신의 최대 공헌이 진화론이라고 자부했다. 생명을 "힘"에 의해 움직이는 "물체"로 보는 다윈의 신뉴턴주의에서 벗어나기 위해 버틀러는 지각 있는 생명을, 작은 결정을 무수히 행하고 자신의 진화에서 부분적인 책임을 지는 존재로 묘사했다. 진화가 소박한 목적들로 이루어지는 종합적인 결과라는 버틀러의 관점은 오늘날 인간에 관한 한에서만 비난을 면하고 있다. 우리는 자신이 앞날을 생각하는 문화적 존재이며, 미래라는 살을 상상의 뼈대 위에 입힐 수 있으리라고 생각한다. 심지어 우리는 진화를 지배할 수 있다고 믿는다. 우리는 그러한 프로메테우스적 통찰에서 나머지 생물은 제외한다. 다른 생물을 물리화학적 힘의 결과로 혹은 유전자의 직접적인 결과로 묘사하며, 그들은 자신의 발달에서 어떤 역할을 할 만한 능력이 없다고 치부하는 것이다. 버틀러는 이 관점에 이의를 제기한다.

버틀러는 예리한 주장과 화려한 논쟁술로 당시 빅토리아 왕조 시대의 무미건조한 과학 산문을 조롱했다. 버틀러의 논지 가운데 두드러지는 것 하나는 생물체가 일종의 기억소로 자신의 과거를 기억하고 구체화한다는 것이다. 버틀러에 따르면 생명은 자의식, 기억, 방향성, 설정된 목적을 부여받는다. 인간만이 아니라 모든 생명이 목적론적, 말하자면 살고자 분투한다는 것이 그의 생각이다. 버틀러는 다윈주의자들이 목적론(생명은 목적을 향해 스스로 행동한다)을 놓쳤다고 주장했다. 다윈은 신의 목적이라는 목욕물을 내다버리면서 생명의 합목적성이라는 아기까지 함께 버리고 말았다.

어떤 광합성 세균도 과거 어느 날 버드나무가 되겠노라고 마음을 먹지는 않았다. 아메바도 오늘날의 쥐가 되겠다고 작정한 적이 없다. 자신이 끊임없이 쫓아다니는 헤엄치는 테트라히메나가 맛있다는 것을 알 뿐이었다. 지적 능력이 감각과 운동에 머무는 수준이기는 해도 아메바는 작지만 의도적인 행동을 무수히 한다. 그리고 그 정도면 진화가 놀라운 기적을 이루는 데 충분하다.

생명은 전체로서, 그리고 과거를 회고할 때만 그 목적이 웅대해진다.

한정된 시간 속에서 바로 앞의 목표는 평범할 뿐이다. 그렇지만 생물은 외부의 힘이 가해졌을 때만 움직이는 당구공이 아니다. 모든 생물은 지각력이 있고 자기 생산을 지상 과제로 지니는 내적 목적이 있다. 어떤 생물이라도 다양한 수준에서 스스로 행동하는 것이 가능하다.

버틀러의 신성 모독

새뮤얼 버틀러는 자비로 출판한 네 권의 책 중 두 번째 책에서 에라스무스 다윈, 장 바티스트 라마르크, 조르주 루이 르클레르 뷔퐁 등의 진화적 관점에 대해 논했다. 그 책의 〈진화론의 어제와 오늘〉(1879)이라는 제목은 적절한 것이었다. 일련의 회보나 논문을 통해 버틀러는 다윈의 업적을 비판하는 글을 발표했다. 버틀러는 할아버지 에라스무스의 공을 무시하고 생물을 기계로 만들었다는 이유로 그 위대한 인물을 비난했다. 심지어 다윈의 정직성을 문제로 삼기도 했다. 생명을 생물학으로 되돌려놓으려고 애썼고, 자신의 1879년 책이나 그보다 앞선 〈생명의 습관〉(1877)에 다윈이 응답해주기를 바랐다.

버틀러는 다윈에게 그의 진화론이 정말 아무런 선행 연구 없이 갑자기 하늘에서 뚝 떨어진 영감이었는지 물었다. 정말 단순히 수많은 사실을 관조한 결과였나? 버틀러는 시인이자 진화론자이던 에라스무스의 영기와 이미 널리 퍼져 있던 진화 아이디어를 읽은 것이 다윈의 지적 발전에 도움이 되었음이 분명하다고 주장했다. 다윈이 교묘하게 자기선전의 명수였는지 버틀러가 학자인 체하는 편집증 환자였는지는 왈가왈부할 수 없는 문제일 것이다. 그러나 버틀러는 반항적인 기질이 있는 데다가 점점 지적 우상으로 다윈의 지위가 올라가는 것을 보자 그 위대한 인물에게 실망하게 되었다. 그 무렵 다윈의 할아버지 에라스무스의 전기가 출판되었다. 독일어판을 번역한 것이었는데 버틀러는 그 책을 읽고 깜짝 놀랐다. 프랑스 초기 진화론자 라마르크 책을 영어로 옮긴 번역이 자신의 책 〈진화론의 어제와 오늘〉에 쓴 라마르크 영역 부분과 똑같았기 때문이었다. 또한 그 책에는 찰스 다윈 이전의 진화론적 사고를 부활시키려 한 사람들에 대해 "누구도 부러워할 수 없는 사고의 빈약과 정신적인 시대착오"라는 언급도 있었다. 버틀러는 자신이 공개적인 토론을 피하는 방식으로 부당하게 공격 받고 있다고 믿었다. 그는 오래 전부터 있었던 진화론적 견해들을 폐기하는 데 다윈이 틀림없이 관계했으리라고 믿었다. 그는 처음에는 편지로, 나중에는 신문을 통해 다윈과 맞섰다. 버틀러에게 보낸 답신에서 다윈은 자기 할아버지에 관한 책에서 나타난 번역상의 변화는 흔히 있는 일이어서 "그 글이 변형되었다고 말할 생각이 전혀 들지 않았다"고 설명했다.

다윈의 가족과 토머스 헉슬리는 다윈에게 버틀러의 비판이나 개인적인 편지에 대응하지 말라고 충고했다. 다윈은 대응하지 않았다. 그런데 전기 기록에 의하면 다윈은 부치지 않았지만 두 통의 답장을 썼다. 두 번째 편지에서 다윈은 이렇게 썼다. "우발적인 일이 어떻게 일어났는지 명확히 설명할 수 있었지만 그럴 필요가 없다고 생각했습니다. 이미 말했듯이 그렇게 하지 않은 것을 심히 유감으로 생각합니다."[4] 재미있게도 다윈은 여기서 버틀러가 그의 책 중 하나인 〈행운인가 교활함인가〉에서 깔끔하게 요약한 두 가지 설명 방법 사이에서 망설이고 있었다. 한쪽은 무엇인가를 잊어버린 기억의 착오가 있었다는 것이고, 다른 한쪽은 "우발적인 사고"로 무엇인가가 "우연히 빠졌다"는 것이다. 여기서도 자세히 들여다보면 다윈은 그 사건이 행운(우연이나 "사고")의 결과인지 아니면 교활함(선택과 계획)의 결과인지 명확히 알 수 없도록 애매한 태도를 취하고 있다. 그가 모르는 체한다고 버틀러가 비난한 것은 바로 이 점이었다.

4.
별로 알려지지 않은 이 사건의 근거 자료는 Henry Festing Jones의 다음 책들에서 찾을 수 있다. "버틀러와 다윈의 다툼", *Samuel Butler, Author of Erewhon* (1835–1902), *A Memoir*, Henry Festing Jones 엮음, vol. 2 (London: Macmillan, 1919), pp. 446–467. "기억의 착오", "생각이 들지 않았다", "사고가 어떻게 일어났는지"에 대해서는 같은 책의 447쪽, 448쪽, 453쪽에 있다. 찾기 어렵지만 흥미로운 버틀러의 "진화 책", 〈Life and Habit〉,〈Evolution, Old and New〉, 〈행운인가 교활함인가〉는 다음 책의 4, 5, 8권에 해당된다. *The Shrewsbury Edition of the Works of Samuel Butler*, Henry Festing Jones · A. T. Bartholomew 엮음 (New York: E. P. Dutton and Co., 1924).

생명은 선택하는 물질이라고 한 버틀러의 말에 우리는 동의한다. 새 뮤얼 버틀러는 살아 있는 존재들이 환경 변화를 감지하고 그것에 반응 하며 일생 동안 줄곧 자신을 변화시키려고 한다고 주장했다. 그러나 생 물이 변화를 가져오는 효율은 높지 않다. 어느 날 갑자기 포유류의 머 릿속 전구에 불이 번쩍 들어와서 인간이 되고자 선택을 한 것이 아니 다. 오히려 점진적으로 조금씩, 살아 있는 시스템은 음식물, 물, 에너지 가 부득이하게 필요해서 교묘하고도 영속적으로 자신을 변화시켰을 것 이다.

신학자들이 설계라고 부르며 천상 세계의 일로 생각하는 것이 버틀 러에게는 지구에 뿌리를 둔 생각하는 물질이 가져온 결과였다. 이것을 작가에 비유해보자. 그는 무엇을 써야 할지 막연한 생각밖에 없다. 그런 데도 문법과 철자법, 문장론에 따라 단어를 하나씩 보태다 보면 의미 있 는 무엇인가가 나온다. 작가가 쓴 결과물은 완전히 그의 것이 아니다. 왜냐하면 작가는 언어의 규칙을 따르기 때문이다. 이와 비슷하게 생명 은 물리나 화학, 열역학의 어떤 법칙도 무시하지 않는다. 작가의 선택이 어휘 세계 속에 있듯이 생명의 선택은 물질 세계 속에 있다. 절대적인 것은 아니지만 한쪽에서는 물질의 심오한 법칙이, 다른 한쪽에서는 언 어가 구조를 부여한다. 결코 완전하지 않지만 개체의 작은 선택이 수없 이 축적되어 전체적인 설계가 이루어진다.

버틀러는 생물이 환경에 미치는 작은 영향이 의식적인 추구로 시작 해서 무의식적인 습관으로 끝난다고 믿었다. 버틀러에 의하면 아메바 역시 작은 욕구, 영향을 미칠 수 있는 영역, 환경을 물질적으로 변화시 키는 작은 "도구 상자"를 가지고 있다. 그리고 자신의 작은 목표를 추구 하며 작은 집을 짓는다. 이 가능성은 현대 과학에서도 배제하지 않는다. 노벨상을 수상한 닐스 보어(1885-1962)는 생물이 미래의 자극에 대한 반응에 과거 경험을 이용하는 놀라운 능력에 대해 논하면서, 물리에 기초를 두는 기계론적 생물학이 성공하고 있음에도 불구하고 "목적성"을 기술할 필요가 있다고 주장했다.

> 닫힌 양자역학적 현상을 기술하고 이해한다 하더라도 살아 있는 생물이 유지되고 진화하는 방식으로 원자의 조직이 환경에 적응함을 보여주는 어떤 특징도 볼 수 없음을 인정해야 한다. 게다가 생물에서 끊임없이 교환되는 원자를 모두 양자물리학적으로 완벽하게 설명한다는 것은 불가능할 뿐만 아니라 생명이 드러나는 모습과 양립할 수 없는 관찰 조건이 분명히 필요하다 … 기계론과 궁극 원인론(목적론)이라고 이름 붙인 태도는 생물학적 문제에 대해 서로 모순되는 견해를 나타내는 것이 아니다. 오히려 생명을 더 풍부하게 설명하려는 우리의 연구에 똑같이 없어서는 안 될 관찰 조건을 제공하는데, 둘은 서로 배타적인 특성을 강조할 뿐이다.[5]

5.
Niels Bohr, *Physical Science and the Problem of Life* (New York: Wiley, 1958), p. 100.

버틀러가 생각하는 살아 있는 물질은 개체발생 단계뿐만 아니라 종의 역사인 계통발생 단계의 행동도 기억할 수 있다. 개체발생(한 개체의 발달)과 계통발생(시간이 지남에 따른 여러 개체들의 존속과 변화) 사이의 전환은 상대적이다. 한 개체의 신생아 시절과 80세 시절의 차이는 한 세대의 신생아와 다음 세대의 신생아의 차이보다 훨씬 크다고 버틀러는 주장한다.

파충류는 허물을 벗으며, 곤충은 번데기 시절에 자신을 구성하는 단백질을 재편성한다. 인간의 사체는 시간적으로 약간 중복되면서 손자로 대체된다. 우리 현대인은 애벌레가 "변태"하여 나비가 된다고 생각하면서도 할아버지 육신에서 일어나는 일에 대해서는 "죽음"이라는 말을 붙인다. 그러나 변태를 겪는 곤충과 마찬가지로 조부모의 죽음으로도 새로운 어린 몸이 출현한다. 인간이 죽는다고 생각해도 좋지만 그 구분은 매우 임의적이라고 버틀러는 말한다. 아이의 육체를 만드는 데 기여하는 부모는 생물의 연속성을 연장하는 것이지 단절하는 것이 아니다. 시간 속에서 "개체"는 우리가 배운 것처럼 그렇게 완결적인 것이 아니다.

버틀러는 무의식이 성인뿐만 아니라 여러 다른 수준의 살아 있는 조직에도 적용된다고 믿었다. 가장 자주 반복되어야 하는 가장 중요한 과업은 가장 무의식적인, 즉 가장 "생리적"인 것이 되었다. 혈액의 순환은 너무 오래되고 중요한 것이어서 잊어버리지 못하며, 단순히 귀찮다거나 피곤하다는 이유로 마음대로 바꿀 수도 없다. 쉽게 변하는 의식과 결별함으로써 일상적이지만 중대한 활동이 제대로 수행될 수 있게 보장한다. 규칙적이고 자동적으로 이루어져야 하는 중요한 생리 작용은 그것을 파괴할지도 모르는 실험에 노출되지 않는다. 자동차를 운전하는 의식적인 행동이 신경을 딴 데 쓰는 동안 무의식으로 물러난다.

건반을 순서대로 치기 위해 애쓰는 피아니스트는 없다. 장기간에 걸쳐 의식적으로 노력한 덕분에 이미 그 지식은 음악가의 손가락에 스며들었다. 무용수들은 자신의 재능을 "근육 기억"이라고 부른다. 선택과 연습으로 자연스러운 습관이 형성된 것이다.

누대에 걸쳐 연습을 계속한 세포는 의식적으로 산소를 호흡하거나 유사분열로 재생산하겠다고 결정하지 않는다. 세포나, 세포를 구성하는 세균 잔존물이 한때 그렇게 노력했을지도 모른다. 최근에 생물의 생리 기능 목록에 첨가된 습관일수록 훨씬 더 의식적이거나 적어도 의식적인 간섭을 받기 쉬울 것이다. 산소가 음식물과 반응하여 수소를 물과 이산화탄소로 바꿈으로써 에너지를 얻는 대사 경로에는 식물, 동물, 균류가 더 이상 직접적으로 반응하지 못한다. 그러한 대사 활동은 오늘날 생물의 무의식 속으로 영원히 가라앉았다. 한때 독립생활을 하던 세균이던 미토콘드리아에서 이루어지는 산소-수소 반응은, 산소 호흡 생물이 산소를 발생하는 남세균에 의해 변형된 환경에 대응한 이후로 20억 년 동안 멈추지 않은 화학적 위업이다. 이와 대조적으로 소화시 연동운동은 (마찬가지로 무의식적인 현상이지만 포유류가 의식하는 것 중 하나다) 미생물 단계가 한참 지난 뒤 동물 선조에서 진화했다. 삼키고 씹고 말하는 것은 훨씬 최근에야, 이 순서대로 배우게 된 행동이다.

버틀러의 무의식 기억 이론은 모든 생물이 습관을 형성할 수 있으며 그 중 일부는 (무수히 반복함으로써) 진화 과정에서 생리적인 것으로 통합된다고 본다. 우리는 눈이 언제 처음 생겨났는지 기억하지 못한다고 버틀러는 쓰고 있다. 미래의 어느 날 우리 가운데 많은 사람들이 읽고 쓰는 법을 이미 학습한 상태일 것이고, 태어날 때부터 읽고 쓰는 법을 아는 사람도 종종 있을 거라고 버틀러는 말한다. 마치 윌리엄 하비가 혈액 순환을 해명했듯이 읽기 학습의 생리 기능이 어떻게 이루어지는지 세부 사항을 밝혀내려면 미래의 하비가 필요할 것이다. 이 점에서 우리는 버틀러와 생각이 다르다. 읽고 쓸 줄 아는 아이가 태어나리라는 것은 아무래도 의심스럽다. 그러나 쓰기를 텔레비전과 바꿔 생각하면 버틀러의 예상이 적중하고 있음을 알 수 있다. 아이들은 태어나자마자 텔레비전을 본다고 할 수 있고, 텔레비전은 전 세계 기업이 만드는 기술적 산물을 모아놓은 것으로 이미 너무 복잡해서 자세히 이해하는 사람이 거의 없다.

습관과 기억

살아 있는 상태를 열려 있는 열역학계로 본다고 해서 자유 의지를 발휘하여 생명을 기계론적 현상으로 이해하는 것을 정당화하고자 재빨리 고전물리학을 적용해서는 안 된다. 생명과 살아 있지 않은 물질을 구분하는 일반적인 특성은 진화할 수 있는 잠재력을 포함하여 역사적 일관

성에 있다. 무질서, 임의성, 엔트로피를 주변으로 방출함으로써 살아 있는 계는 과거의 기반 위에서 미래를 계획하며 국부적으로 더 복잡하고, 더 지능적이고, 더 아름다운 상태를 만든다. 생물은 자신의 형체를 유지하기 위해 에너지와 물질을 조달할 수 있는 새로운 수단을 발견하면 점점 더 호기심과 창의성을 발휘하는 경향이 있다. 낌새와 직감은 견실한 세부 내용으로 대체되어야 한다. 문화적 정보만이 아니라 분자적 유전 정보를 저장하고 전달하는 생명 과정은 매우 견고해서 버틀러가 주장한 계통발생적 "기억" 현상이 일어날지도 모른다. 그것은 한 세대에서 의식적으로 노력하는 활동이 다음 세대에서 마침내 생리 작용으로 바뀌는 것이다.

어떤 생물이나 심지어 한 종의 자발적인 습관이 어떻게 해서 유전이라는 물질적 기초를 통해 미래 세대의 생리 기능이 될 수 있는지 아직 밝혀내지 못했지만, 버틀러의 생각은 매력적이다. 예를 들면, 많은 생물이 공생발생으로 새로운 유전 형질을 습득하며, 사람뿐만 아니라 다른 다양한 생물도 학습할 수 있음을 우리는 알고 있다. 생태계는 점점 복잡해지고 민감해진다. 한 세대에서 반복적으로 수행된 과정이 다음 세대에서는 더 쉽게 이루어질 수도 있다. 편견 없는 연구가 필요하다. 버틀러의 생각에 반론도 있을 수 있겠지만, 인간의 특별한 지위에 집착하는 격세유전적인 생각이라고 그를 마냥 비난할 수는 없다. "문화적 진화"라는 과학적 표제나, 우리의 "커다란 뇌"라는 완곡한 표현을 써서 은밀히 인간을 신성하고 특별한 존재로 여기지만, 오늘날 우리는 생태학적으로 매우 빈약하다. 1세기 전에 모든 생명을 의식 있는 하나의 연속체로 본 버틀러의 견해를 받아들였더라면 이보다 나을 것이다.

버틀러는 진화론에 반대한 것이 아니라 살아 있는 존재들이 자연선택에 가담하고 있다는 초기의 보다 생생한 시각이 갖는 풍부함을 잃어버리는 것에 반대했던 것이다.

다윈과 월리스에 따르면 우리는 진화하지만 감각이나 인식, 사고…에 근거한 지적 노력에 의한 것은 절대 아니다. 우리는 그것을 카드의 패 섞기와 비슷하다고 생각한다. … 두 사람에 의하면 카드도 중요하지만 더욱 중요한 것은 게임이다. 그들은 시간의 목적론, 말하자면 환경에 적응하는 것이 모두 인간과 비슷한 존재에 의해 오래 전에 고안된 계획의 일부라고 보는 목적론을 부정했다. … 그들은 이 개념도 지성이나 의식과 양립할 수 없다고 보았을 것이다. 그러나 결코 눈치 채지 못했겠지만 그들은 자신들이 배제했던 것보다 더 진실하고 명백한 설계를 위한 문을 열어두었다. … 그들은 아메바에서 인간으로 발전한 것을, 스케일이 대단히 작아지긴 했지만, 평범한 주전자에서 강력한 선박 엔진이 발달하게 되었다거나, 아니면 이슬방울로부터 고배율의 현미경이 나왔다는 식의 이야기로 만들어버렸다. 증기 기관과 현미경은 지성과 설계에 기인하여 발달했으며, 실제로 우연한 착상에서 출발했지만 개량하고 결과를 축적하는 단계를 여러 번 거쳐서 나온 것이다. 게다가 한두 단계 이상은 결코 예측할 수 없고, 많은 경우 그것마저도 예측할 수 없다.[6]

6.
Samuel Butler, "The Deadlock in Darwinism," in *The Humour of Homer and Other Essays*, R. A, Streatfeild 엮음 (Freeport, N.Y. : Books for Libraries Press, 1967), pp. 253–254.

축복 받은 존재

19세기 영국 과학자들에게 뉴턴 역학을 인용하고 생명을 뉴턴적인 물질(예측 가능한 방식으로 힘과 자연법칙에 반응하는 맹목적인 요소)로 생각하는 것은 당연하고 편리한 방편이었다. 잘 만들어진 시계 장치의 부품처럼 세상은 초월적인 신(창조물 바깥에 존재하는 신)으로부터 부여받았거나 그 메커니즘이 만들어졌다고 보았다.

이것은 진화에 대한 새로운 견해였다. 만일 신이 존재한다면, 신은 뉴턴의 신이었다. 그 신은 인간사에 끼어드는 참견자가 아니라 법칙을 만들고나서 그 법칙이 적용되는 것을 지켜보는 수학자나 기하학자 같은 신이었다. 그런데 이보다 더 오래된 견해는 일종의 신, 훨씬 능동적인 신이 존재할 여지를 남겨두었다. 그것은 바로 새뮤얼 버틀러가 부활시키려고 하던 것으로 생명 자체가 신과 같다는 관점이었다. 무슨 거창한 설계는 없었지만 각 서식지에 있는 세포나 생물과 연관이 있는 무수한 작은 목적들이 있다고 보았다.

신뉴턴주의자나 다윈주의자에 의해 자유의지는 우주에서 거의 추방되다시피했다. 우주는 하나의 기계 장치로 묘사되었고 기계는 의식이 없기 때문이었다. 데카르트의 경우, 신은 계속해서 의식을 지녔으며 인간 역시 신과 접촉을 유지하는 한 의식이 있었다. 그러나 다윈이 힘든 연구 끝에 인간 역시 자연선택의 메커니즘으로 설명될 수 있음을 보여주자 의식은 갑자기 인간 세계에서도 불필요하게 남아도는 것이 되고 말았다. 그 의식을 버틀러가 되돌려놓았다. 그는 자유의지, 습관이 되는 행동, 생명 작용에서 물질이 하는 일, 그리고 어디서 어떻게 무엇 또는 누구와 살 것인지 판단하는 것 등이 합쳐져서 생명을 구체화하고, 오랜 세월을 거치면서 인간이라고 불리는 세포 군체를 포함하여 눈에 보이는 생물을 만들었다고 주장했다. 힘과 지각력은 생물로서 전파된다. 버틀러의 신은 불완전하고 분산되어 있는 것이다.

유일한 우주 창조자를 반대하는 버틀러의 견해는 설득력이 있다. 생명은 완벽한 신이 설계했다고 하기에는 육체적으로나 도덕적으로나 너무 조잡한 작품이다. 그러나 생명은 결정론적으로 작용하는 "힘"만으로 설명할 수 있는 어떤 "사물"보다 훨씬 인상적이며 예측 불가능하다. 지구의 생명은 신과 같은 성질을 지닐지도 모르지만, 지구 전체에 널리 퍼져 있다는 점을 인정하더라도 전지하지도 않고 전능하지도 않다.

무수한 세포의 형태로 생명은 발광 세균부터 수련 위를 뛰어다니는 개구리에 이르기까지 지구 어디에나 만연하다. 모든 생명은 다윈의 시간과 베르나드스키의 공간을 통해 연결된다. 진화 때문에 우리는 모두 황량하지만 매혹적인 우주의 정황 속에 놓이게 된다. 기묘한 무엇인가가 이 우주의 배후에 숨어 있을지라도 그 존재를 증명하기는 불가능하다. 우주는 어떤 종교 집단의 신보다 눈부시며 그것으로 충분하다. 그러므로 생명은 축복 받은 존재다.

잊었던 버틀러의 이론이 다시 우리의 흥미를 끈다. 정신과 육체는 별개의 것이 아니라 하나의 통합된 생명 과정의 일부다. 생명은 처음부터 민감했고 생각할 수 있었다. 이 모호하면서도 명확한 "생각"은 우리나 다른 동물의 세포에서 일어나는 물리적 과정이다.

지금 이 문장을 이해할 때 잉크 자국은 연상, 즉 뇌세포의 전기 화학적 결합을 야기한다. 포도당은 산소와 반응하여 화학 변화를 일으키고 그 분해 산물인 물과 이산화탄소는 모세 혈관으로 들어간다. 나트륨과 칼슘 이온은 신경세포의 막을 가로질러 세포 밖으로 방출된다. 여러분이 기억하는 동안 신경세포는 연결을 강화하고, 새로운 세포 부착 단백질이 형성되고, 열이 발산된다. 사고도 생명처럼 물질과 에너지의 흐름이다. 육체는 사고의 "다른 면"이다. 사고와 존재는 동일한 것이다.

육체와 정신의 근본적인 연속성을 인정한다면 사고는 다른 생리적 기능이나 행동과 본질적인 차이가 없게 된다. 사고는 배설이나 소화와 마찬가지로 생물의 활발한 화학적 상호작용에서 생겨난다. 생물의 사고는 세포의 굶주림, 이동, 성장, 연합, 예정된 죽음, 만족에서 창발하는 특성이다. 제약을 받지만 건강하며 이전에 미생물이었던 생물이 동맹할 대상을 찾아내고 행동을 선택한다. 이른바 사고라고 부르는 것이 세포 상호작용의 결과라면, 아마도 의사소통을 하는 생각하는 생물은 각 개체의 사고보다 더 위대한 과정을 이끌어낼 것이다. 이것이 베르나드스키가 인지권이라는 말로 의미한 것인지도 모른다.

신경 생물학자인 제럴드 에델만과 윌리엄 캘빈은 일종의 "신경 다윈주의"를 제의했다. 우리의 뇌는 발달하는 동안 자연선택의 법칙에 의해 정신이 된다고 그들은 말한다.[7] 이 생각은 버틀러의 통찰에 생리학적인 기초를 제공할지도 모른다. 포유류의 태아에서 뇌가 발달할 때 약 1조 개의 뉴런이 10만 가지의 방식으로 서로 연결된다. 신경세포의 막 표면에서 세포끼리 붙는 것을 시냅스 결합이라고 한다. 뇌가 성숙함에 따라 뇌세포의 90퍼센트 이상이 죽는다! 예정된 죽음과 예측 가능한 단백질 합성으로 결합이 선택적으로 약화되거나 강화되는 것이다. 신경 선택은 언제나 역동적이며, 남은 신경세포의 상호작용이 강화됨으로써 선택과 학습이 이루어진다. 신경세포가 선택적으로 결합하고 행동이 습관으로 바뀌는 동안, 세포 부착 분자가 합성되고 새로운 시냅스 결합이 형성되고 강화된다. 신경 선택에서 대부분의 신경세포와 결합이 버려지고 귀중한 소수의 신경세포만 살아남는다. 물론 사고와 상상의 물리적 기초를 이해하기 위해서는 더 많은 연구가 필요하지만, 풍부한 생화학적 가능성이라는 거대한 장에서 선택적 죽음으로 진화가 일어나는 것과 같은 방식이 정신에도 적용될 수 있을 것이다.

새, 악어, 돼지, 사람의 초기 배는 특이하게 휘어진 모양이 놀랍도록 비슷하다. 수정란에서 발생하는 동안 배는 모두 아가미구멍이 있는 단계를 거친다. 알에서 깨어나든 태어나든, 물에서 산소를 호흡하든 공기 중에서 산소를 호흡하든 모두 그렇다. 사람 태아의 귀 뒤쪽에 있는 닫힌 아가미구멍은 성체가 되어서도 아가미구멍이 기능하는 어류와 우리가 공통 조상을 가진다는 사실을 상기시킨다. 또한 사람의 배에는 꼬리가 있다. 살아 있는 물질은 자신의 기원을 "기억"하고 반복하면서 현재에 이르는 것이다. 버틀러의 세계에서는 생물을 이루는 물질이 수백만 세대에 걸쳐 되풀이해서 생명에 의해 빚어진다. 어디에서인가 본 듯한 느

7.
William Calvin, *The Cerebral Symphony* (New York: Bantal, 1989).
다음 책도 참조할 것.
Gerald Edelman, *Neural Darwinism* (New York: Basic Books, 1987).

낌을 불러일으키며 배는 한때 무의식이었다가 현재 다시 (다른 수준에서) 의식으로 떠오르는 옛 과정을 재연한다.

초인류

인간을 초월한 존재, 초인류가 나타나 생명 교향곡의 일부가 되고 있다. 초인류는 인간만이 아니라 물질 운송 수단, 에너지 운송 수단, 정보 전달 수단, 세계 시장, 과학 기구 등으로 구성된다. 초인류는 음식뿐만 아니라 석탄, 석유, 철, 규소를 삼킨다.

도시, 도로, 광섬유 케이블을 구축하고 유지하는 전 지구적 네트워크는 비약적으로 성장한다. 이를테면 나이지리아 인구는 2010년쯤이면 1988년 인구의 두 배인 2억 1,600만 명에 달할 것으로 추정한다. 이와 같은 인구 증가 추세가 계속된다면 나이지리아인의 수가 2110년에는 현재 세계 인구의 두 배인 100억 명 이상이 될 것이다. 우리의 엄청난 인구는 지구 표면에 도달하는 태양에너지의 상당 부분을 가로채고 있다. 과거부터 현재까지 광합성으로 축적한 에너지는 식용 식물, 가축 사료, 지질학적 자원, 인간의 근육이나 뇌로 변환되어 대륙을 초월하는 도시 생태계의 거대한 구조를 지탱하며, 심지어 "먹이를 주는 주인 손을 물듯이" 태양에너지를 붙잡아 변환하는 숲을 파괴하기에 이르렀다. 이 시스템이 유전학과 원자력 기술을 이용하여 확장함에 따라 그 조작은 더욱 정교하고 긴밀해진다. 그와 함께 대재앙의 위험도 증가한다.

초인류는 단순한 인간 집합체가 아니며, 인간과 그들의 발명품이 결합된 그 이상의 무엇도 아니다. 배관, 터널, 수도관, 전선, 통풍구, 가스관, 냉난방 배관, 엘리베이터 축, 전화선, 광섬유 케이블 등의 연결이 급속도로 성장하는 망으로 인간을 둘러싸고 있다. 초인류의 행동 방식은 부분적으로는 점차 팽창하는 지구 자본주의라는 맥락에서 인간이 (개인 또는 집단으로) 내리는 설명 불가능한 무수한 경제적 결정의 결과다. 최근 한 영화의 등장인물이 이렇게 말했다. "돈의 문제점은 우리로 하여금 원치 않는 일을 하게 만드는 것이지요."

초인류의 경향성이 우리를 초월하는 의식에 의한 것이든 아니든 간에, 지구 인류의 집합체가 예기치 않게 창발적이며 목적이 있는 것 같은 행동을 한다 해도 놀라서는 안 된다. 뇌가 없는 세균이 융합하여 원생생물이 되고, 원생생물이 진화의 시간을 거치면서 복제되고 변화하여 문명을 이루어냈다면, 범지구적으로 통합된 인류로부터는 과연 얼마나 대단한 것이 창발할 것인가? 초인류가 단순히 인간 활동의 총합일 뿐이라고 주장하며 그 존재를 부정하는 것은 마치 인간이 그저 몸을 구성하는 미생물과 세포의 총합일 뿐이라고 주장하는 것과 마찬가지다.[8]

팽창하는 생명

오늘날 생명은 지구 규모에서 자기 생산적인 광합성 현상이다. 햇빛이 화학적으로 변환된 존재인 생명은 자신을 확장하고 성장하기 위해 무지 애쓴다. 그리고 성장하고 번식함으로써 자신과 자신의 과거를 유지한다. 생명은 변화하는 환경에서 일어나는 우발적 사건에 대응하고자 변신하고 그렇게 하는 과정에서 환경을 변화시킨다. 환경은 정적인 무생물 배경이라기보다 서서히 생명 과정에 흡수되어 집, 둥지, 껍질처럼 복잡한 유기체를 구성하는 일부가 된다. 3,000만 종에 달하는 생물 구성원들이 지구 표면에서 상호작용하면서 세계를 계속 변화시킨다.

생명을 새롭게 이해함에 따라 우리는 생물 종이 새로운 종으로 갈라져도 이전의 형태가 완전히 사라지지 않는다는 사실을 알 수 있다. 오래

8.
초인류의 출현에 대해 더 알아보려면 다음을 참고할 것 Gregory Stock, *Metaman: Humans, Machines, and the Birth of a Global Superorganism* (London:Bantam,1993). 저자가 "태어나는 것과 만들어지는 것"이라고 말한, 점점 더 생명을 닮아가는 기계와 점점 더 조작이 가해지는 생명 사이의 관계에 대해서는 다음을 참조할 것 Kevin Kelly, *Out of Control: The Rise of Neo-Biological Civilization* (Reading, Mass.: Addison-Wesley, 1994).

된 생명체로서 지구 생태계를 운영하고 있는 세균은 보완되지만 대체되지는 않는다. 진핵생물 중 어떤 종류(식물, 동물, 균류의 모든 종)가 소멸되더라도 비슷한 새로운 종류가 그들로부터 진화한다. 그러는 사이, 그 기초를 이루는 세균은 공생발생이라는 행진을 계속할 것이다. 자연이 언제나 "무자비"하거나 시인 알프레드 테니슨의 표현처럼 "이빨과 발톱이 붉은" 것은 아니다. 생물은 물, 탄소, 수소 등을 충족하려는 요구에 어울리게, 도덕과 관계없이 기회주의적이다. 생물은 장구한 세월 속에서 물질과 에너지와 정보의 프랙털 구조를 반복하고 있다. 그러나 생물은 본질적으로 평화적이고 협력적이며 무기력하지 않은 것처럼 피에 굶주려 있거나 경쟁적이거나 육식성이지 않다. 어쩌면 테니슨 경은 자연을 "줄기와 잎이 푸른" 것으로 표현하는 편이 나았을지도 모르겠다.

지구에서 가장 성공한, 즉 가장 많은 생물은 팀을 이룬 것들이다. 다른 세포 안에서 움직이면서(강제로 끌려들어갔을 수도 있다) 원생생물과 식물세포의 엽록체가 된 남세균은 사라지지 않았다. 변형되었을 뿐이다. 이 페이지를 넘기는 데 필요한 에너지를 손가락 근육에 공급하는 미토콘드리아(한때 호기성 세균이었다) 역시 그러하다. 전에 세균이던 생물은 그 자체로나 더 큰 세포의 일부로 지금까지 지구에서 가장 많은 수를 차지하는 생명 형태다.

공생이 지니는 힘은 진화의 원동력이며, 개체성을 확고하고 안정되고 신성한 무엇으로 생각하는 통념을 뒤흔들어놓는다. 특히 인간은 단순한 개체가 아니라 복합체다. 우리 개개인은 여러 세균, 균류, 회충, 진드기 등 우리의 피부와 몸속에서 살고 있는 생물에게 훌륭한 환경을 제공한다. 우리의 장은 우리를 위해 비타민을 만들고 음식물 대사를 돕는 장내 세균과 효모로 가득 차 있다. 우리의 잇몸에서 살고 있는 왕성한 세균은 백화점 바겐세일에 몰려드는 고객들과 흡사하다. 미토콘드리아를 품고 있는 우리의 세포는 발효하고 호흡하는 세균들의 합병으로 진화했다. 공생관계가 깊어져서 이제는 거의 구분해 낼 수 없는 상태에 이른 스피로헤타는 아마도 우리의 나팔관이나 정자 꼬리의 파동모로 계속 헤엄치고 있을 것이다. 그들의 자취는 미세소관으로 가득한 우리 뇌가 성장하는 동안 미묘한 방식으로 움직이고 있을지 모른다. "우리" 몸은 사실상 다양한 선조의 후손들이 만든 공유 재산인 셈이다.

개체성은 우리 종이나 연못의 아메바 같은 어느 한 단계에 고정되지 않는다. 우리 몸의 건조 무게 대부분은 세균이다. 게다가 복잡한 도로와 빌딩 사무실에서 떼 지어 다니고, 텔레비전을 보고, 차로 이동하고, 휴대전화나 팩스로 연락하는 도시인으로서 인간은 범세계적인 활동의 소용돌이 속에서 사라진다. 지금껏 인간 선조들 중 어떤 개인이나 부족도 달성하지 못한 창발적인 구조와 능력에 압도되고 마는 것이다. 한 개인의 힘으로는 수천 킬로미터 떨어져 있는 다른 사람과 실시간으로 대화할 수 없다. 한 개인의 능력으로 달에 발을 내딛는 것은 불가능하다. 이것들은 초인류의 창발적인 능력이다. 우리의 범지구적인 활동은 사회성 곤충을 떠올리게 한다. 다른 점이 있다면 우리의 "벌집"이 거의 전 생물권이라는 정도일 것이다.

이 초인류의 사회는 생물권 속에 뒤얽혀 있어 독립적이지 않다. 지구 생명(동물군, 식물군, 미생물군)의 최대 범위를 잡는다면 그것은 기체로 에워싸이고 바다로 연결된 지구 시스템, 다시 말하자면 태양계에서 가장 큰 유기체다. 지구의 상부 맨틀, 지각, 수권, 대기권은 이웃 행성의 표면과 아주 다르게 조직된 상태로 존재한다. 광합성, 호흡, 발효, 생물에 의한 광물화, 개체군 팽창, 씨앗의 발아, 떼 지어 달아나는 가축, 철새의 이동, 광업, 운송, 공업은 전 지구적인 규모로 물질을 이동하고 바꾼다. 생명은 인산칼슘이나 탄산칼슘으로 뼈나 껍질을 만들어 저장하고 식물과 조류의 잔해를 각각 석탄과 석유로 매장함으로써 환경을 극적으로 변화시켰다. 대규모 광물층(황화철, 납, 아연, 은, 금)은 수소 기체를 생성하는 세균에 의해 침전된 장소에 아직도 남아 있다.

일반적으로는 생물과 관련이 없는 광물(산석, 중정석, 방해석, 형석)이 살아 있는 생물 내부의 결정과 뼈, 그리고 외부의 외골격과 껍질로 만들어진다. 식물과 미생물은 중정석, 산화철, 방연석, 황철석과 같은 "무생물" 물질의 형성을 유도한다. 인류의 문화는 석기시대부터 청동기시대를 거쳐 철기시대로 구분된다. 컴퓨터의 출현으로 지구가 실리콘시대에 접어들었다고 주장하는 사람도 있다. 그러나 인간이 금속을 가공하기에 앞서 야금술이 있었다. 세균은 30억 년 전에 자철광을 몸속의 나침반으로 이용했다. 금 표본에 화석화된 채 발견되는 토양세균 페도미크로비움은 금 이온을 침전시켜 외피에 금 입자를 축적했을 것이다. 산호충이 만든 수백만 세제곱 킬로미터에 달하는 열대 산호초와 유공충이나 코콜리토포리드가 침전시킨 백악의 절벽을 보고 있자면 인간의 기술만 위대하다고 생각할 수 없다.

우리의 운명은 다른 생물 종의 운명과 맞물려 있다. 우리의 생활이 다른 생물계(꽃을 피우고 열매를 맺는 식물, 분해자이며 때로는 환각을 가져오는 균류, 가축이나 애완동물, 유익하며 기후를 바꾸는 미생물)의 생활과 만날 때 우리는 살아 있는 것이 의미하는 바를 가장 강렬하게 느낀다. 생존하기 위해서는 언제나 다른 종과 네트워크를 더 많이 형성하고 상호작용을 더 많이 할 필요가 있으며, 그렇게 함으로써 우리는 지구의 생리 활동에 더욱 더 통합된다. 일부 환경보호론자들의 종말론적 어조에도 불구하고 인류는 지구의 기능에 한층 더 통합되고 있다. 비록 기술이 인류와 다른 생물들에게 해를 입히고 그들의 성장을 우롱한다 하더라도, 기술은 앞으로 일어날 생물권의 주요 변화에서 선도역할을 할 잠재력도 가지고 있다.

연대와 협동으로 생명은 지구 전체로 퍼질 수 있었다. 혐기성 세균이 협력하여 원생생물 개척자들의 헤엄치는 선조를 만들었고, 미토콘드리아를 삼켰으나 소화할 수 없었던 편모충이 지구 표면의 산소가 풍부한 거주지로 진출할 수 있었으며, 균류와 조류가 결합한 지의류는 건조한 육지의 거친 바위에서도 살아갈 수 있었다. 생명을 새로운 행성으로 운반하는 일도 다른 생물들과 협력해야 가능하다. 우주 비행술, 컴퓨터 공학, 유전학, 생태학, 전기 통신 등 인간이 낳은 기술은 다른 지구 동료의 앞선 기술(가장 중요한 것은 광합성일 것이다)과 결합해야 할 것이다. 다음 개척지(우주 공간)에서 생명이 꽃을 피우려면 생명 자체의 신기술이 필요할 것이다. 생기를 주고 토양을 만드는 일, 다른 행성에 생명을 심는 일은 인간만의 과정이 아니다. 언젠가 우주선 안에서 재활용 생태계가 다른 행성으로 여행하는 인간을 먹여 살릴지도 모른다. 만일 인간이 우주에서 살거나 지구 궤도 밖으로 여행하게 된다면, 그들을 먹여 살리는 식물, 소화를 돕는 세균, 노폐물을 재순환시키는 균류 등 미생물과, 이 모든 활동을 지원해 줄 기술도 반드시 함께 탑승해야 할 것이다. 지구에 국한된 우리의 열역학적 비평형 상태를 우주로 확장하려면 다섯 생물계의 대표들이 필요하다. 이들이 새로운 생태계를 만들어 어머니 지구로부터 분리되어서도 에너지를 교환하고 물질을 순환시켜 지구 생물권의 고유한 기능을 행하게 될 것이다.

우주 식민지 건설을 기계만으로 진행하는 것과 생명과 기계가 함께 수행하는 것의 차이는 새뮤얼 버틀러가 뉴질랜드 한 신문에서 자신과 벌인 논쟁에 잘 나타나 있다. 1862년부터 버틀러는 뉴질랜드 크라이스트처치에서 발간되는 〈프레스〉지에 익명으로 글을 실었다. 당시 그는 캔터베리주 북부 랭지타타에서 양을 기르고 있었다. 〈종의 기원에 대한 다윈과 대화〉라는 제목의 무기명 글은 격렬한 반향을 불러일으켰다. 버틀러 자신도 참가하여 다른 사람들처럼 자신의 글을 비판했다. 그는 서로 다른 견해를 다른 이름으로 발표하여 기계에 대한 정반대 의견 두 가지를 펼친 것이었다.

셀라리우스로 서명하여 1863년 6월 13일자 〈프레스〉지에 기고한 〈기계 속 다윈〉이라는 글에서 버틀러는 기계가 지구 최후의 생명체로서 지구를 장악하고 주인인 인간을 노예로 만들 준비가 되어 있다고 주장했다. 기계가 진화하고 번식하는 속도는 경이적이며 당장 "목숨을 건 전쟁"도 없을 것이므로 그들의 세계 지배에 저항하는 것은 이미 때늦은 일일지도 모른다. 그 후 1865년 7월 29일자에 실린 〈루쿠브라티오 에브리아〉라는 제목의 글에서 버틀러는 의류, 도구, 그 밖의 기계 부속물이 없다면 인간은 인간이라고 할 수 없다고 말하면서 셀라리우스에 맞섰다. 기계는 인간의 생활을 위협하는 요소가 아니라 분리할 수 없는 자연의 연장이었다.[9]

9.
Samuel Butler,
"Darwin among the
Machines" and
"Lucubratio Ebria,"
*The Note–Books of
Samuel Butler,
Author of 'Erewhon,'*
Henry Festing Jones
엮음 (1863 ; reprint,
New York: Dutton,
1917), pp. 46–53.

만약 우주선이 인간의 영향에서 벗어나 스스로 번식하며 별이 빛나는 하늘을 여행하게 된다면 셀라리우스를 비롯한 러다이트[산업 혁명기 영국에서 기계화에 반대하여 기계를 파괴했던 운동가]의 주장이 정당화될 것이다. 그러나 만약 우주 속에서 기계가 단독으로 증식하지 못하고 다양한 다른 생물을 포함하는 지적 복합체로 번창한다면 〈루쿠브라티오 에브리아〉의 저자가 옳은 것으로 판명될 것이다.

우리는 후자의 편에 선다. 기계는 생명(인간만이 아니라 별빛을 이용하는 다양한 생물도 포함한다)과 단단히 맞물린 접점에서 번성할 것이라고 믿는다. 사람은 생명을 밤하늘로 쏘아 보내는 공상을 실현하는 데 필수적이다. 그러나 일단 난자에 유전 물질을 들여보내고 나면 잘려나가는 정자의 꼬리처럼 인간도 결국 소모품이다. 우리가 없어도 태양에너지로 1억 년 이상 누려온 지구의 풍요로움은 지구 밖으로 생명을 내보내기에 충분할 것이다. 기술을 가진 다른 종이 진화할 수도 있다. 게다가 인간만이 우주 탐험을 시작한 것도 아니다.

달에 첫걸음을 내디디면서 닐 암스트롱은 이렇게 말했다. "한 인간에게는 작은 걸음이지만 인류에게는 거대한 도약이다." 어떤 의미에서는 맞는 말이다. 그러나 그는 자신의 피부와 장에서 살아가는 엄청난 수의 세균도 함께 걸음을 내딛었다는 사실을 간과했다. 생명은 시초부터 팽창주의자였다. 일단 우주에 확실한 거점을 확보하면 생명은 인간이라는 신발을 벗어버리고 제멋대로 확장할 것이다.

인류의 절정기

우리를 비롯한 많은 동물은 24시간을 주기로 잠자고 깨어난다. 바다에 사는 원생생물인 쌍편모충류는 해질 무렵 어둠이 밀려오면 빛을 내다가 두 시간 뒤 발광을 멈춘다. 이들은 지구의 우주 리듬에 푹 빠져 있어서 바다에서 멀리 떨어진 실험실에 옮겨놓아도 해가 진 것을 안다. 이와 비슷한 예는 수없이 많다. 이것은 생명체가 고립된 섬이 아니라 자신의 주위를 둘러싸고 있는 우주 물질의 일부로서 우주의 리듬에 맞춰 춤을 추고 있기 때문이다.

생명은 우주의 보금자리에 맞춰 섬세하게 조정되어 있는 물질 현상이다. 지구가 기울어진 채로 태양 주위를 공전하는 동안 각도나 온도가 비교적 작게 변해도 생명의 분위기는 쉽게 변하여 새, 개구리, 귀뚜라미, 매미의 노래가 시작되기도 하고 그치기도 한다. 그러나 우주 환경 속에서 자전하고 공전하는 지구의 한결같은 배경 리듬이 날마다 또 계절에 따라 생활을 조율하는 메트로놈 역할만 하는 것은 아니다. 훨씬 크고 식별하기 어려운 리듬도 들릴 수 있다.

많은 종류의 생물은 환경의 일시적인 위험으로부터 몸을 보호하기 위해 캡슐에 싸인 구조를 형성한다. 다양한 종류의 번식체는 다 자란 생물이 소형화된 것이고 생존 가능한 대표다. 이들은 세균과 균류의 포자부터 원생생물의 포낭에 이르기까지, 또 식물의 포자, 꽃가루, 종자, 열매부터 일부 갑각류, 곤충, 파충류의 건조한 알에 이르기까지 다양하다. 이 번식체는 증식하는 동안 자연선택을 혹독하게 거치게 되고, 그 결과 많은 수가 죽거나 성장하지 못한다.

건조나 자외선에 강한 대다수의 번식체에서 물질대사는 매우 느리게 진행된다. 세균의 포자는 비가 내리거나 인이 풍부해지거나 덜 건조해져서 자랄 수 있는 조건이 되기를 백 년씩 기다릴 수도 있다. 인간은 휴면 종자나 내성 포자가 없어도 환경의 거대한 위험 속에서 살아간다. 집, 의류, 철도, 자동차 덕분에 우리는 아열대 고향부터 더 추운 지방까지 사는 곳을 넓힐 수 있었다. 포자, 포낭, 종자와 비슷하게 이러한 구조물이 가혹한 환경 조건으로부터 우리를 보호해준다.

재순환 온실은 지구의 대표적인 생물이 포함되어 있는 닫힌 거주지다. 그곳은 유독한 물질을 해독하고 폐기물을 다시 양분으로 바꾼다. 그 중 하나이며 산티아고 칼라트라바가 설계한 온실은 뉴욕 시 세인트 존 대성당의 꼭대기 전체를 덮을 것이다. 이와 같은 "인공 생물권"은 지구 생태계의 중대한 자기 생산 과정을 보여주는 축소판이다.

지구 생태계는 보통의 유기체가 아니다. 다른 모든 생물처럼 지구 시스템은 에너지 면에서 열려 있는 계다. 태양의 복사에너지가 끊임없이 들어오고, 분산되는 열은 또 끊임없이 빠져나간다. 그러나 다른 생물과 달리, 지구 시스템은 물질교환에 관한 한 닫혀 있는 계다. 이따금씩 유성이나 혜성이 날아 들어오는 것을 제외하면 아무것도 들어오지 않는다. 가끔씩 여기저기서 지질학적 교란이 일어나 퇴적물을 새로운 지각에 붙잡아두거나 기체를 못 쓰게 만드는 경우를 제외하면 아무것도 떠나지 않는다. 생명이 사용하는 모든 물질은 모두 재활용되는 물질이며, 결코 소모되지 않고 다시 나타난다.

살아 있는 어떤 세포도 어떤 생물도 자신의 폐기물을 먹고 살지 못한다. 따라서 인공 생태계는 건축이나 인간의 다른 관심사를 초월하여 생물학적 중요성을 지닌다. 진화 역사상 처음으로 인류와 기술에 의해 생물권이 재생산된, 더 정확히 말하자면 스스로 재생산하기 시작한 것이다. "어머니 생물권" 안에서 물질적으로 닫혀 있는 시스템인 새로운 "꽃봉오리"가 생기는 것은 프랙털 구조를 닮았다.

"녹색 생태학"이나 "생태 보호 운동"의 관점에서 보면 인간은 자연을 지배하는 것이 아니라 그 속에 깊이 파묻혀 있다. 인공 생물권은 지구 생명체의 최초의 꽃봉오리다. 빛에 의존하여 자급자족하는 생물권을 복제할 수 있는 잠재력이 "사람이 만든" 생물권에 있기 때문이다. NASA나 유럽 우주국, 각국 정부, 사기업, 학계 등에서 새 노아의 방주처럼 생물 표본을 격리해서 지니며 건조에 강한 이러한 구조물(박물관이 아니라 실제로 살아 있으며 자급자족하는 형태)을 계획하고 있다. 최대의 재순환 구조물은 미국 애리조나주 오러클의 소노런 사막에 있는 "바이오스피어 2"다. 궁극적으로 닫힌 생태계는 전혀 인공적인 것이 아니며, 열 소산적인 우주 속에서 자기를 유지하고 번식하고 진화하는 자연과정의 일부다.

생물이 우주에서 생존하기 위해서는 음식물이 공급되고 폐기물 처리 시스템이 작동해야 한다. 광합성 과정을 거쳐 태양에너지는 케로겐, 석유, 가스, 황화철, 석탄 등의 물질로 암석 속에 저장되었다. 그런데 지금 지구의 방탕한 종이 그 자원을 탕진하면서 그 에너지로 인구를 증가시키고 있다. 호모 사피엔스는 여러 누대에 걸쳐 축적된 부를 소비하고 있다. 그러는 동안 지구의 리듬은 점점 최고조로 치닫는다. 우리의 창조적 파괴 행위도 속도를 올린다. 그러나 자연은 끝나지 않으며, 지구가 구조를 요청하지도 않는다. 기술이 만들어낸 불협화음은 종말이 아니라 힘을 비축하는 일시적인 고요다.

지구의 생명은 어떤 구성원들보다 풍부한 시스템이다. 우리는 커다란 망원경을 만들고 태고의 다이아몬드를 채굴하는 유일한 동물이다. 우리의 지위가 곧 쉽게 대체되지는 않겠지만, 우리에게 권한이 있는 것도 아니다. 다이아몬드는 생명이 약 40억 년 전에 시작되었을 때부터 중요한 원소이던 탄소로 되어 있다. 그리고 망원경은 초인간 생물의 복잡한 눈의 일부, 즉 렌즈인 셈이며, 초인간도 생물권의 한 기관이다.

지구의 계속적인 변신은 그곳에 사는 각양각색의 생물이 가져온 누적된 결과다. 인류는 생명 교향곡의 지휘자가 아니다. 우리가 있든 없든 생명은 계속될 것이다. 그런데 현재의 혼란스러운 소동의 배경에서는 중세의 음유 시인이 먼 언덕을 오르면서 연주하는 것과 같은 새로운 목가가 흐르고 있다. 그 선율은 제2의 자연으로서 기술과 생명이 하나가 되어 지구의 다양한 종을 포함하는 번식체를 다른 행성이나 태양계 너머 항성으로 퍼뜨릴 것을 약속한다. 녹색 생태학의 관점에서 보면 첨단 기술과 지구 환경 변화에 지대한 관심을 보이는 것은 완벽하게 이치에 맞는 행동이다. 지금은 인류의 절정기다. 바야흐로 지구는 씨앗을 뿌리려고 한다.

* 1881년쯤 홀랜드 부인에게 쓴 편지가 다음 책에 인용되어 있음. Richard B. Sewall, *The Life of Emily Dickinson* (New York: Farrar Straus and Giroux, 1980), p. 624.

우리는 생명을 정의하기보다
생명에 대해 대략적인 이야기를 할 뿐이다.
만약 우리가 생명의 정의에 대해 최초의 암시라도 얻는다면
아무리 냉정한 사람도 미치고 말 것이다!
에밀리 디킨슨*

반세기 전에 저명한 물리학자이자 인간적이고 사려 깊은 학자였던
에르빈 슈뢰딩거는 생명이 무엇인가라는 질문에 과학적으로 접근했다.
아직 DNA가 발견되기 전이었고 단백질 효소와 화학 반응이 어떻게 생
명의 물질대사로 연결되는지에 대한 지식도 축적되지 않았던 때였지
만, 슈뢰딩거는 생명 과정을 물질적으로 설명하려는 연구를 촉발했다.
그로부터 50년이 지난 지금 다행히도 우리는 슈뢰딩거의 전통을 이어
받고 있다.

생물권이 제 기능을 하기 위해서는 미생물의 다양성이 보장되어야
한다. 우리들 대부분은 완전함과 편안함을 느끼기 위해서 자연의 다양
성을 갈망한다. 현재 우리는 인구가 훨씬 늘어난 지구에 살고 있으므로
인류의 장래에 대해 슈뢰딩거가 생각했던 것보다 더한 위기감을 갖고
있을 수 있다. 과학이 설명해 주지 않아도 오늘날 인간은 분명히 지구의
다른 많은 동료들의 멸종으로 위협받고 있다. 도처에 플라스틱이 만연
하고, 열대 우림은 사라져가고, 산호초는 파괴되고 있다. 생명은 확장하

고 조절하며 자기 생산하는 경향이 있고 생명이 급속히 확장함에 따라 지구가 변하고 진화가 진행되었다는 인식이 높아진다면 과연 우리는 비닐로 포장된 제품을 사고, 화석 연료를 사용해서 여행을 하고, 고기를 소비하는 등 환경을 파괴하는 활동을 줄이게 될까? 그건 미지수다!

지구 생명의 다양성(연못에 떠다니는 미생물부터 호랑이에 이르기까지 시간과 공간을 통해 우리와 연결되어 있는 모든 생명)을 알게 되면서 어떤 영감을 받을 수도 있다. 남아도는 것은 자연적이지만 위험하다는 사실을 우리는 광합성을 하는 식물 선조로부터 배운다. 운동과 감각이 감동적임을 우리는 동물로서 체험하고 있다. 물이 생명을 의미하며 물 부족이 비극을 초래함은 균류를 보면 안다. 유전자의 집합체 개념은 세균으로부터 배운 것이다. 먼 옛날 물속에 살았던 우리 선조의 현재 모습인 원생생물은 짝짓기의 욕구와 선택 능력을 보여준다. 인간은 특별하지도 않고 독립적이지도 않으며, 그저 지구를 에워싸고 있는 연속체인 생명의 일부일 뿐이다.

호모 사피엔스는 열을 방출하고 조직화를 가속하는 경향이 있다. 다른 모든 생물과 마찬가지로 우리도 무한정 확장을 계속할 수 없다. 우리가 의존할 수밖에 없는 다른 생물을 계속 파괴할 수도 없다. 다른 생명의 목소리에 진정으로 귀를 기울여야 한다. 생명의 오페라에서 우리는 그저 하나의 선율로 되풀이되고 지속된다. 인간은 자신을 창조적이며 독창적이라고 생각할지 모르지만 그러한 재능을 인간만 지닌 것이 아니다. 인정하든 안 하든 우리는 오케스트라로 연주되는 생명 중 하나의 주제에 지나지 않는다. 인간 이전의 영광된 과거와 불확실하지만 도발적인 미래 사이에서 우리의 생명은 지금까지 줄곧 그래 왔던 것처럼 지구의 교향곡 속에 묻혀 있다. 지금도 생명은 예전처럼 태양에서 에너지를 얻는다. 생명은 분자적인 현상일 뿐만 아니라 천문학적인 현상이다. 생명은 우주를 향해, 그리고 자신을 향해 열려 있다. 찰스 다윈, 새뮤얼 버틀러, 블라디미르 베르나드스키, 그리고 에르빈 슈뢰딩거의 전통 속에서 호기심을 가지고 생명이 무엇인지 질문을 던질 수 있지만, 그 답은 잠정적이고 조심스러울 수밖에 없을 것이다. 그 답을 찾는 작업은 지금도 계속되고 있다.

ATP

아데노신 삼인산. 인, 탄소, 질소, 산소와 수소로 이루어지는 환형 화합물로 인산 결합에 에너지를 저장하며 생명체에서 에너지원으로 널리 이용된다.

DNA

디옥시리보 핵산. 뉴클레오티드(염기, 데옥시리보오스 당과 인산으로 이루어짐)라는 유기물이 길게 연결된 분자로서 원핵생물의 핵상 물질이나 진핵생물의 핵에 존재한다. DNA는 세포의 모든 단백질을 만드는 데 필요한 유전 정보를 뉴클레오티드 서열에 저장한다.

RNA

리보핵산. 뉴클레오티드(염기, 리보오스 당, 인산)가 연결된 유기화합물로 이루어진 긴 사슬 분자. 이 중 한 종류는 DNA 정보를 모든 세포의 세포질에 있는 단백질의 아미노산 서열로 해독한다.

가이아

하나의 거대한 생명체로서 물리적, 화학적 환경을 생명 현상에 적합한 상태로 유지하는 자기제어 기능을 갖추고 있다는 이론을 말하며, 공통 조상에서 유래한 3천만 종이 넘는 생물과로 이루어진다. 가스, 이온, 유기물을 생산하는 다섯 계의 구성원들이 상호작용하는 활동에 의해 지구의 온도, 산성도, 대기 조성이 조절된다.

감수분열

이배체 핵이 1번 또는 2번 연속으로 분열하여 염색체 수가 반으로 줄어든 반수체 자손을 만든다.

겉씨식물(나자식물)

밑씨가 방울열매 비늘에 드러나 있는 종자식물. 가장 익숙한 종류로 침엽수(소나무, 가문비나무, 전나무 등)가 있다.

계

가장 높은 단계의 분류군이며, 그 아래에 밀접한 관계에 있는 생물들로 이루어지는 작은 그룹(문, 강, 목, 과, 속, 종)이 있다. 몸체의 형태, 유전적 유사성, 대사, 발생 패턴, 행동, 그 밖의 여러 특성을 근거로 분류한다. 세균, 원생생물, 동물, 균류, 식물도 함께 참조할 것.

골편

1)작고 단단한 판으로 이루어진 화석 패턴. 5억 4천 백만 년 전 캄브리아기 초기의 것으로 보는데 유래가 분명하지 않다. 전 세계 여러 퇴적암에서 발견된다. 2) 해면 등 무척추동물 몸 안에 있는 딱딱하고 뾰족한 부위로 주로 이산화규소나 칼슘염으로 되어 있다.

공생

둘 이상의 생물체가 함께 사는 식으로 형성한 생태적 물리적 관계. 합병한 파트너를 공생자라고 부른다.

공생발생

오래 되고 이미 정립된 생명체가 영구적으로 연합하여 새로운 생명체, 새로운 기관 또는 새로운 세포소기관을 형성하는 것을 가리키는 진화 용어.

광합성

태양에너지로부터 화학 에너지를 생성하는 과정. 살아 있는 식물 세포의 엽록체에서 이산화탄소와 물로부터 특정한 6탄당 탄수화물을 형성하며, 수소를 제공하는 화합물(예를 들면, 물, 황화수소)을 쓰고 산소나 황화합물을 폐기물로 내놓는다.

괴사 생물

죽었거나 죽어가는 생물을 이용하여 살아가는 생물.

균근

식물 뿌리와 결합한 공생 균류. 식물에 무기질 영양분을 공급한다.

균류

모든 생물이 편리하고도 명확하게 분류될 수 있는 다섯 계 중 하나. 진핵세포로 이루어지고 포자로 번식하는 삼투영양생물.

균사

균류의 망상 구조를 이루는 필라멘트, 즉 가는 관.

균사체

균류 하나를 이루는 균사 덩어리로 대체로 땅 속에 있다.

남세균

녹색 색소를 가지고 광합성을 하며 산소를 발생시키는 광독립영양생물. 여전히 식물이나 "남조류"로 불리기도 하지만, 식물도 조류도 아니다. 자색세균 선조가 변이를 거쳐 수소원으로 물을 이용할 수 있게 되면서 독특한 엽록체 구조를 지닌 이 광합성 세균이 진화했다. 1만여 종류가 알려져 있다. 이들이 산소를 배출하여 지구 대기를 바꿔 놓았다고 본다.

낭배

소화관이 형성되는 동물 배 단계.

내부공생

한 종이 다른 종 가까이 사는 것도 아니고 영구적인 관계를 말하는 것도 아니며, 다른 종 안에서 사는 관계를 일컫는다. 둘은 홀러키 형태로 공생한다.

다모류

환형동물문에 속하는 강. 노 모양의 발이 달려 있고, 대부분 바다에서 서식한다.

단위생식
정자와 수정하지 않고 난자가 발생하는 것.

담자균
담자기에서 포자(담자포자)를 방출하는 균류. 잘 알려진 식용버섯, 먼지버섯 등을 포함하며, 담자균문을 이룬다.

담자기
흔히 버섯에서 볼 수 있는 유성생식 구조로 곤봉 모양이다.

독립영양생물
이산화탄소를 영양물로 이용하며, 광합성이나 화학합성으로 빛이나 무기 화합물에서 에너지를 얻는 생물.

동물
모든 생물이 포함되는 다섯 계 중 하나를 이룬다. 동물세포는 종속영양세포이며, 세포 내부 운동성이 있다. 난자와 정자의 수정 후 발생하는데, 배우체는 감수분열에 의해 만들어진다. 수정란은 포배를 형성한다.

동화
간단한 분자에서 복잡한 분자를 합성하는 대사를 지칭한다. 예를 들면 당, 지방산, 아미노산으로 전분, 글리코겐, 지방, 단백질을 만든다.

라불베니아균
자낭균의 일종.

레플리콘
복제를 할 수 있는 DNA 조각.

리그닌
화학적으로 복잡한 폴리페놀 유기 화합물이며, 나무의 단단한 목질을 형성한다.

리보솜

모든 생물의 세포에서 단백질 합성을 담당하며 다수로 존재하는 세포소기관.

마이코플라스마

세균의 일종으로 세포벽이 없고 불규칙한 모양이다.

마이크로미터

1미터의 백만분의 일.

매트

남세균이 우세한 미생물 매트처럼 바닥에서 사는 수성 개체군을 일컫는 생태 용어. 스트로마톨라이트의 전구체다.

모네라

원핵생물계와 함께 세균계의 또 다른 이름. 원핵세포 구조를 가지는 모든 생물로 이루어진다. 핵양체 주변에 작은 리보솜이 있지만, 막으로 둘러싸인 핵이 없다.

물질대사

모든 살아 있는 생물에서 일어나는 화학적 물리적 과정의 총합으로 생물체를 구성하는 화합물을 끊임없이 교체한다.

미생물

눈으로는 볼 수 없고 현미경을 써야 잘 볼 수 있는 아주 작은 생물.

미토콘드리아

ATP 합성이 일어나는 세포소기관으로 산소를 호흡하는 자색세균에서 유래한 것으로 본다. 공생을 통해 다른 생물에 통합되어 새로운 종류의 세포를 만들어냈다. 오늘날 미토콘드리아는 호흡과 화학 에너지 생성을 담당하는 세포소기관으로 사람 세포에도 있다. 따라서 홀론의 일례다. 홀러키 참조.

바이러스

살아 있는 세포 속에서만 복제할 수 있는 감염원. 자기 생산을 못한다.

기능이 있는 화합물이 조직을 이룬 것으로 복제를 할 수 있으나 물질대사를 할 수 없으므로 생명의 단위가 아니다.

박테리오파지

박테리아를 숙주로 삼는 바이러스.

반수체

각 염색체를 하나만 지니는 세포 또는 그러한 세포로 이루어진 생물체를 일컫는 용어.

배수성

진핵세포의 핵에 염색체가 몇 벌 존재하는지를 나타내는 수. 예를 들면, 이배체는 두 벌, 삼배체는 세 벌이 있음을 말한다.

배우자 (생식세포)

융합(수정)할 수 있는 반수체 세포로 일부 원생생물, 거의 모든 동물, 많은 식물에서 볼 수 있다. 융합(수정)하면 염색체 수가 2배가 된 이배체 접합자를 형성한다. 동물에서는 접합자(수정란)가 새로운 이배체 개체로 발달한다. 식물에서는 다 자란 반수체(배우체라고 부른다)가 유사분열 후 배우자를 만든다.

배우자낭

배우자가 들어 있는 생식기관.

배우체

염색체를 한 벌 지니는 세포로 이루어진 식물체.

번식

살아 있는 세포나 생물이 자신과 비슷한 존재를 만들어 내는 과정. 이 과정에서 만들어진 존재는 돌연변이, 유전적 재결합, 공생획득, 발생상변이 등으로 인해 부모와 다를 수 있다.

번식체

생물이 만들어내며, 생존하고 퍼지고 자랄 수 있는 세포 또는 다세포 구조체. 유성생식, 무성생식, 생존, 번식 등 모든 방식이 포함된다.

병원체

다른 생물에서 병이나 독성 반응을 일으킬 수 있는 생물.

복제

하나의 구조물(예를 들면, DNA 분자나 결정체)이 똑같은 구조물을 만들어 내는 과정.

부유성

물의 흐름에 따라 떠다니는 생물을 묘사하는 용어.

부착성

기질에 영구히 붙어서 사는 동물이나 원생생물을 일컫는 용어. 예를 들면, 해면, 바위에 붙어사는 유공충 등이 있다.

분광기

빛을 이용하여 화합물을 분석하는 기기.

분류군

종부터 계까지 등급을 이루는 생물 그룹. 계 참조.

불완전균류

유성생식 없이 포자를 형성하는 균류. 유성생식 단계가 없어서 자낭균이나 담자균으로 분류되지 않는다. 분생포자로 번식하는데, 세포벽이 얇은 이 세포는 보통의 균사 끝에서 형성되어 떨어져 나간다.

삼엽충

고생대에 번성하다가 멸종한 해양 절지동물.

색소체

식물과 원생생물(모든 조류)에서 광합성을 담당하는 세포소기관의 총칭. 이중막으로 둘러싸여 있고, 광합성에 필요한 효소와 색소, 리보솜, 핵양체 등을 지닌다.

생물권

생물이 존재하는 지구 표면층. 대기권의 위쪽 한계부터 해양의 최저 한계까지를 일컫는다.

서모플라스마

높은 온도, 산성, 보통 황이 풍부한 환경에서 사는 세균. 세포벽이 없고 모양이 극히 다양한다.

섬모충류

원생생물의 한 문을 이루며, 유연관계가 다양하다. 만 개 이상의 종 중 대부분은 빠르게 헤엄치는 단세포다. 두 종류의 핵이 있고 파동모가 특징적인 배열을 이룬다.

세균(박테리아)

다섯 계 중 하나를 이루는데 모네라 또는 원생생물이라고도 부른다. 박테리아 세포는 원핵세포이며, 핵막에 둘러싸인 핵이 없다.

세포물질

살아 있는 생물의 몸을 구성하는 유기 화합물.

세포소기관

진핵세포 안에 있으며 현미경으로 보면 구분할 수 있는 분명한 구조물. 예로는 색소체, 미토콘드리아, 핵 등이 있다.

세포질

세포에서 핵 바깥 부분.

셀룰로오스

당이 풍부한 화합물로 식물과 일부 원생생물의 세포벽을 구성한다.

소산계

에너지 흐름에 의해 형성되는 비생물적 패턴.

속씨식물 (피자식물)

꽃을 피우는 식물. 속씨식물문(피자식물문)을 이룬다. 씨방이 발달하여 만드는 구조인 열매 속에 씨앗을 만든다.

스트로마톨라이트

돔 모양에 층이 있는 암석으로 세균 군집의 유해와 무기질이 물질을 순서대로 가두고 침전하고 결합시켜서 형성된다.

스피로헤타

운동성이 있는 종속영양 세균으로 편모가 세포 끝 유연한 세포벽의 내막과 외막 아래에 감겨 있다.

시너지

함께 작용할 때 부분의 합보다 더 큰 효과를 내는 실체들의 상호작용. 영구적인 공생 결합을 이룬 생물의 행동처럼 생명, 사랑, 사회적 행위 등도 시너지 현상인 것 같다.

식물

다세포 진핵생물이며, 일반적으로 땅이나 다른 식물에 뿌리를 내린다. 대부분 자신에게 필요한 영양물을 광합성으로 만들지만 이것이 결정적인 특징은 아니다. 생활사 중 한 단계에서는 포자로부터 자라고 다른 단계에서는 자성기관 안에서 배로부터 자란다.

신경펩티드

신경세포 사이에서 신호 전달에 관여하며 작은 단백질 같은 자연 화합물.

아메바

단세포 원생생물로 모양이 끊임없이 변한다.

아크리타크

유기물 벽이 있는 미화석. 출처가 분명하지 않은데, 원생생물의 흔적일 가능성이 높다. 종종 구형이다.

아폽토시스

예정된(유전적으로 결정된) 세포 죽음.

암석권

암석으로 이루어진 지구 표면. 대륙의 지표와 해양 바닥을 포함한다.

엔도르핀

뇌에서 생성되며, 엔케팔린과 함께 자연에서 생산되는 아편과 같은 물질 중 하나다.

엔케팔린

뇌의 엔케팔린 모르핀 수용체에 결합하여 모르핀의 진통효과를 나타내는 내인성 펩티드.

엔트로피

계 안에서 일을 하는 데 쓸 수 없는 에너지 양의 척도이며, 일반적으로 쓸모 없는 열, 소음, 불확실성의 형태로 존재한다.

열역학

에너지 상태와 흐름을 다루는 과학 분야. 에너지 보존에 관한 제1법칙은 에너지 형태(화학, 운동, 기계, 열, 음파 등)가 바뀌고 일에 쓸 수 있는 양이 줄어들 수 있지만, 에너지 총량은 줄지 않는다는 것이다. 열역학 제2법칙에서는 시간이 지남에 따라 에너지의 질이 떨어지며, 에너지의 소산적 성향 때문에 조직화된 구조(생명이 일례다)에서 에너지가 흩어져 사라진다고 말한다.

엽록체

광합성이 일어나는 세포소기관. 이 안에 있는 엽록소의 활성으로 탄수화물 등 광합성 산물을 만든다.

엽상체

남세균, 조류, 꽃을 피우지 않는 특정 식물(이끼류)에서 잎처럼 생긴 몸체를 일컫는 용어.

원생생물

모든 생물이 분류되는 다섯 계 중 하나. 진핵생물로 핵이 있는 미생물. 동물, 식물, 균류를 제외한 모든 진핵생물을 포함하며, 예를 들면 모든 조류, 점균류, 아메바, 물곰팡이, 유공충이 있다. 약 50개의 주요 그룹에

25만 종이 현존하는 것으로 추정한다.

원시겉씨식물

오늘날 겉씨식물의 조상이며 지금은 멸종한 초기 식물로 거대한 그룹을 이룬다.

원핵생물

세균계(모네라계)의 구성원. 막으로 싸인 핵이 없는 세포 또는 그러한 세포로 이루어진 생물.

원형질 연락사

식물 세포 사이의 연결 부위. 세포벽의 구멍을 통해 세포질이 확장된다.

유공충

구멍이 있는 겉껍질을 가지는 해양 생물. 현미경으로만 볼 수 있는 크기부터 지름이 수 센티미터인 것까지 다양하다.

유기

탄소와 수소로 이루어진 화합물의 화학 조성을 일컫는다. 종종 생물체가 만들어내지만 반드시 그러한 것은 아니다.

유사분열

진핵세포의 특성인 핵의 분열 방식으로 딸 세포 두 개를 만든다. 유사분열에서는 핵의 배수성이 변하지 않는다.

유전체 (게놈)

각 생물체의 유전자 전체를 일컫는 용어로 각 세포에 들어 있는 DNA를 전부 포함한다.

음의 엔트로피

태양에너지나 화학에너지를 써서 생물의 전형적인 조직 형태로 에너지를 회복하는 것을 일컫는 열역학적 개념. 엔트로피와 비교해 볼 것.

이배체

각 염색체를 쌍으로 지니는 세포나 생물체를 일컫는 용어. 동물에서는 반수체인 생식세포를 제외한 모든 세포가 이배체다. 균류에서는 포자를 형성하는 세포를 제외하면 모든 세포가 반수체다.

이질낭

실 모양을 이루는 남세균 세포 중에서 커지고 특화된 세포. 이곳에서 일어나는 질소 고정 과정을 통해 대기 중에 풍부하며 단백질 생성에 필수적인 불활성 질소 기체를 생물이 이용할 수 있는 상태로 전환한다.

인지권

지구 차원의 정신. 지구를 둘러싸고 있는 생명과 의식의 망 전체.

자기생산

생명체가 끊임없이 자신을 만들어 내는 특성. 모든 생명체의 특징인 자기 생산적 행동은 자신을 유지하면서 구분할 수 있는 유기체를 만드는 화학 활성(물질대사)을 일컫는다. 이 특성이 없다면 살아 있지 않다.

자낭

균류의 생식 구조로 포자를 감싸고 있다.

자낭균

곰팡이, 곰보버섯, 효모 등을 포함하며, 자낭균문을 이룬다. 유성생식에서 균사가 융합하고 접합자가 감수분열 후 포자(자낭포자)를 형성하는데 이때 자낭을 만드는 특징이 있다.

자연선택

생존할 수 있는 것보다 더 많은 생물이 태어나는데, 살아남아서 자손을 남기는 생물은 자연선택을 받았다고 말한다.

접합균류

균류 중 하나의 문으로 균사가 서로 결합하고 융합함에 따라 핵이 이동하고 결합하는 특징이 있다. 서로 다른 보완적인 종류의 균사가 융합하고 그 핵들이 수정한 뒤 감수분열을 거치면 접합포자가 형성된다.

접합자

수정된 알. 반수체 두 개가 융합하여 형성한 이배체인 핵이나 세포. 동물과 식물의 배에서 첫 번째 단계.

조류(藻類)

광합성을 하는 원생생물을 여러 종류 포함하는 큰 집단이다. 작은 단세포(지름이 1마이크로미터 이하)부터 켈프 같은 큰 해조류(길이가 10미터 이상)까지 크기가 다양하다. 광플랑크톤이라고도 불리는, 크기가 작고 부유하는 조류는 해양 먹이사슬의 기초를 형성한다. 녹조류, 유글레나류, 규조류 등을 모두 포함하나, "남조류"(산소를 생산하는 광합성 세균으로 밝혀졌음)는 제외된다.

종속영양생물

영양물질을 스스로 만들지 못하고 햇빛이나 무기화학에너지를 이용할 수 없는 생물. 1차 생산자(화학합성생물이나 광합성생물)이 만든 유기화합물로부터 에너지와 탄소, 질소 등 필수 원소를 얻는다.

종자고사리

345만 년 전부터 65만 년 전까지 고생대말과 중생대의 숲에서 번성했고 지금은 멸종한 식물. 이들의 세포 물질이 오늘날 채굴되는 석탄의 상당 부분을 만들었다.

주자기성

자극이나 자력에 이끌리는 성질.

줄무늬 철광석

산화철과 처트로 이루어진 퇴적암층으로 갈색, 적색, 흑색 등 눈에 띄는 줄무늬(층)가 있다.

중심립

크기가 1 0.25 m 정도인 세포내소기관으로 비어 있는 중심 주변에 미세소관 9 그룹이 배열되어 있다. 축이 없는 키네토솜이다. 대부분의 동물 세포에서 유사분열 시 방추체의 양 극에서 이 미세소관 구조가 형성된다.

지의류

광합성 기능을 하는 조류나 남세균과 균류가 연합한 공생체. 2만 5천 종류가 있는 것으로 추정된다.

진핵생물

핵이 있는 세포(막으로 둘러싸인 핵은 유사분열을 한다)로 이루어진 생물. 진핵생물은 모두 원생생물에서 유래했으며, 원생생물을 포함하지만 세균(원핵생물)은 포함하지 않는다. 원생생물, 동물, 균류, 식물이 모두 진핵생물이다.

코콜리토포리드

원생생물로 장식 같은 탄산칼슘비늘(코콜리드)을 만든다. 대부분 해양성 조류이며 화석 기록으로 많이 알려져 있다.

크로마토그래프

화합물(색깔을 띠는 것이 많음)을 분리하는 기기.

크립토조안

찰스 월코트가 처음 사용한 용어로 이상한 동물로 생각한 것을 가리키는 데 썼으나 이제는 캄브리아기의 스트로마톨라이트로 알려져 있다.

키네토솜

막으로 싸여 있지 않으며, 파동모를 가진 모든 세포의 특징인 세포소기관. 파동모 형성에 필요한 미세소관 구조를 지닌다. 축이 뻗어나간다는 점에서 중심립과 다르다.

키틴

당이 풍부하고 질소를 함유하는 화합물로 균류의 세포벽과 곤충의 외골격을 구성한다.

파동모

운동성을 부여하는 세포소기관, 헤엄치고 영양분을 섭취하고 감각하는 기능에 관여한다. 적어도 200개 이상의 단백질로 이루어지며, 중심립-

키네토솜에서 발달한다. 9(2)+2 구조의 미세소관 축이 세포막으로 덮여 있다. 진핵세포의 편모, 섬모, 정자의 꼬리가 예다.

포배

접합자의 난할 후 이어지는 동물 배 발생의 초기 단계. 많은 경우, 한 층으로 이루어지는 공 모양이며 비어 있는 중심 부위는 액체로 차 있다. 동물계를 정의하는 독특한 특성이다.

포자

일반적으로 극한 조건에 내성이 있는 번식체.

프랙털

수학에서 일반적으로 자기 유사성이라는 특성이 있는 복잡한 기하모형을 일컫는다. 자기 유사성이 있는 물체에서는 부분이 충분히 확대되면 전체를 닮은 모습을 보인다.

플라스미드

자연적으로 세균에 존재하는 짧은 DNA 조각. 감염 가능한 식물의 뿌리와 줄기의 세포 속으로 들어가 세균의 유전자를 식물 핵에 전달할 수 있다.

핵산

DNA나 RNA 같은 긴 사슬 분자.

헤모글로빈

산소를 운반하는 혈액 단백질.

홀러키

작은 실체가 더 큰 전체 안에 함께 존재함을 표현하면서 조직체계라는 위계질서 개념을 피하기 위해 아서 케스틀러가 만들어낸 용어. 구성체를 홀론(부분으로서도 기능을 하는 전체)이라고 이름 붙였다.

홀론

홀러키 참조.

홍색체

붉은 색소체. 모든 홍조류, 일부 은편모류 등 원생생물에서 광합성을 하는 세포소기관.

화학합성

무기물의 화학반응을 통해 세포에 필요한 화학 에너지를 생산하는 과정. 예를 들면, 수소, 황, 메탄, 암모니아를 산화하는 반응이다. 생산된 에너지는 이산화탄소를 환원하여 세포 물질을 만드는 데 쓴다.